普通高等教育"十三五"规划教材
普通高等教育测控技术与仪器专业规划教材

信号与系统基础及应用

主　编　张晓青

参　编　耿　蕊　王　君

机 械 工 业 出 版 社

本书较为系统地讲述了信号与系统的基本概念、信号与系统的基本分析理论、信号的离散傅里叶变换分析方法、数字滤波器的系统设计方法等内容，形成了一个信号与系统基础理论及其应用相对完整的知识体系。全书分为 7 章，第 1 ~ 5 章为基础理论部分，以傅里叶变换、拉普拉斯变换和 z 变换三大变换为主线，先讲连续后讲离散，从时域和频域两个方面介绍了信号和系统的基本分析理论。为了能够做到学以致用，在理论基础上，第 6 章对信号频谱的离散傅里叶变换分析方法及其应用做了深入的探讨，第 7 章对数字滤波器的离散时间系统设计方法及其实现做了专门的阐述。同时，在每一章的最后一节均给出部分 MATLAB 程序代码实例，供读者上机学习；在每一章的最后还附有少量习题，供读者练习。

本书可供普通高等院校理工科相关专业的本科教学使用，也可作为理工科相关专业工程技术人员的参考用书。

本书配有免费电子课件，欢迎选用本书作教材的老师发邮件到 jinacmp@163. com 索取，或登录 www. cmpedu. com 注册下载。

图书在版编目（CIP）数据

信号与系统基础及应用/张晓青主编 . —北京：机械工业出版社，2017.7
（2024.1 重印）

普通高等教育测控技术与仪器专业规划教材

ISBN 978-7-111-57312-8

Ⅰ.①信… Ⅱ.①张… Ⅲ.①信号系统–高等学校–教材 Ⅳ.①TN911.6

中国版本图书馆 CIP 数据核字（2017）第 161666 号

机械工业出版社（北京市百万庄大街 22 号 邮政编码 100037）
策划编辑：吉 玲 责任编辑：吉 玲 王 荣 于苏华
责任校对：张 征 封面设计：张 静
责任印制：郜 敏
北京富资园科技发展有限公司印刷
2024 年 1 月第 1 版第 3 次印刷
184mm×260mm · 17 印张 · 412 千字
标准书号：ISBN 978-7-111-57312-8
定价：38.00 元

凡购本书，如有缺页、倒页、脱页，由本社发行部调换
电话服务 网络服务
服务咨询热线：010-88379833 机工官网：www.cmpbook.com
读者购书热线：010-88379649 机工官博：weibo.com/cmp1952
教育服务网：www.cmpedu.com
封面无防伪标均为盗版 金书网：www.golden-book.com

前　　言

随着计算机软硬件技术的飞速发展，与之相关的各门课程在不断更新和变革。作为高等院校理工科相关专业的重要课程，"信号与系统""数字信号处理"等课程在教学内容、教学手段、教学方法等方面迫切需要加大改革力度。对于仪器科学与技术、光学工程等学科及专业来讲，一方面由于"信号与系统"等课程在其课程体系中占有举足轻重的地位，另一方面根据目前在全国广泛开展的工程教育专业认证的要求，必须进一步凝练课程教学目标、优化教学内容，将课程教学与提高工程实践能力紧密结合以培养应用型人才。因此对现有的课程内容进行重新整合已经势在必行。

本书阐述了信号与系统的基本概念、基本理论、基本分析方法，并结合信号与系统的典型应用进行讲解，是一本整合了"信号与系统"和"数字信号处理"两门课程核心内容的新的本科教材。它既有信号与系统的基础理论，又有信号与系统的应用实例，取材适当，内容合理，符号严谨，注重连续与离散的区别和联系，强调先进的数字信号处理技术与实际系统的紧密关联，形成了完整的内容体系，并具有鲜明的工程实践特色。完整讲授本书的学时数约为48学时，另外配有8~12学时的实验内容，这种编排符合普通高等院校一个学期的教学时数安排。

全书共分7章。第1~5章为信号与系统知识体系的基础部分，第1章为全书的基础，主要阐述信号与系统的基本概念；第2章讲述连续时间信号的分析方法，包括连续时间傅里叶级数表示和连续时间傅里叶变换分析；第3章讲述连续时间系统的基本概念和分析方法，包括拉普拉斯变换及在连续时间系统分析中的应用；第4章讲述离散时间信号的分析方法，包括离散时间傅里叶级数分解和离散时间傅里叶变换分析，还重点阐述了联系连续与离散的奈奎斯特抽样定理；第5章讲述离散时间系统的基本概念和分析方法，包括z变换及在离散时间系统分析中的应用。第6、7章是信号与系统基础知识的两个典型应用，第6章主要讲述离散傅里叶变换及其在频谱分析方面的应用，第7章主要讲述数字滤波器系统的结构、功能和软件设计方法。本书强调理论知识和实践应用的共同学习，鉴于MATLAB软件工具在全球范围使用广泛而且其信号处理工具箱功能完善，在每章最后均配有MATLAB相关函数及实例，不仅有利于学生理解概念，也有利于促进学生轻松上手编写代码，达到能学懂、会应用的目的，更好地将所学理论与实践应用相结合，十分有益于工程实践能力的培养和训练。

本书第1、5、6、7章、4.3节、前言及附录由张晓青编写，第2章、4.1、4.2、4.4节由耿蕊编写，第3章由王君编写，全书由张晓青组织策划并统稿。天津大学曾周末教授对本书的内容编排提出了宝贵意见和建议，北京信息科技大学祝连庆教授审阅了本书并提出了宝贵意见和建议，在此谨向他们表示衷心的感谢！研究生李杰、胡蒋明协助完成了本书的校对和作图工作，在此也向他们表示衷心的感谢！

　　本书在编写过程中参考了国内外很多经典教材和著作，已列于参考文献中，部分例题和习题取自这些文献，编者在此向收录于参考文献中的各位作者表示衷心的感谢！限于学识水平，书中难免存在错误和缺点，恳请广大读者批评指正。

编　者

本书符号体系一览表

符　号	名　　称
$\delta(t)$	单位冲激信号
$\delta(n)$	单位抽样信号
$u(t)$	单位阶跃信号（连续）
$u(n)$	单位阶跃信号（离散）
$x(t)$	一般连续时间信号
$x(n)$	一般离散时间信号
$T_s,\ T$	抽样间隔（抽样周期）
$T,\ \omega_0$	连续时间信号的基本周期，基频
$N,\ \Omega_0$	离散时间信号的基本周期，基频
N	离散时间信号的长度
$X(j\omega)$	$x(t)$ 的傅里叶变换
X_k	$\tilde{x}(t)$ 的傅里叶级数系数
$X(e^{j\Omega})$	$x(n)$ 的离散时间傅里叶变换
$\tilde{X}(k)$	$\tilde{x}(n)$ 的离散时间傅里叶系数
$X(s)$	$x(t)$ 的拉普拉斯变换
$X(z)$	$x(n)$ 的 z 变换
$X(k)$	$x(n)$ 的离散傅里叶变换
$x(t),\ x(n)$	系统输入
$y(t),\ y(n)$	系统输出
$h(t)$	单位冲激响应
$h(n)$	单位脉冲响应
$y_{ss}(t),\ y_{ss}(n)$	正弦稳态响应
$y_{zi}(t),\ y_{zi}(n)$	零输入响应
$y_{zs}(t),\ y_{zs}(n)$	零状态响应
$y_n(t),\ y_n(n)$	自然响应
$y_f(t),\ y_f(n)$	强迫响应
$H(j\omega)$	连续时间系统的频率响应
$\lvert H(j\omega)\rvert$	连续时间系统的幅频响应（幅频特性）
$\varphi(\omega)$	连续时间系统的相频响应（相频特性）
$H(e^{j\Omega})$	离散时间系统的频率响应
$\lvert H(e^{j\Omega})\rvert$	离散时间系统的幅频响应（幅频特性）
$\varphi(\Omega)$	离散时间系统的相频响应（相频特性）

本书常用缩写词表

缩　写	英 文 全 称	中 文 名 称
CTFS	Continue Time Fourier Series	连续时间傅里叶级数
CTFT	Continue Time Fourier Transform	连续时间傅里叶变换
DTFS	Discrete Time Fourier Series	离散时间傅里叶级数
DTFT	Discrete Time Fourier Transform	离散时间傅里叶变换
DFT	Discrete Fourier Transform	离散傅里叶变换
IDFT	Inverse Discrete Fourier Transform	离散傅里叶反变换
FFT	Fast Fourier Transform	快速傅里叶变换
IFFT	Inverse Fast Fourier Transform	快速傅里叶反变换
LTI	Linear Time Invariant	线性时不变
IIR	Infinite Impulse Response	无限长脉冲响应
FIR	Finite Impulse Response	有限长脉冲响应

本书采用的时频变换对符号表

名　称		符　号		
		正 变 换	反 变 换	变 换 对
傅里叶变换	统一表示式	$\mathscr{F}\{\ \}$	$\mathscr{F}^{-1}\{\ \}$	$\xleftrightarrow{\ \mathscr{F}\ }$
	连续时间傅里叶级数	$\mathrm{CTFS}\{\ \}$	$\mathrm{CTFS}^{-1}\{\ \}$	$\tilde{x}(t)\xleftrightarrow{\ \mathrm{CTFS}\ }X_k$
	连续时间傅里叶变换	$\mathrm{CTFT}\{\ \}$	$\mathrm{CTFT}^{-1}\{\ \}$	$x(t)\xleftrightarrow{\ \mathrm{CTFT}\ }X(\mathrm{j}\omega)$
	离散时间傅里叶级数	$\mathrm{DTFS}\{\ \}$	$\mathrm{DTFS}^{-1}\{\ \}$	$\tilde{x}(n)\xleftrightarrow{\ \mathrm{DTFS}\ }\tilde{X}(k)$
	离散时间傅里叶变换	$\mathrm{DTFT}\{\ \}$	$\mathrm{DTFT}^{-1}\{\ \}$	$x(n)\xleftrightarrow{\ \mathrm{DTFT}\ }X(\mathrm{e}^{\mathrm{j}\Omega})$
	离散傅里叶变换	$\mathrm{DFT}\{\ \}$	$\mathrm{DFT}^{-1}\{\ \}$	$x(n)\xleftrightarrow{\ \mathrm{DFT}\ }X(k)$
	快速傅里叶变换	$\mathrm{FFT}\{\ \}$	$\mathrm{FFT}^{-1}\{\ \}$	$x(n)\xleftrightarrow{\ \mathrm{FFT}\ }X(k)$
拉普拉斯变换		$\mathscr{L}\{\ \}$	$\mathscr{L}^{-1}\{\ \}$	$x(t)\xleftrightarrow{\ \mathscr{L}\ }X(s)$
z 变换		$\mathscr{Z}\{\ \}$	$\mathscr{Z}^{-1}\{\ \}$	$x(n)\xleftrightarrow{\ \mathscr{Z}\ }X(z)$

目　　录

第1章　信号与系统基础知识

内容提要

本章讲述信号与系统知识体系的基本概念，是学习后续章节的基础。首先介绍信号的定义、系统的定义以及域的概念，介绍信号与系统分析中重要的时域、频域以及复频域3种坐标系；其次讨论信号的分类以及典型信号，信号的相加、相乘、分解以及合成等基本时域运算规则；然后介绍系统的分类和常用表示方法；最后介绍 MATLAB 软件的入门使用方法，并列举与本章有关的部分典型函数、实例代码和运行结果。

1.1　信号与系统的定义

1.1.1　信号的定义

1. 消息和信息

信息是人类社会和自然界中需要传送、交换、存储和提取的抽象内容。由于信息是抽象的内容，为了传送和交换它，必须用语言、文字、图像和数据将它表达出来。人们称表示信息的语言、文字、图像和数据等为消息。消息是信息的载体，信息是消息中蕴含的尚未确定的内容。消息中所包含的预先不确定的内容就是信息，消息中不确定内容越多，信息量就越大。

2. 信号

如果把消息以物理量的形式表现出来，如用发光强度、电压、声波、位移、速度、加速度、温度、湿度和颜色等代替消息，则构成了信号。因此，信号就是消息的某种物理表现形式，是信息的载体，是反映信息的物理量。

概括地讲，信息是抽象的；消息是具体的，但不是物理的；而信号则既是具体的，又是物理的。信号是信息的载体，但信号不是信息，只有对信号进行分析和处理后，才能从信号中获取信息。信号、消息与信息的关系可理解为借助某种信号形式，传递各种消息，使受信者获取不同的信息。信号无处不在，在人们生活的这个世界里到处都充满了信号，无论是来自自然的还是人们发出的。例如，在人们说话时气压的变化、一天中气温的高低，以及心脏产生的周期性心电信号等。虽然信号的形式各不相同，但它们都是传递信息或消息的载体。对于不同的学科领域，信息的载体具有不同的物理形式，常见的形式有声、光、电、力等。

信号的概念广泛地出现在各个领域中，如图 1.1 所示。常见信号有很多，例如红绿灯、上下课铃声、电压、电流、磁通、温度、压力、压强、机械振动、价格、经济指数、股市指数、流量、水位、潮位和人体生理信号等。信号有很多分类方法，例如，根据信号的物理属性，可分为电信号、光信号和声信号等；根据信号的能量状况，可分为能量信号和功率信号，等等。除了这些有用信号以外，还有一类信号往往伴随有用信号产生，甚至淹没有用信号，使得后续的信号分析和处理过程变得相当复杂，它们就是噪声。限于篇幅，本书不会过多讲述噪声方面的内容。

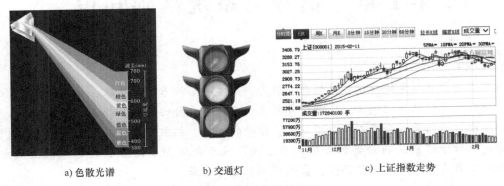

a) 色散光谱   b) 交通灯   c) 上证指数走势

图 1.1 常见信号的例子

实际上，获取信号需要利用传感器和传感设备。传感器的种类繁多，形式不一，主要有物理型、化学型和生物型等，其中物理型（热、光、磁、电、声、力）传感器是人们获取信号的最主要手段。例如，利用晶体或陶瓷的压电效应测量力、形变、位移、速度、振动和风速等，或利用光敏半导体测量光强度、光通量、光照度等，利用光纤可制成电磁量、力学量、温度和图像等传感器。

总之，信号是信息学科研究的最基本内容，它具有下面几个重要特征：

1）物理上，信号是反映信息变化的形式。

2）数学上，信号是一个或多个自变量的函数。

3）自变量可以是时间、位移、周期、频率、幅值和相位等各种物理量。

1.1.2 系统的定义

信号是物理量，要产生信号，要对信号进行产生、存储、转化、传输和处理，需要一定的物理装置，这样的物理装置称为系统。因此，系统是存储、转化、传输和处理信号的设备，是对输入信号做出响应的物理结构。广义上讲，系统是由各不相同但彼此影响的单元有机地集合起来实现某个总目标的一种组合，对给定的信号做出响应而产生另外的信号，其简单框图如图 1.2 所示。

系统的本质是对输入信号（激励）进行处理，并将处理后的信号作为系统的输出，即产生系统的响应。例如，人体的味觉神经系统可以感觉到食物的酸甜苦辣；计算机的显示系统可以在

图 1.2 系统及其输入输出信号简单框图

屏幕上显示键盘输入的每一个字符；通信网络系统可以根据输入的信号将天各一方的亲朋好友互联在一起；电视机是一种视频信号播放系统；手机是一种收发并处理多种传输信号的便携式电子系统，等等。

无论在自然科学还是社会科学中，大至天体宇宙、人类社会，小至生物细胞、原子结构，都存在信号与系统的应用研究问题。信号与系统的概念与人们所处的世界息息相关，存在于人民生活、工农业生产、航空航天以及国防科技等领域的各个方面。图 1.3 所示为一个

傅里叶变换光谱仪的实例。傅里叶变换光谱技术主要通过双光束干涉产生干涉图，并利用傅里叶变换将干涉图转换为光谱图。

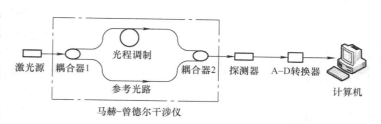

图1.3 光纤傅里叶变换光谱仪系统的基本组成

在此系统中，激光源输出包含多个波长（即多个频率）的光信号，经耦合器1分成两束，经过光程调节后在耦合器2发生干涉，干涉输出信号被光电探测器检测，然后经A-D转换器转换后送入计算机进行频谱分析，最后在计算机终端显示屏上得到该激光源的光谱分布图。光学信号处理的核心是马赫-曾德尔干涉仪，如图1.3中点画线框所示。设定激光源所包含的波长个数后再进行仿真，系统所得的干涉图与光谱图如图1.4所示。

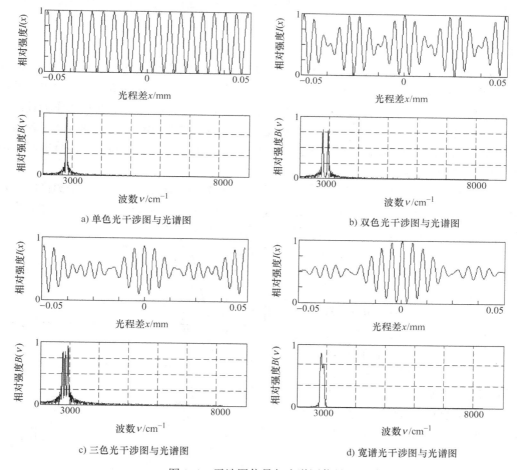

图1.4 干涉图信号与光谱图信号

信号与系统是两个密切相关的概念。在电路中随时间变化的电流或电压是信号，电路本身是一个系统，而电路对输入信号的响应是输出信号；在汽车中，驾驶人脚踩加速踏板产生压力使汽车加速，这时加速踏板上的压力是信号，汽车本身是一个系统，汽车在油门板加压下产生加速度是响应，也就是输出信号；为了实时地识别语音，一方面要分析研究语音信号的各种特性，建立语音信号的数学模型，确定语音信号的编码方法以及识别算法；另一方面要仔细设计专用硬件，而硬件的设计又和语音信号的种种特性密切相关。虽然系统一词包罗万象，种类和大小不一，但在对输入信号做出响应这一点上是相通的。不同领域信号与系统的物理属性和表现形式各不相同，但都具有两个基本的共同点，即：①信号总是一个或几个独立变量的函数，该函数一般都包含了关于某些现象或性质的信息；②系统总是对给定的信号做出响应而产生另外的信号。

1.1.3 域的概念

关于"域"字，《现代汉语词典》有如下解释：①在一定疆界内的地方，如区域、地域等；②泛指某种范围，如音域、时域、频域等。在信号与系统理论体系中，所谓的域指的是信号所在的研究范围，实质上就相当于坐标体系，人们将信号或系统放入该坐标体系中进行研究。

1. 时域

时域指的是人们直接体验的时间变化，是人类时时刻刻感知的域。因为人类的经历都是在时域中发展和验证的，所以人们已经习惯于事件按时间的先后顺序发生。人们周围的世界以时间贯穿，因此，以时间作为自变量是各个科技领域中常用的方法。以时间作为轴线分析函数及研究对象的方法称为时域分析。时域是一个数学或物理词汇，表示以时间为轴线、以时间为标尺。时域分析是描述数学函数或物理信号对时间的关系。例如一个信号的时域波形可以表达信号随着时间的变化。

对于一般的时域信号，若是离散时间信号，则时域中的函数或信号在各个离散时间点的数值均为已知；若是连续时间信号，则函数或信号在任意时间的数值均为已知。在研究时域信号时，常会用示波器将信号转换为时域的波形进行观察。

数学上，信号是一个或多个变量的函数；信号函数的自变量可以是多种类型的物理量，如时间、位移、周期、频率、幅值、相位等。一般情况下，信号是时间的函数，但也可以是其他自变量的函数。由于信息蕴涵于变化的信号中，只有变化的物理量才能运载信息，因此，信号是带有信息的随时间变化的物理量。一般地，信号的数学模型就表示为时间函数 $x(t)$ 或 $x(n)$。正弦信号的时域图形如图 1.5 所示。

信号具有以下几个特性：时间特性、频率特性和能量特性。信号的时间特性是从时间域对信号进行

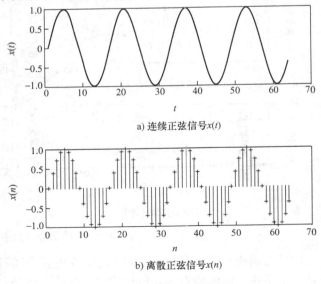

a) 连续正弦信号 $x(t)$

b) 离散正弦信号 $x(n)$

图 1.5　正弦信号的时域图形

分析。一般地，信号是时间的函数，具有一定的时域波形。任意一个信号具有其自身特有的频率组成成分，所以信号也是频率的函数。另外，信号也具有能量属性，因为任何信息传输的过程都必然伴随着一定的能量传输。

时域分析法直接分析时间变量函数，研究信号和系统的时域特性。

2. 频域

信号的频率特性是从频率域对信号进行分析。如果一个信号函数的自变量是频率，即用横轴表示频率，用纵轴表示该频率信号的幅度，就得到通常说的频谱（Spectrum）图。频谱图描述了信号的频率结构、频率与该频率信号幅度的关系。对信号进行时域分析时，有时一些信号的时域参数相同，但并不能说明信号就完全相同。因为信号不仅随时间变化，还与频率、相位等信息有关，这就需要进一步分析信号的频率结构，并在频域中对信号进行描述。频率轴的标注可以是频率 f（单位为 Hz），也可以是模拟角频率 ω（单位为 rad/s），还可以是数字角频率 Ω（单位为 rad）。这几个频率参量将贯穿全书，在后面的章节中将多次使用它们。

动态信号从时域变换到频域主要通过傅里叶级数和傅里叶变换实现，时域周期信号借助傅里叶级数转换到频域，如图 1.6 所示，时域非周期信号借助傅里叶变换转换到频域。可见，时域和频域反映了对信号的两个不同的观测面，它们是两种不同观察和表示信号的方法。信号的时间特性和频率特性有着密切的联系，不同的时间特性对应不同的频率特性。

频域分析法把关于时间的函数转换为关于频率的函数，在频域中对信号和系统进行分析和处理。

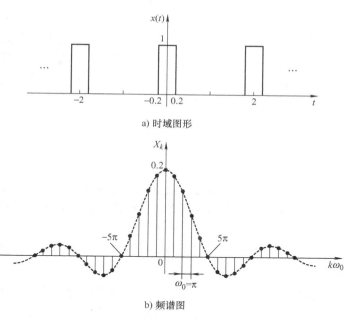

a) 时域图形

b) 频谱图

图 1.6　一个周期矩形信号的时域图形与频谱

3. 复频域

在信号与系统理论体系中，复频域是指以复变量 s 或 z 的参数作为坐标轴的坐标体系，一般称为 s 域和 z 域。有关这两个复变量转换公式的具体推导将在本书第 5 章给出，在这里先从数学的角度认识这两个域。

（1）s 域

复变量 s，又叫作拉普拉斯算子，其实部用 σ 表示，其虚部用 ω 表示，即

$$s = \sigma + j\omega \tag{1.1}$$

将平面直角坐标系的横轴设为 σ 轴，纵轴设为 jω 轴，就构成 s 域复平面坐标系，如图 1.7a 所示。连续时间系统在时域和 s 域之间使用拉普拉斯变换和拉普拉斯反变换进行转换。一直以来，由于人们常常在 s 平面研究连续时间系统的各种问题，因此，ω 又称为模拟角频率，量纲是弧度/秒（rad/s）。

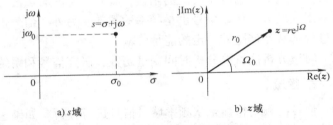

图 1.7　s 域和 z 域平面示意图

（2）z 域

复变量 z 与复变量 s 有所不同，一般用极坐标形式表示，其幅值为 r，其辐角为 Ω，即

$$z = re^{j\Omega} \tag{1.2}$$

实际上，z 域也是一个复平面坐标系，z 的实部对应横轴，虚部对应纵轴，如图 1.7b 所示。对于每一个复数 z，都唯一对应 z 平面上一点。离散时间系统在时域和 z 域之间使用 z 变换和 z 反变换进行转换。一直以来，由于人们常常在 z 平面研究离散时间系统的各种问题，因此，复变量 z 的参数 Ω 又被称为数字角频率，量纲是弧度（rad）。

复频域分析法把关于时间的函数转换为关于复变量 s 和 z 的复频域函数，可以把时域中的微分和积分运算转化为代数运算，把卷积、相关运算转化为乘积运算，在解决信号与系统的实际问题时显得更加简便直观。

1.1.4　本课程的性质和特点

1. 性质

本课程是信息类学科的一门重要的专业基础课和必修课，也是许多信息类学科专业的硕士生入学必考科目，作为一门引导学生跨入信息处理与传输领域的入门课程，对后续的一些重要专业课起着承上启下的关键作用。

学好信号与系统的知识和技能对于信息类学科及专业的学生来说是极其重要的。信号与系统是从不同的角度来看问题的，是信号处理中基础的基础。信号与系统概念的许多应用已经有了很长的一段历史，形成了一整套完整的分析信号与系统的基本方法和基本理论。随着科学技术的迅速发展，信号与系统的分析方法一直在不断地演变和发展，对于各种领域的发展起着重要的作用。因此，人们一直渴望掌握信号与系统理论及应用的各种知识和技能。

虽然在各个不同的领域中所出现的"信号与系统"的物理性质很不相同，但信号与系统分析的原理和方法是通用的。信号与系统理论及应用的知识和技能，不仅对于从事测控技术的工作人员是不可或缺的，对于自控、仪表、机电工程、信息工程、光电工程等专业的工程技术人员以及从事各种科学技术实验研究的人员也都有重要的价值。

2. 特点

1）理论性强，实践性强，融数学概念、物理概念和工程概念于一体，融原理、方法、应用于一体。

努力学习本课程，解析信号与系统的各个基本原理，应用信号与系统的多个基本方法，对培养学生严肃认真的科学作风、理论联系实际的工程观点十分重要，对培养科学思维能力、分析计算能力和科学归纳能力都有重要的作用。

2）连续信号与系统、离散信号与系统并重，加强学生应用能力的培养。

多数科学和工程中遇到的是模拟信号，但是模拟信号处理难以做到高精度，受环境影响较大，可靠性差，且不灵活。随着大规模集成电路以及数字计算机的飞速发展，加之从20世纪60年代末以来数字信号处理理论和技术的成熟与完善，数字（离散）信号处理已基本取代模拟（连续）信号处理。鉴于连续时间信号与系统和离散时间信号与系统之间的密切关系，本书选择以并行的方式来讨论这两种类型的信号与系统。

连续信号与系统、离散信号与系统的概念和方法都有着悠久的历史，在概念上息息相关，但在应用上一直各行其道，连续信号与系统在物理学方面、近代电路理论和通信系统方面的应用很多，而离散信号与系统在数字分析、统计学以及经济学等数据分析中应用广泛。但是在近几十年，随着高速数字计算机、集成电路和尖端高密度器件制造技术等所取得的飞速发展，连续和离散信号与系统产生越来越多的交集，在应用上也日益结合紧密。

3）内容精炼，注重理论与实践的相辅相成，形成相对完整的知识体系。

本书的内容不仅包含信号与系统的分析，更编排了典型应用的相关章节。由于大多数物理系统可以近似为线性时不变（Linear Time Invariant，LTI）系统，更重要的是，长期以来对线性时不变系统的研究已经形成了一套完整、严密且能普遍适用的分析方法，而且，这些分析方法也能为研究非线性时变系统所借鉴，因此，限于篇幅，本书只涉及线性时不变系统（以下简称LTI系统）。

本书将从时域、频域和复频域三方面对信号与系统进行分析讨论，强调时域分析与频域分析以及它们之间的对应关系，分析工具包括微分方程、差分方程、傅里叶变换、拉普拉斯变换以及z变换等。信号与系统的基本理论、基本分析方法和典型应用案例，为进一步学习和研究通信理论、电路理论、控制理论、信号检测等学科内容奠定一个坚实的基础。

1.2　信号的分类及典型信号

1.2.1　信号的分类

一般情况下，时间函数$x(t)$是信号的数学模型。在信号理论中，信号和函数两个名词是通用的。在时域中，信号的形式多种多样，根据其主要特征可将信号分为如下几种：确定性信号和随机性信号、连续信号和离散信号、周期信号和非周期信号、功率信号和能量信号等。还有其他一些分类方法，在此不一一列举了。

1. 确定性信号和随机性信号

确定性信号是指能够以确定的时间函数表示的信号，在其定义域内任意时刻都有确定的函数值，如图1.8a所示，又例如电路中的正弦信号和各种形状的周期信号等。本书只讨论确定性信号。所有实际信号在一定程度上都是随机的，没有绝对确定的信号，但如果它在一段时间内的变化规律比较明确，可以近似为确定性信号。随机性信号在某一时刻的取值具有未知性、不确定性，如图1.8b所示，只能通过大量试验测出它在某时刻取值的概率分布。

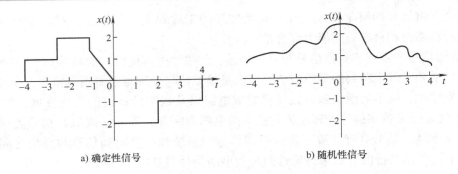

a) 确定性信号　　　　　　b) 随机性信号

图 1.8　确定性信号和随机性信号

2. 连续时间信号和离散时间信号

按照信号自变量取值的连续性，将确定性信号分为两大类：连续时间信号和离散时间信号。

连续时间信号是指在信号的定义域内任意时刻都有确定的函数值的信号，通常用 $x(t)$ 或者 $f(t)$ 表示。连续信号最明显的特点是自变量 t 在其定义域上除有限个间断点外，其余是连续可变的。如图 1.9a 所示，常用的指数衰减信号是一个连续时间信号。

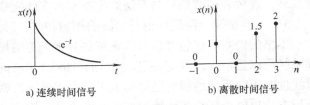

a) 连续时间信号　　　　　b) 离散时间信号

图 1.9　连续时间信号和离散时间信号

离散时间信号是指在信号的定义域内一些离散的时刻有函数值的信号，如图 1.9b 所示。

应当分别注意到，信号的自变量可以是连续的，也可以是离散的；信号的取值可以是连续的，也可以是离散的。

如果一个信号，其幅值是连续的，而自变量时间是离散的，则称为抽样信号。它可以看作是在离散时间下对模拟信号的抽样。抽样有时也叫作采样、取样，英文原词都为 sample。一般的离散时间信号都是由连续时间信号抽样而来的。

通常情况下，自变量和取值均为连续的信号称为模拟信号，自变量和取值均为离散的信号称为数字信号。模拟信号是连续信号的特例，时间和幅度均连续；数字信号是离散时间信号的特例，其幅度量化，时间和幅度均不连续。由于数字信号在幅值和时间上都是离散的，可以利用计算机进行处理。根据现代信号处理的情况，由于计算机运算的位数已达 64 位，数字信号处理的精度极大提高，已逐步取代模拟信号处理。

3. 周期信号和非周期信号

根据 $x(t)$ 是否按一定时间间隔重复，信号可分为周期信号和非周期信号。一个定义在 $(-\infty, +\infty)$ 区间的连续时间信号 $x(t)$，如果存在一个最小的正值 T，对全部 t，有

$$x(t) = x(t + mT), \quad m = \pm 1, \pm 2, \cdots \tag{1.3}$$

则称 $x(t)$ 为周期信号，其基波周期为 T，否则称 $x(t)$ 为非周期信号。如果为了强调信号的周期性，一般的连续时间周期信号可以用 $\tilde{x}(t)$ 表示。一个连续周期信号如图 1.10a 所示。

一个定义在 $(-\infty, +\infty)$ 区间的离散时间信号 $x(n)$，如果存在一个最小的正整数 N，对全部 n，有

$$x(n) = x(n + mN), \quad m = \pm 1, \pm 2, \cdots \tag{1.4}$$

则称 $x(n)$ 为周期信号，其基波周期为 N，否则称 $x(n)$ 为非周期信号。如果为了强调信号的周期性，一般的离散时间周期信号可以用 $\tilde{x}(n)$ 表示。一个离散周期信号如图 1.10b 所示。

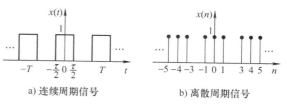

a) 连续周期信号　　　　b) 离散周期信号

图 1.10　周期信号

由于周期信号具有重复性，可以得到另外一种表示方法。假设在 $t=0$ 点附近的一个基波周期内的信号为 $x(t)$，则周期信号 $x_T(t)$ 将是 $x(t)$ 在时间轴上按基波周期 T 进行延拓的结果，即

$$x_T(t) = \sum_{m=-\infty}^{\infty} x(t+mT),\ m\ \text{为整数} \tag{1.5}$$

对离散周期信号有同样的结论，即

$$x_N(n) = \sum_{m=-\infty}^{\infty} x(n+mN),\ m\ \text{为整数} \tag{1.6}$$

非周期信号不具备这种周期重复性，其波形在有限的时间范围内不会重复出现，因此可以把非周期信号看成周期为无穷大的信号。非周期信号如图 1.11 所示。

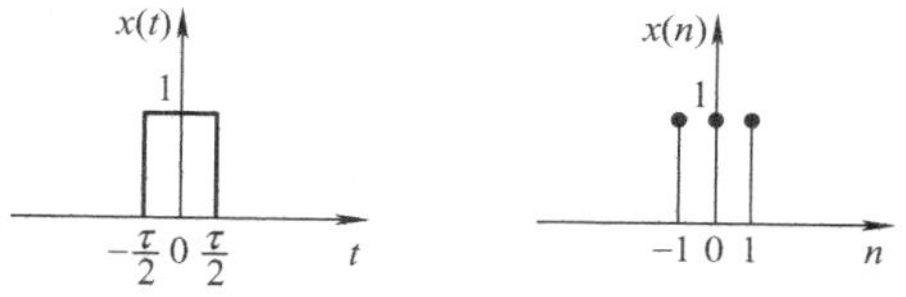

a) 连续非周期信号　　　　b) 离散非周期信号

图 1.11　非周期信号

4. 功率信号和能量信号

根据信号的能量或功率是否为有限值，信号可分为能量信号和功率信号。

信号能量定义为在时间区间 $(-\infty, +\infty)$ 上信号 $x(t)$ 的能量，用字母 E 表示。

$$E = \int_{-\infty}^{+\infty} |x(t)|^2 \mathrm{d}t \tag{1.7}$$

信号功率定义为在时间区间 $(-\infty, +\infty)$ 上信号 $x(t)$ 的平均功率，用字母 P 表示。

$$P = \lim_{T\to\infty} \frac{1}{T} \int_{-T/2}^{T/2} |x(t)|^2 \mathrm{d}t \tag{1.8}$$

式(1.7) 和式(1.8) 中，如果 $x(t)$ 是复变函数，代表复信号，则$|x(t)|$就是信号的模值。

如何理解信号的能量和功率？

将信号 $x(t)$ 看成是电压（或电流），则当 $x(t)$ 加在 1Ω 电阻两端时，将提供给该电阻大小为 $x^2(t)$ 的瞬时功率，在 $(-T/2, T/2)$ 区间提供的能量为 $\int_{-T/2}^{T/2} |x(t)|^2 \mathrm{d}t$，平均功率为 $\frac{1}{T} \int_{-T/2}^{T/2} |x(t)|^2 \mathrm{d}t$。

功率（有限）信号：平均功率为有限值而信号总能量为无限大，即满足 $0 < P < \infty$，$E = \infty$；能量（有限）信号：能量为有限值而平均功率为零，即满足 $0 < E < \infty$，$P = 0$；非功非能信号：能量和平均功率均为无限大，即满足 $E\to\infty$，$P\to\infty$。一般地，持续时间有限的非周期信号都是能量有限信号，而周期信号或其他一些持续时间无限长的信号都是功率有限信号。

对离散时间信号，序列 $x(n)$ 的能量 E 和平均功率 P 定义为

$$E = \sum_{n=-\infty}^{\infty} |x(n)|^2 \tag{1.9}$$

$$P = \lim_{N \to \infty} \frac{1}{2N+1} \sum_{n=-N}^{N} |x(n)|^2 \tag{1.10}$$

1.2.2　典型的连续时间信号

下面给出几种常用的基本连续时间信号。这些基本信号十分重要，在自然界和工程技术中作为描述许多现象的工具经常出现，而且，还作为基本要素来构成其他许多信号。换言之，可以将其他信号分解成（或表示为）这些基本信号的组合。通常，连续时间信号的时间轴 t 是连续取值的自变量，量纲是时间单位，一般情况下是秒（s）。

1. 单位阶跃信号

$$u(t) = \begin{cases} 1, & t>0 \\ 0, & t<0 \end{cases} \tag{1.11}$$

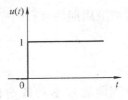

图 1.12　单位阶跃信号

单位阶跃信号 $u(t)$ 在 $t=0$ 处是不连续的，如图 1.12 所示。在跳变点 $t=0$ 处，函数值 $u(0)$ 未定义，或者定义为

$$u(0) = [u(0^-) + u(0^+)]/2 = 1/2 \tag{1.12}$$

在实际应用中，常用 $u(t)$ 或者 $u(t-t_0)$ 与某信号的乘积表示该信号的接入特性。例如，开关闭合给电路供电就可视为给电路施加一个阶跃信号。

2. 门信号

$$G_\tau(t) = u\left(t + \frac{\tau}{2}\right) - u\left(t - \frac{\tau}{2}\right) \tag{1.13}$$

如图 1.13 所示，其他信号可以用门信号进行处理，通常是乘以门函数，就只剩下门内的部分。

3. 符号信号

符号信号的数学表达式可以写成以下几种：

$$\text{sgn}(t) = \begin{cases} 1, & t>0 \\ -1, & t<0 \end{cases} \tag{1.14}$$

$$\text{sgn}(t) = -u(-t) + u(t) = 2u(t) - 1 \tag{1.15}$$

$$u(t) = \frac{1}{2}[\text{sgn}(t) + 1] \tag{1.16}$$

符号函数的图形如图 1.14 所示。

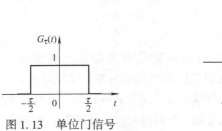

图 1.13　单位门信号

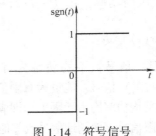

图 1.14　符号信号

4. 单位冲激信号

单位冲激信号不是一个普通的函数，是从实际中抽象出来的一个理想化的信号模型，属于奇异函数。所谓奇异信号，是其本身、其导数或其积分有不连续点的函数。例如，雷电、电火花等干扰形成的尖脉冲可视为给电路施加了一个冲激信号。单位冲激信号的数学表示如下：

$$\begin{cases} \delta(t) = 0, t \neq 0 \\ \delta(t) \to \infty, t = 0 \\ \int_{-\infty}^{\infty} \delta(t)\mathrm{d}t = 1 \end{cases} \tag{1.17}$$

延时单位冲激信号的定义如下：

$$\begin{cases} \delta(t - t_0) = 0, t \neq t_0 \\ \delta(t - t_0) \to \infty, t = t_0 \\ \int_{-\infty}^{\infty} \delta(t - t_0)\mathrm{d}t = 1 \end{cases} \tag{1.18}$$

单位冲激信号如图 1.15 所示。

单位冲激信号具有很多特殊性质，这里列出一些常用性质。

1）积分性质：$\int_{-\infty}^{t} \delta(\tau)\mathrm{d}\tau = u(t)$，$\int_{-\infty}^{t} \delta(\tau - t_0)\mathrm{d}\tau = u(t - t_0)$。

2）$\delta(t) = \dfrac{\mathrm{d}u(t)}{\mathrm{d}t}$，引入冲激函数以后，可以认为在函数跳变处也存在导数，即可以对不连续函数进行微分。

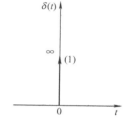

图 1.15 单位冲激信号

3）$x(t)\delta(t - t_0) = x(t_0)\delta(t - t_0)$，$x(t)\delta(t) = x(0)\delta(t)$。

4）抽样特性（或叫筛选特性）：$\int_{-\infty}^{\infty} x(t)\delta(t - t_0)\mathrm{d}t = x(t_0)$，$\int_{-\infty}^{\infty} x(t)\delta(t)\mathrm{d}t = x(0)$。

5）δ 函数是偶函数：$\delta(t) = \delta(-t)$。

6）尺度变换性质：$\delta(at) = \dfrac{1}{a}\delta(t)$。

5. 单位冲激偶信号

单位冲激函数 $\delta(t)$ 存在有限阶导数 $\delta^{(k)}(t)$，当 $k = 1$ 时，取得一阶导数 $\delta'(t)$，叫作单位冲激偶信号，其波形呈现正、负极性的一对冲激，强度均为无限大，但所含的总面积为零，因为正负冲激的面积相互抵消了。

冲激偶函数的典型性质如下：

1）$\int_{-\infty}^{\infty} x(t)\delta'(t)\mathrm{d}t = -x'(0)$，$\int_{-\infty}^{\infty} x(t)\delta^{(k)}(t)\mathrm{d}t = (-1)^{(k)}x^{(k)}(0)$。

2）$\int_{-\infty}^{\infty} x(t)\delta'(t - t_0)\mathrm{d}t = -x'(t_0)$，$\int_{-\infty}^{\infty} x(t)\delta^{(k)}(t - t_0)\mathrm{d}t = (-1)^{(k)}x^{(k)}(t_0)$。

冲激函数、冲激偶函数的性质都可以从数学理论上得到严格的证明。学习和掌握阶跃信号、冲激信号和冲激偶信号等奇异信号，对于连续时间信号与系统的时域分析、输出响应求解有着重要意义。

6. 连续时间复指数信号

实际信号一般都是实信号。在信号与系统理论中，常借助复信号来研究某些问题，以建立某些有益的概念或简化运算。

连续时间复指数信号的数学描述为

$$x(t) = e^{st}, \quad -\infty < t < \infty \tag{1.19}$$

s 是复变量，又常被称为复频率，$s = \sigma + j\omega$，其中 σ、ω 为实数。

$$e^{st} = e^{(\sigma + j\omega)t} = e^{\sigma t}(\cos\omega t + j\sin\omega t), \quad -\infty < t < \infty \tag{1.20}$$

$$e^{s^*t} = e^{(\sigma - j\omega)t} = e^{\sigma t}(\cos\omega t - j\sin\omega t), \quad -\infty < t < \infty \tag{1.21}$$

$$e^{\sigma t}\cos\omega t = \frac{1}{2}(e^{st} + e^{s^*t}), \quad -\infty < t < \infty \tag{1.22}$$

复指数信号的具体派生形式如图 1.16 所示。指数衰减信号可用来描述放射线衰变、RC 电路暂态响应和有阻尼的机械系统等；指数增长信号可用来描述细菌繁殖、原子弹爆炸和复杂化学反应中的连锁反应等物理现象。

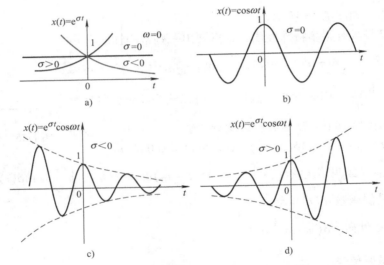

图 1.16　复指数信号的具体派生形式

7. 抽样函数

抽样函数的定义式写在式（1.23）中，其时域波形如图 1.17 所示。抽样函数为偶函数。当 $x = 0$ 时，$\mathrm{Sa}(x) = 1$；当 $x = k\pi$（$k = \pm 1$, ± 2, $\cdots$）时，$\mathrm{Sa}(k\pi) = 0$。

$$\mathrm{Sa}(x) = \frac{\sin x}{x} \tag{1.23}$$

在 MATLAB 中，抽样函数用 $\mathrm{sinc}(x)$ 表示，其定义式写在式（1.24）中。

$$\mathrm{sinc}(x) = \frac{\sin(\pi x)}{\pi x} \tag{1.24}$$

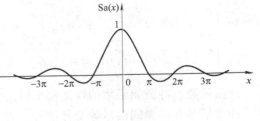

图 1.17　抽样函数

1.2.3　典型的离散时间信号

离散时间信号和连续时间信号之间虽然存在着很强的对应关系，但也存在一些重要差别。一般地，离散时间信号的时间轴 n 是一些等间隔的离散时间点，两点之间的间隔称为抽样周期 T。离散时间信号常简称为序列，其自变量 n 没有量纲。

1. 单位抽样信号

单位抽样信号定义为

$$\delta(n) = \begin{cases} 1, & n = 0 \\ 0, & n \neq 0 \end{cases} \tag{1.25}$$

单位抽样信号及其移位信号如图 1.18 所示。

与 $\delta(t)$ 不同，$\delta(n)$ 是普通信号函数，当 $n = 0$ 时取确定值"1"，而不是无穷大。

2. 单位阶跃序列

单位阶跃序列定义为

$$u(n) = \begin{cases} 0, & n < 0 \\ 1, & n \geqslant 0 \end{cases} \tag{1.26}$$

单位阶跃序列及其移位信号如图 1.19 所示。

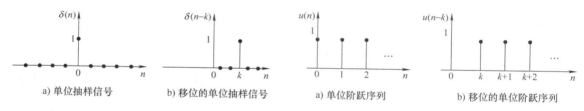

a) 单位抽样信号　　b) 移位的单位抽样信号　　　　a) 单位阶跃序列　　　b) 移位的单位阶跃序列

图 1.18　单位抽样信号及其移位信号　　　　　　图 1.19　单位阶跃序列及其移位信号

与 $u(t)$ 不同，$u(n)$ 的变量 n 取离散值，并且在 $n = 0$ 时 $u(n)$ 的取值为 1。$\delta(n)$ 和 $u(n)$ 可以相互表示。

$$\delta(n) = u(n) - u(n-1)$$

$$u(n) = \delta(n) + \delta(n-1) + \delta(n-2) + \cdots = \sum_{k=0}^{\infty} \delta(n-k)$$

3. 矩形窗信号

4 位矩形窗信号定义为

$$R_4(n) = u(n) - u(n-4) \tag{1.27}$$

其时域图形如图 1.20 所示。

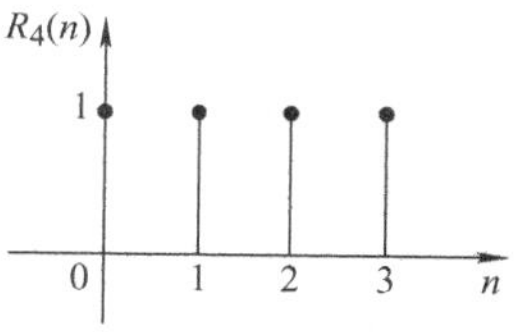

4. 离散时间复指数信号

（1）离散时间实指数信号

一般的离散时间复指数信号可表示为

图 1.20　4 位矩形窗信号

$$x(n) = z^n = r^n \mathrm{e}^{\mathrm{j}\Omega_0 n} \tag{1.28}$$

式中，$z = r\mathrm{e}^{\mathrm{j}\Omega_0}$ 为复数，r 和 Ω_0 为实数。当 $z = r$，r 为实数时，称为离散时间实指数信号，如图 1.21 所示。

$$x(n) = r^n \qquad (1.29)$$

（2）虚指数信号

$$x(n) = \mathrm{e}^{\mathrm{j}\Omega_0 n} \qquad (1.30)$$

根据欧拉公式，有

$$\mathrm{e}^{\mathrm{j}\Omega_0 n} = \cos\Omega_0 n + \mathrm{j}\sin\Omega_0 n \quad (1.31)$$

虚指数序列信号的性质如下：

1）$x(n) = \mathrm{e}^{\mathrm{j}\Omega_0 n}$ 对频率 Ω_0 具有周期性。

$$\mathrm{e}^{\mathrm{j}(\Omega_0 \pm 2\pi k)n} = \mathrm{e}^{\mathrm{j}\Omega_0 n}\mathrm{e}^{\pm \mathrm{j}2\pi kn} = \mathrm{e}^{\mathrm{j}\Omega_0 n}$$
$$(1.32)$$

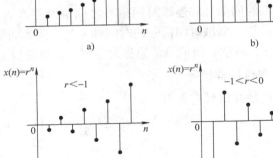

图 1.21 离散时间实指数信号

2）$x(n) = \mathrm{e}^{\mathrm{j}\Omega_0 n}$ 对不同的频率 Ω_0 值不都是 n 的周期序列。

若 $x(n) = \mathrm{e}^{\mathrm{j}\Omega_0 n}$ 是关于 n 的周期序列，则有

$$\mathrm{e}^{\mathrm{j}\Omega_0(n+N)} = \mathrm{e}^{\mathrm{j}\Omega_0 n} \Rightarrow \mathrm{e}^{\mathrm{j}\Omega_0 N} = 1 \Rightarrow \Omega_0 N = 2\pi m \qquad (1.33)$$

式中，m 和 N 都是正整数。可见，只有当 $\Omega_0/2\pi = m/N$ 为有理数时，$\mathrm{e}^{\mathrm{j}\Omega_0 n}$ 才是关于 n 的周期序列。

5. 离散时间正弦信号

离散时间正弦信号定义为

$$x(n) = A\cos(\Omega n + \theta) = A\cos(2\pi f n + \theta) \qquad (1.34)$$

一个离散时间正弦信号如图 1.22 所示。

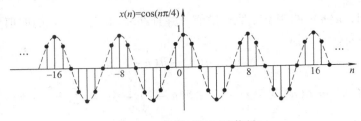

图 1.22 离散时间正弦信号

应当注意：有些正弦、余弦序列虽然是按正余弦规律变化的，但根据周期序列的定义来判断，它们并不是周期序列。

1.3 信号的基本时域运算

信号的运算和变换不仅存在于时域中，也存在于频域中，更重要的是，如果某个信号在时域中进行了某种运算和变换，则这种运算和变换一定会在频域的相应信号中有所反映；反之亦然。

1.3.1　信号的相加和相乘

　　利用相加运算，可以把复杂的信号化为有限或无限个简单信号的加权组合，便于处理和分析。利用相乘运算，可以把一个信号分解为若干因子的乘积。在信号调制、解调过程中经常遇到两个信号的相乘运算。对于连续信号和离散信号，相加和相乘运算的运算规则一样。需要注意，运算时必须将同一时刻的两个函数值相加与相乘，如图 1.23 所示。

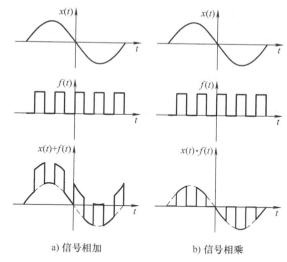

a) 信号相加　　　　　b) 信号相乘

图 1.23　信号的相加与相乘

1.3.2　信号的微分和积分

1. 信号的微分运算

　　对连续时间信号求导即微分运算，对信号微分的结果凸显了信号的变化部分。

$$\frac{\mathrm{d}}{\mathrm{d}t}x(t) = x'(t) \tag{1.35}$$

2. 信号的积分运算

　　对信号积分的结果使信号突变的部分变得平滑，与微分的结果正好相反，如图 1.24 所示。

$$\int_{-\infty}^{t} x(\tau)\mathrm{d}\tau = x^{(-1)}(t) \tag{1.36}$$

3. 离散信号的累加运算

　　在离散信号中，对应于微积分运算的是离散信号的差分和求和，累加求和运算规则如下：

$$y(n) = \sum_{k=-\infty}^{n} x(k) \tag{1.37}$$

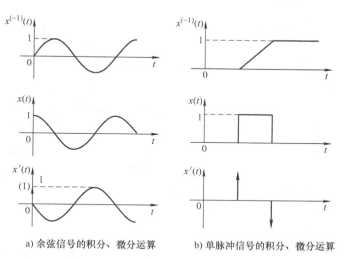

a) 余弦信号的积分、微分运算　　b) 单脉冲信号的积分、微分运算

图 1.24　信号积分和微分运算

4. 差分运算

　　差分运算的定义分别为

$$前向差分：\Delta x(n) = x(n+1) - x(n) \tag{1.38}$$

$$后向差分：\nabla x(n) = x(n) - x(n-1) \tag{1.39}$$

1.3.3 信号的平移、翻转和展缩

1. 信号的平移

信号的时间平移运算就是将信号 $x(t)$ 转换为 $x(t+t_1)$ 的过程，即

$$x(t) \rightarrow x(t+t_1) \tag{1.40}$$

【例 1.1】 对信号 $x(t)$ 进行左移或右移，$x(t)=t[u(t)-u(t-1)]+(2-t)[u(t-1)-u(t-2)]$。

解：信号的平移如图 1.25 所示。

当 $t_1<0$ 时，信号波形右移，如图 1.25b 所示；当 $t_1>0$ 时，信号波形左移，如图 1.25c 所示。信号移位在雷达、声呐、地震信号处理

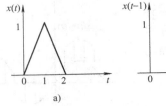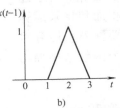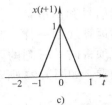

图 1.25 信号的平移

中经常遇到。利用移位信号对原信号在时间上的延迟，可以探测目标或震源的距离。

2. 信号的翻转

翻转运算就是将信号 $x(t)$ 转换成新的信号 $x(-t)$ 的过程，例如语音信号倒放就是信号翻转运算。

3. 信号的展缩（又叫时间尺度变换）

将信号 $x(t)$ 转换成新的信号 $x(at)$ 的过程。a 是不为零的实数，称为展缩系数。若 $|a|>1$，则将 $x(t)$ 的波形压缩到 $1/|a|$ 倍；若 $|a|<1$，则将 $x(t)$ 的波形扩展到 $1/|a|$ 倍。在实际中，若 $x(t)$ 代表一个已录制的语音信号，则 $x(2t)$ 代表慢录快放，$x(t/2)$ 代表快录慢放。

【例 1.2】 已知 $x(t)$ 的波形如图 1.26a 所示，试画出 $x(3-2t)$ 的波形图。

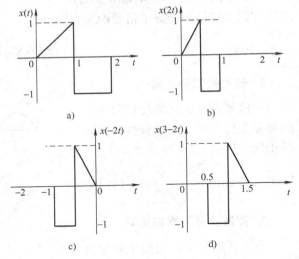

图 1.26 信号的基本运算综合

解：

$$x(t)=t[u(t)-u(t-1)]-[u(t-1)-u(t-2)]$$

本例题包含信号的三种基本运算，运算过程如下：由 $x(t) \rightarrow x(2t) \rightarrow x(-2t) \rightarrow x(3-2t)$，即对原信号先进行压缩（见图 1.26b），再进行翻转（见图 1.26c）和右移（见图 1.26d），结果如图 1.26d 所示。

本例题中基本运算的顺序是可以交换或颠倒的，最终获得的信号表达式如下：

$$x(3-2t)=-[u(t-0.5)-u(t-1)]-(2t-3)[u(t-1)-u(t-1.5)]$$

本例题另一种简单的解题思路为：设变换后的时间变量为 $t'=3-2t$，找出 t 和 t' 的关系，即

$$t': 0 \to 1 \to 2$$
$$t: 1.5 \to 1 \to 0.5$$

然后在原坐标系按 $x(t)$ 的规律画出图形即可。

4. 离散信号的抽取与插值

离散信号的翻转和平移运算与连续信号类似。离散信号的展缩（即尺度变换）通常是抽取或插值过程，与连续时间信号有很大差别。在离散时间情况下，抽取或插值一般不再代表原信号时域压缩为 $1/k$ 或扩展 k 倍，而是会导致离散时间信号序列波形的改变。

【例 1.3】 离散时间信号为 $x(n)=[-3,1,3,1,2]_{-1}$，其抽取序列为 $x(2n)=[1,1]_0$，其插值序列为 $x(n/2)=[-3,0,1,0,3,0,1,0,2]_{-2}$，画出它们的图形。

解： 它们的图形如图 1.27 所示。

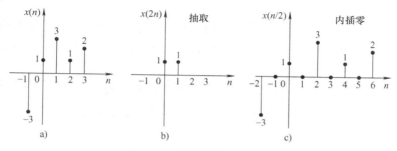

图 1.27 信号的抽取与插值

1.3.4 信号的简单分解

1. 信号分解为奇信号和偶信号之和

设 $x(t)$ 为原信号，$x_e(t)$ 为偶信号，$x_o(t)$ 为奇信号，它们的数学关系式如下：

$$x(t)=x_e(t)+x_o(t) \quad (1.41)$$

$$x_e(t)=\frac{1}{2}[x(t)+x(-t)] \quad (1.42)$$

$$x_o(t)=\frac{1}{2}[x(t)-x(-t)] \quad (1.43)$$

若原信号如图 1.28a 所示，可得到 $x(-t)$ 如图 1.28b 所示，则分解得到的偶信号与奇信号如图 1.28c、d 所示。

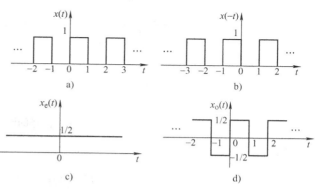

图 1.28 信号分解为奇信号和偶信号之和

2. 信号分解为基本信号的有限项之和

【例 1.4】 如图 1.29 所示，将原信号 $x_a(t)$ 和 $x_b(t)$ 进行有限项分解。

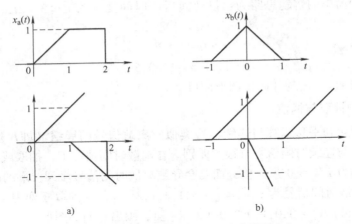

图 1.29 信号分解为基本信号的有限项之和

解:

(1) $x_a(t) = t[u(t) - u(t-1)] + [u(t-1) - u(t-2)] = tu(t) - (t-1)u(t-1) - u(t-2)$

(2) $x_b(t) = \Lambda_2(t) = (t+1)[u(t+1) - u(t)] - (t-1)[u(t) - u(t-1)] = (t+1)u(t+1) - 2tu(t) + (t-1)u(t-1)$

$x_b(t)$ 为单位三角脉冲信号 $\Lambda_2(t)$，是一般三角脉冲信号 $\Lambda_{2\tau}(t)$ 在 $\tau = 1$ 的情况。$\Lambda_{2\tau}(t)$ 的定义式如下：$\Lambda_{2\tau}(t) = \left(\dfrac{t}{\tau} + 1\right)u(t+\tau) - \dfrac{2t}{\tau}u(t) + \left(\dfrac{t}{\tau} - 1\right)u(t-\tau)$。

3. 信号分解为因子的乘积

【例 1.5】 如图 1.30 所示，将原信号 $x_a(t)$ 和 $x_b(t)$ 进行乘积因子分解。

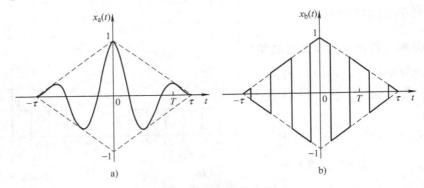

图 1.30 信号的因子分解

解:

$$x_a(t) = \Lambda_{2\tau}(t) \cdot \cos\left(\frac{2\pi}{T}t\right)$$

$$x_b(t) = \Lambda_{2\tau}(t) \cdot P_T(t), \quad P_T(t) = \sum_{k=-\infty}^{\infty} G_{\tau_0}(t + kT) - \sum_{k=-\infty}^{\infty} G_{\tau_0}\left(t - \frac{T}{2} + kT\right)$$

4. 信号分解为矩形脉冲序列之和

$$x(t) \approx x(0)[u(t) - u(t - \Delta\tau)] + x(\Delta\tau)[u(t - \Delta\tau) - u(t - 2\Delta\tau)] + \cdots$$

$$= \sum_{n=-\infty}^{\infty} x(n\Delta\tau)\{u(t-n\Delta\tau) - u[t-(n+1)\Delta\tau]\}$$

$$= \sum_{n=-\infty}^{\infty} x(n\Delta\tau) \frac{u(t-n\Delta\tau) - u[t-(n+1)\Delta\tau]}{\Delta\tau}\Delta\tau$$

当 $\Delta\tau\to0$ 时，$\Delta\tau\to d\tau$，$n\Delta\tau\to\tau$，则有

$$x(t) = \lim_{\Delta\tau\to0}\sum_{n=-\infty}^{\infty} x(n\Delta\tau)\delta(t-n\Delta\tau)\Delta\tau = \int_{-\infty}^{\infty} x(\tau)\delta(t-\tau)d\tau$$

即 $x(t)$ 可用矩形脉冲近似表示，如图 1.31 所示。

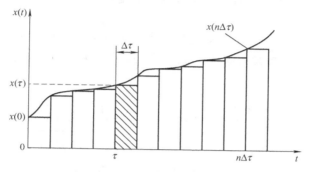

图 1.31 用矩形脉冲表示 $x(t)$

上述过程说明，时域里任一信号可近似地分解为一系列矩形窄脉冲之和。当矩形脉冲的脉冲宽度趋于无限小时，信号可分解为无数冲激信号的和。

1.4 系统的分类及常用表示方法

1.4.1 系统的分类

1. 根据信号类型分类

信号的分析处理与系统的概念密切相关。任何信号都源于系统，并通过系统传输和变换。因此，离开系统单独讨论信号是不全面的。所谓系统，是指由一些相互关联、相互制约的事物组成的具有某种功能的整体。它所涉及的范围十分广泛，根据所研究的问题和对象不同，系统可以大到世界经济体系，小到一个传感器，可以包括物理系统和非物理系统、人工系统和自然系统等。

一般地，系统的分类对应于系统处理的信号的分类。信号处理是研究用系统对含有信息的信号进行处理（变换），以获得人们所希望的信号，从而达到提取信息、便于利用的一门技术。根据系统处理的信号形式，可将系统分为连续时间系统与离散时间系统；按系统工作时信号呈现的规律，可将系统分为确定性系统与随机性系统；根据系统输入和输出信号的数量，可将系统分为单输入单输出系统或者多输入多输出系统。

按照系统的形成来划分，系统大致可分为两类：一类是自然形成的系统，如天体地球等；另一类是人为设计的系统，如电子系统、通信系统等。人为设计的系统一般是根据设计

人员的需要来实现某种特定的功能。这种系统通常由若干相互关联的元器件（或子系统）进行连接而形成一个整体。例如，一个最简单的积分电路系统可以由一个电阻和一个电容元件组成，其基本功能是对输入信号进行积分后输出。本书仅讨论人为设计的系统。

按所处理的信号种类的不同可将系统分为四大类：

1）模拟系统：处理模拟信号，系统输入、输出均为连续时间连续幅度的模拟信号。

2）连续时间系统：处理连续时间信号，系统输入、输出均为连续时间信号。

3）离散时间系统：处理离散时间信号（序列），系统输入、输出均为离散时间信号。

4）数字系统：处理数字信号，系统输入、输出均为数字信号。

分析一个系统，一般按照下面的三个步骤：①建立数学模型；②求数学解；③对所求得的解赋予物理解释。

下面是最基本的按类型分类方法：与信号类型相对应，系统分为连续时间系统和离散时间系统，如图 1.32 所示。模拟系统是连续时间系统的特殊情况，数字系统是离散时间系统的特殊情况。

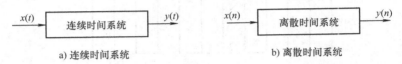

a) 连续时间系统　　　　　　　　　　　b) 离散时间系统

图 1.32　系统的简明示意图

2. 根据系统特性分类

（1）线性：线性系统与非线性系统

线性的含义包括齐次性和叠加性。

1）齐次性：设某系统的激励 $x(t)$ 与其响应 $y(t)$ 之间的关系可表示为 $x(t) \rightarrow y(t)$，如果激励增大为原来的 a 倍，响应也增大为 a 倍，即

$$ax(t) \rightarrow ay(t) \tag{1.44}$$

则说明该系统满足齐次性。

2）叠加性：如果 $x_1(t) \rightarrow y_1(t), x_2(t) \rightarrow y_2(t)$，有

$$x_1(t) + x_2(t) \rightarrow y_1(t) + y_2(t) \tag{1.45}$$

则说明该系统满足叠加性。

由式(1.44)、式(1.45)可得，既满足齐次性又满足叠加性的系统称为线性系统，合起来写就是：如果 $x_1(t) \rightarrow y_1(t)$，$x_2(t) \rightarrow y_2(t)$，且有

$$a_1 x_1(t) + a_2 x_2(t) \rightarrow a_1 y_1(t) + a_2 y_2(t) \tag{1.46}$$

则称该系统为线性系统。式中，a_1 和 a_2 是任意实常数。

类似地，关于离散时间线性系统的叙述如下：如果 $x_1(n) \rightarrow y_1(n)$，$x_2(n) \rightarrow y_2(n)$，且有

$$a_1 x_1(n) + a_2 x_2(n) \rightarrow a_1 y_1(n) + a_2 y_2(n) \tag{1.47}$$

则称该系统为线性系统。式中，a_1 和 a_2 是任意实常数。

【例1.6】　系统的线性特性分析。

1）$y(t) = 5x(t)$是线性系统。

2）$y(t) = 5x(t) + 2$是非线性系统。通常将常数项移到方程左边后，可看作是线性系统。

3）$y(n) = e^{-n}$是非线性系统。

（2）时不变性：时不变系统与时变系统

输入输出关系不随时间变化的系统，称为时不变系统或定常系统，否则称为时变系统。时不变系统必须满足下列关系式：

$$x(t - t_0) \rightarrow y(t - t_0) \tag{1.48}$$

$$x(n - n_0) \rightarrow y(n - n_0) \tag{1.49}$$

式中，t_0和n_0都是可正可负的实常数。因此，线性时不变系统的参数不随时间变化，其数学模型是常系数微分方程（连续系统）和常系数差分方程（离散系统）。

【例1.7】　系统的时不变特性分析。

1）$y(t) = x\left(1 - \dfrac{t}{2}\right)$是时变系统。

分析：$x(t - t_0)$产生的输出是$y_1(t) = x\left(1 - \dfrac{t - t_0}{2}\right)$，而$y(t - t_0) = x\left(1 - \dfrac{t}{2} - t_0\right)$，二者不相等，所以该系统是时变系统。

2）$y(n) + y(n - 1) = 2x(n) - x(n - 1)$是时不变系统。

分析：该系统差分方程是常系数的，输入输出关系不随时间改变，因此它是时不变系统。

（3）因果性：因果系统与非因果系统

因果系统在任何时刻的输出仅取决于现在和过去的输入，而与将来的输入无关，是指当且仅当输入信号激励时，才会出现输出响应的系统。也即，系统的输出是由输入引起的，因果系统的输出响应不会出现在输入信号激励以前的时刻，否则是非因果系统。这里强调的是系统的输出与将来的输入是否有关。

【例1.8】　系统的因果特性分析。

1）$y(t) = x(t - 1)$是因果系统。

2）$y(t) = x(t + 1)$是非因果系统。

3）$y(n) = x(n) - x(n - 1)$是因果系统。

4）$y(n) = x(n) - x(n + 1)$是非因果系统。

5）$y(n) = \displaystyle\sum_{k = -\infty}^{n} x(k)$是因果系统。

（4）记忆性：有记忆系统与无记忆系统

对于一个给定系统，如果在任一时刻的输出信号仅决定于该时刻的输入信号，而与其他时刻的输入信号无关，就称之为即时系统或无记忆系统；否则，就称为动态系统或记忆系统。例如，只有电阻元器件组成的系统是即时系统，包含有动态元器件（如电容、电感、寄存器等）的系统是动态系统。这里强调的是系统的输出与过去的输入是否有关。

【例1.9】　系统的记忆特性分析。

1）$y(t) = \int_{-\infty}^{t} x(\tau)\mathrm{d}\tau$ 是有记忆系统。

2）$y(t) = 1 + 2x(t) + x^2(t)$ 是无记忆系统。

3）$y(n) = \sum_{k=-\infty}^{n} x(k)$ 是有记忆系统。

4）$y(n) = 1 + 2x(n)$ 是无记忆系统。

（5）稳定性：稳定系统与不稳定系统

根据稳定性分类，如果一个系统对任何有界的激励 $x(\cdot)$ 所产生的输出 $y(\cdot)$ 也有界时，就称该系统为有界输入/有界输出（Bound - input/Bound - output）稳定，简称 BIBO 稳定，这时也称系统是零状态稳定的。如果系统的输入有界，而输出无界，则系统为不稳定系统。

【例1.10】　系统的稳定性分析。

1）$y(t) = x^2(t) + 3x(t) - 10$ 是稳定系统。

2）$y(n) = \sum_{k=-\infty}^{n} x(k)$ 是不稳定系统。

1.4.2　系统的常用表示方法

产生信号，并对信号进行存储、转化、传输和处理的物理装置，称为系统。对系统进行表示，就是对系统的输入信号与输出信号间的关系进行表示。

1. 信号流图

（1）信号流图的基本术语

信号流图是由表示信号（变量）的节点和与节点相连的有向线段，及标示在线段旁的增益组成。图 1.33 所示是一个线性系统的信号流图。

节点：表示变量（信号），是指向该节点所有支路之和。

支路：表示信号流动的方向，是连接两节点的有向线段。

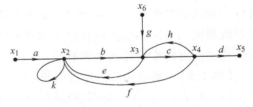

图 1.33　信号流图举例

支路增益：表示所连接的两节点变量的传输比。

输入节点（或源节点）：只有输出支路的节点，如 x_1、x_6。

输出节点（或阱节点）：只有输入支路的节点，如 x_5。

混合节点：既有输出支路，又有输入支路的节点，如 x_2、x_3、x_4。

传输：两个节点之间的增益叫传输，如 $x_1 \rightarrow x_2$ 之间的增益为 a，则传输也为 a。

前向通路：信号由输入节点到输出节点传递时，每个节点只通过一次的通路称为前向通路，如 $x_1 \rightarrow x_2 \rightarrow x_3 \rightarrow x_4 \rightarrow x_5$。

前向通路总增益：前向通路上各支路增益的乘积，如：$x_1 \rightarrow x_2 \rightarrow x_3 \rightarrow x_4 \rightarrow x_5$ 总增益为 $abcd$。

回路：通路的起点就是通路的终点，并且与其他节点相交不多于一次的闭合通路叫回路。

回路增益：回路中，所有支路增益的乘积。图 1.33 中有 4 个回路：一是 $x_2 \rightarrow x_3 \rightarrow x_2$，其回路增益为 be；二是 $x_3 \rightarrow x_4 \rightarrow x_3$，其回路增益为 ch；三是 $x_2 \rightarrow x_3 \rightarrow x_4 \rightarrow x_2$，其回路增益为 bcf；四是 $x_2 \rightarrow x_2$，又叫自回路，其增益为 k。

不接触回路：指相互间没有公共节点的回路。图 1.33 中的回路 $x_3 \rightarrow x_4 \rightarrow x_3$ 和 $x_2 \rightarrow x_2$ 是不接触回路。

（2）梅森增益公式

假设用字母 P 代替一个信号流图的输出信号与输入信号的增益之比，则 P 可以用梅森增益公式来计算。

$$P = \frac{1}{\Delta} \sum_{k=1}^{n} P_k \Delta_k \tag{1.50}$$

式中，Δ 为特征式；n 为从输入节点到输出节点的前向通路总数；P_k 为从输入节点到输出节点的第 k 条前向通路总增益；Δ_k 为余因子式，即把与第 k 条前向通路相接触的回路增益去掉以后的 Δ 值，

$$\Delta = 1 - \sum L_a + \sum L_b L_c - \sum L_d L_e L_f + \cdots \tag{1.51}$$

式中，$\sum L_a$ 为所有单独回路增益之和；$\sum L_b L_c$ 为在所有互不接触的单独回路中，每次取其中两个回路增益的乘积之和；$\sum L_d L_e L_f$ 为在所有互不接触的单独回路中，每次取其中三个回路增益的乘积之和。

【例 1.11】　求图 1.34 中的传递函数增益 X_5/X_1。

解：

信号流图分析：前向通路 2 条，单独回路 4 个，不接触回路 2 个。

$$n = 2, \quad P_1 = abdf, \quad P_2 = ah$$
$$\Delta = 1 - fg - de - bc - cegh + bcfg$$
$$\Delta_1 = 1, \quad \Delta_2 = 1 - de$$
$$\frac{X_5}{X_1} = \frac{abdf + ah\,(1 - de)}{1 - fg - de - bc - cegh + bcfg}$$

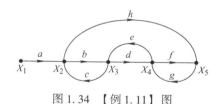

图 1.34　【例 1.11】图

2. 结构框图的基本单元

连续时间系统结构框图中的三种基本单元如图 1.35 所示。

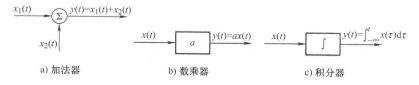

图 1.35　连续时间系统的基本运算单元

离散时间系统结构框图中也具有类似的三种基本单元，如图 1.36 所示。

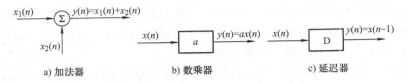

a) 加法器　　　　　b) 数乘器　　　　　c) 延迟器

图 1.36　离散时间系统的基本运算单元

3. 连续时间系统的表示方法

为了研究连续时间系统的组成、特性及实现方法，必须对系统的具体细节进行深入了解。根据系统内部各个环节的运算关系及组合，对一个系统可以采用多种表示方法。常用的表示方法有实物图、微分方程、结构框图和信号流图。

【例 1.12】　列举对一阶 RC 电路系统的表示方法。

解：

1）实物电路图如图 1.37 所示。

2）微分方程为

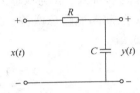

$$RC \frac{\mathrm{d}}{\mathrm{d}t} y(t) + y(t) = x(t)$$

图 1.37　一阶 RC 系统的实物电路图

3）结构框图。为了表示方便，将系统微分方程变形为以积分环节表示的形式，然后再画出相应的结构框图，如图 1.38 所示。

$$y(t) + \frac{1}{RC} \int_{-\infty}^{t} y(\tau)\mathrm{d}\tau = \frac{1}{RC} \int_{-\infty}^{t} x(\tau)\mathrm{d}\tau$$

4）信号流图如图 1.39 所示。

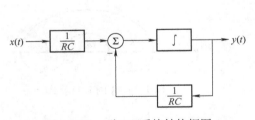

图 1.38　一阶 RC 系统结构框图

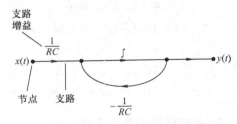

图 1.39　一阶 RC 系统的信号流图

式（1.52）为 LTI 连续时间系统的微分方程通式，根据此通式可以画出 n 阶 LTI 连续时间系统的通用结构框图如图 1.40 所示。

$$\frac{\mathrm{d}^n}{\mathrm{d}t^n} y(t) + a_{n-1} \frac{\mathrm{d}^{n-1}}{\mathrm{d}t^{n-1}} y(t) + \cdots + a_1 \frac{\mathrm{d}}{\mathrm{d}t} y(t) + a_0 y(t)$$

$$= b_m \frac{\mathrm{d}^m}{\mathrm{d}t^m} x(t) + b_{m-1} \frac{\mathrm{d}^{m-1}}{\mathrm{d}t^{m-1}} x(t) + \cdots + b_1 \frac{\mathrm{d}}{\mathrm{d}t} x(t) + b_0 x(t)$$

$$(1.52)$$

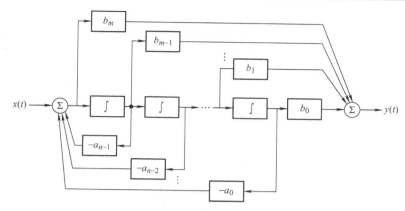

图 1.40　n 阶 LTI 连续时间系统的通用框图

对通用框图的理解：设置一个辅助函数 $q(t)$，将系统微分方程左边的 $y(t)$ 全部置换成 $q(t)$，令左边 $=x(t)$；将系统微分方程右边的 $x(t)$ 全部置换成 $q(t)$，令右边 $=y(t)$，然后按两个新方程画图，共用 $q(t)$ 和积分器，从而把两个图合成一个图即得。

4. 离散时间系统的表示方法

离散时间系统的主要表示方法有结构框图、差分方程和信号流图。以电路系统为例，在连续时间系统中，通常是利用 R、C、L 等基本电路元件组成网络，以完成所需的功能。一个离散时间系统往往不是以简单电路等形式单独存在的，而是和微处理器等芯片结合形成一定规模的硬件电路，另外再加上软件程序代码共同组成，或者完全由软件程序代码来仿真系统以实现所需的功能。因此，很多情况下都难以给出离散时间系统的实物电路图。

（1）差分方程

列出差分方程为

$$y(n) + ay(n-1) = bx(n)$$

（2）结构框图

一阶离散时间系统的结构框图如图 1.41 所示。

（3）信号流图

一阶离散时间系统的信号流图如图 1.42 所示。

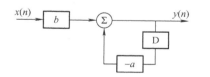

图 1.41　一阶离散时间系统的结构框图

图 1.42　一阶离散时间系统的信号流图

式（1.53）为 N 阶 LTI 离散时间系统的差分方程通式，然后根据通式画出 LTI 离散时间系统的通用结构框图，如图 1.43 所示。

$$y(n) + a_1 y(n-1) + \cdots + a_{N-1} y(n-N+1) + a_N y(n-N)$$
$$= b_0 x(n) + b_1 x(n-1) + \cdots + b_{M-1} x(n-M+1) + b_M x(n-M) \tag{1.53}$$

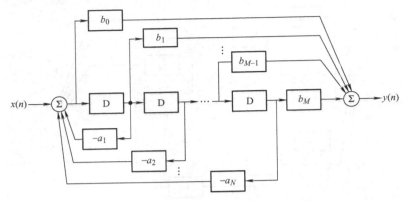

图 1.43　N 阶 LTI 离散时间系统的通用框图

对通用框图的理解：设置一个辅助函数 $w(n)$，将系统差分方程左边的 $y(n)$ 全部置换成 $w(n)$，令左边 = $x(n)$；将系统差分方程右边的 $x(n)$ 全部置换成 $w(n)$，令右边 = $y(n)$，然后按两个新方程画图，共用 $w(n)$ 和延迟器，从而把两个图合成一个图即得。

5. 复杂系统的组成方式

（1）级联

以连续系统为例，组成复杂系统的级联方式如图 1.44 所示。对离散系统，将 t 换成 n 即可。

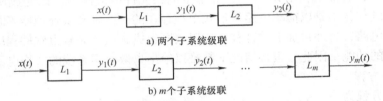

a) 两个子系统级联

b) m 个子系统级联

图 1.44　组成复杂系统的级联方式

（2）并联

以连续系统为例，组成复杂系统的并联方式如图 1.45 所示。

（3）反馈连接

以连续系统为例，具有一个反馈子系统的反馈连接方式如图 1.46 所示。

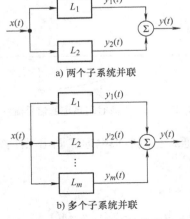

a) 两个子系统并联

b) 多个子系统并联

图 1.45　组成复杂系统的并联方式

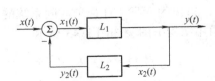

图 1.46　具有一个反馈子系统

以连续系统为例，具有级联、并联、反馈子系统的复杂系统如图 1.47 所示。

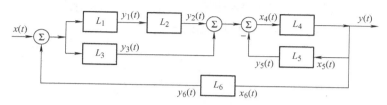

图 1.47　具有级联、并联、反馈子系统的复杂系统

1.5　MATLAB 编程及上机实践

1.5.1　MATLAB 软件简介

MATLAB（MATrix LABoratory）是 1982 年由美国 MathWorks 公司推出的一套高性能的数值计算和可视化软件，它集数值分析、矩阵运算、信号处理和图形显示于一体，构成了一个方便且界面友好的用户环境。因此，MATLAB 架起了从理论通向实际的桥梁，是从事科学研究、工程计算的广大科技工作者、高校师生必须掌握的计算工具。

MATLAB 有多个通用的操作界面，包括：指令窗（Command Window）、M 文件编辑/调试器（Editor/Debugger）、历史指令窗（Command History）、当前目录浏览器（Current Directory Browser）、工作空间浏览器（Workspace Browser）、内存数组编辑器（Array Editor）、交互界面分类目录窗（Launch Pad）、帮助导航/浏览器（Help Navigator/ Browser）等。最为常用的是指令窗（Command Window）和 M 文件编辑/调试器（Editor/Debugger）。

MATLAB 有两种常用的工作方式：一种是交互式命令行工作方式，另一种是 M 文件的编程工作方式。在前一种工作方式下，指令窗是进行各种 MATLAB 操作的最主要窗口，可键入各种送给 MATLAB 运行的指令、函数和表达式，并显示除图形以外的所有运算结果，MATLAB 被当作一种高级“数学演算纸和图形显示器”来使用。而 M 文件编程方式是用普通的文本编辑器，把一系列 MATLAB 语句写进一个文件里，给定文件名后存储，文件扩展名为 .m，称为 M 文件，由纯 ASCII 字符组成。M 文件编辑/调试器在默认情况下，不随操作界面的出现而启动。只有执行“打开文件”等操作时才启动。

为了便于使用，下面简要介绍 MATLAB 的启动、编辑和运行程序的过程，最后给出实验中可能用到的工具箱函数。

1. 启动 MATLAB 系统及编程

在 Windows 桌面上双击 MATLAB，启动 MATLAB 系统，Windows 工作平台上自动弹出一个窗口，其标题为 MATLAB Command Window，称其为 MATLAB 命令窗口。该窗口是用户与 MATLAB 解释器进行通信的工作环境，所有的 MATLAB 函数、命令及程序都要在该命令窗口下运行。MATLAB 工作界面如图 1.48 所示。

在命令窗口中，用户可以发出 MATLAB 命令。每条命令输入并按回车键后，MATLAB 系统便解释并执行，显示命令执行结果。如果不想显示中间结果，可在相应命令后加分号。

应当注意，在命令窗口输入命令只适合一些简单的运算程序，不便于编辑修改较复杂的程

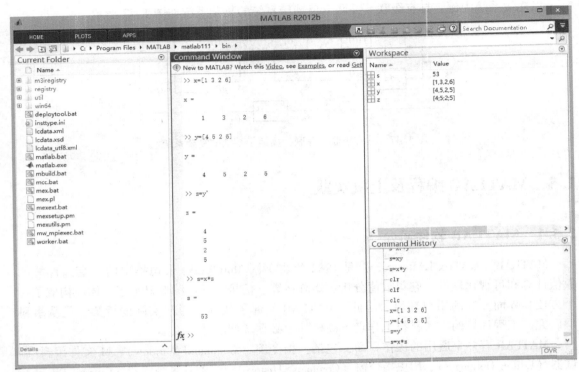

图 1.48 MATLAB 工作界面

序。这是因为直接在命令窗口输入的命令一经执行后，只记录其运行结果变量，如果有错误，就需要再输入一遍。这样一来调试程序太麻烦。M 文件为这种编辑运行程序过程提供了方便。

在 MATLAB 系统中，根据功能可将 MATLAB 系统所使用的外部文件分成几类，并用不同的扩展名作为标识。

1）M 文件以字母 m 为扩展名，一般为 ASCII 码文本文件，可以用任何文本编辑器进行编辑。

2）MAT 文件是 MATLAB 系统的二进制数据文件，用于保存 MATLAB 系统所使用的数据。

3）MEX 文件是经过 MATLAB 编译系统编译的函数二进制可执行文件，可直接调入 MATLAB 系统中运行，运行速度比 M 文件快得多，所以常把已经调试好且比较大的 M 文件编译成 MEX 文件，供以后使用。

M 文件又分为两大类：M 脚本文件（M - Script）和 M 函数（M - function），它们均是普通的 ASCII 码构成的文件。M 脚本文件中包含一族由 MATLAB 语言所支持的语句，它类似于 DOS 下的批处理文件，它的执行方式很简单，用户只需在 MATLAB 的提示符 "≫" 下键入该 M 文件的文件名，这样 MATLAB 就会自动执行该 M 文件中的各条语句，并将结果直接返回 MATLAB 的工作空间。一般情况下，编写复杂程序时不建议使用 M 脚本文件格式编程。M 函数格式是由 function 语句引导的，是 MATLAB 复杂程序设计的主流。

下面简要介绍实验过程中要用到的 M 脚本文件的编辑与运行方法。

如前所述，M 文件为 ASCII 码文本文件，可以用任何文本编辑器进行编辑。本节只介绍在 MATLAB 命令窗口状态下 M 文件的编辑、运行与修改。

（1）新建 M 文件

在 MATLAB 命令窗口状态，选择"File"→"New"→"M file"，MATLAB 系统弹出文件编辑窗口。

（2）运行与修改 M 文件

MATLAB 采用的是行命令模式，用户每输入一条命令，回车后 MATLAB 就解释并执行这条命令，再根据要求显示运算结果。此外，MATLAB 也可执行某个文件中的 MATLAB 语句序列（类似于 DOS 的批处理文件）。这两种模式一起构成了 MATLAB 的解释环境。

当一个 M 文件编辑存盘后，在 MATLAB 命令窗口输入 M 文件名并回车，则 MATLAB 系统逐行解释并执行该 M 文件中的命令序列（即程序）。若发现错误，则打开 M 文件修改，再运行。

应当注意，如果已编辑好的 M 文件不在 MATLAB 系统搜索路径中，用户应当用 path 命令在 MATLAB 的搜索路径中添加新的搜索路径。例如，M 文件存在 C：\ MYFILES 路径，下面的命令：

path（'C：\MYFILES'，path）；

将搜索路径改为在搜索完当前目录之后，先搜索 C：\ MYFILES，再在当前的搜索路径目录中搜索。

因为本书涉及的复数运算很多，这里说明一下 MATLAB 中虚数的表示。MATLAB 默认的复数表示为 x = a + bi，同时也默认虚数可以表示为 i 或者 j。当用户输入命令 x = a + bj 时，MATLAB 默认的是 x = a + bi。

2. 与本章有关的 MATLAB 函数

（1）sinc

功能：实现抽样函数。

格式及说明：

sinc（x）

产生一个抽样函数，即 $sinc(x) = \dfrac{\sin\pi x}{\pi x}$。

（2）square

功能：实现方波信号。

格式及说明：

square（w0 * t）

产生基本频率为 w0（周期 T = 2π/w0）的周期方波。所产生的方波峰值为 +1 和 −1。

square（w0 * t，DUTY）

产生基本频率为 w0（周期 T = 2π/w0）、占空比 DUTY = τ/T * 100 的周期方波。τ 为一个周期中信号为正的时间长度。若 τ = T/2，DUTY = 50，square（w0 * t，50）等同于 square（w0 * t）。例如，产生一个 30Hz 的方波如下：

```
t = 0:.0001:.0625;
y = square(2* pi* 30* t);
plot(t,y);
```

（3）plot

功能：线型绘图函数。

格式及说明：

plot(v)

这是一种最简单的调用方式，v 是长度为 n 的数值向量。plot(v) 的作用是在坐标系中顺序地用直线连接顶点 {i，v(i)，i=1，2，…，n}，生成一条折（曲）线。当向量元素充分多时，即可生成一条光滑的曲线。

plot(x，y)

参数 x 和 y 都是长度为 n 的向量。plot(x，y) 在坐标系中生成顺序连接顶点 {x(i)，y(i)，i=1，2，…，n} 的折（曲）线。这种调用可被用来生成参数方程的图形。

（4）stem

功能：绘制离散序列图。

格式及说明：

stem(x)

stem(x,y)

stem(…,'线端符号')

stem(…,'线型')

stem(…,'线型','线端符号')

stem(x) 和 stem(x，y) 分别与 plot(x) 和 plot(x，y) 的绘图规则相同，只是 stem 绘制的是离散序列图（或称为"杆状"图），序列线端为圆圈。实验中用于绘制时域序列 $x(n)$ 的波形图和序列的离散傅里叶变换 $X(k)$ 的幅度图。

后面三种调用方式中的'线型'用于指定图中序列线的线型和颜色，'线端符号'用于指定序列线端点表示序列值的绘图形状。线型、颜色和线端符号见表 1.1。

表 1.1 MATLAB 线型、颜色与线端符号

线 型		颜 色		线端符号	
类 型	符 号	类 型	符 号	类 型	符 号
实线	−（减号）	红	R	实点（·）	·
点线	:	绿	G	星号（*）	*
点画线	-.	蓝	B	圆圈（°）	°o（字母）
虚线	--	黑	K	三角形（△）	^

（5）subplot

功能：多坐标设置与定位当前坐标系。

格式及说明：

subplot(m，n，k)

将图形窗口分成 m 行 n 列的 m×n 块子区域，按行从上到下、按列从左到右的顺序，在第 k 块子区定义一个坐标系，使其成为当前坐标系，随后的绘图函数将在该坐标系输出图形。另外，同一个图形窗口的坐标系可以重叠，这样可以产生前面的坐标系遮住后面坐标系的各种图形效果。

（6）figure

功能：创建新的图形窗口（用于输出图形的窗口）。

格式及说明：

figure

创建一个新的图形窗口，并成为当前图形窗口，所创建的图形窗口的序号（句柄值）是按同一 MATLAB 程序中创建的顺序号。如果在 Windows 工作台面上不存在任何图形窗口时，任何绘图函数调用都会自动创建一个图形窗口。

h = figure

将创建的图形窗口的句柄值赋给变量 h，为了使句柄号为 h 的图形窗口成为当前图形窗口，可采用两种方法：直接用鼠标单击该图形窗口；使用 MATLAB 函数 figure（h），该方法常用在程序设计中，用于控制将各种波形图输出到相应的图形窗口中。打印输出或存储时，一个图形窗口打印一张图样或存储一个图形文件。

1.5.2 上机实践举例

【例 1.13】 阶跃信号的产生与作图。

解：

```
% 产生阶跃信号的程序
t = -2:0.02:6;
u = (t > = 0);% 当 t≥0 时 u 的值为 1
plot(t,u); xlabel('t');ylabel('u(t) ');
axis([-2,6,0,1.2]);
```

阶跃信号仿真图如图 1.49 所示。

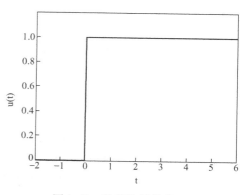

图 1.49 阶跃信号仿真

【例 1.14】 周期方波信号的产生与作图。

解：

```
% 产生一个幅度为 1、基频为 2Hz、占空比为 50% 的周期方波的 MATLAB 程序
f0 = 2;
t = 0:0.0001:2.5;
w0 = 2* pi* f0;
y = square(w0* t,50); % duty cycle = 50%
plot(t,y);
axis([0,2.5, -1.5,1.5]);
xlabel('t');
ylabel('y(t) ');
```

周期方波信号仿真图如图 1.50 所示。

【例 1.15】 离散指数序列的产生与作图。

解：

% 产生离散指数序列 $x(n) = 0.5 \left(\dfrac{3}{4}\right)^{n}$ 的 MATLAB 程序

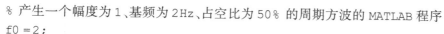

```
n = -5:15;
```

```
x = 0.5* (3/4).^n;
stem(n,x); xlabel('n'); ylabel('x(n)');
```
离散指数序列仿真图如图 1.51 所示。

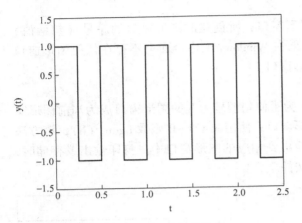

图 1.50　周期方波信号仿真

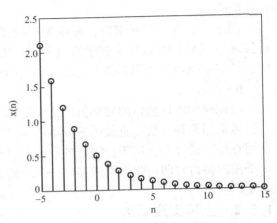

图 1.51　离散指数序列仿真

习　题　一

1.1　试证明冲激函数为偶函数，即 $\delta(t) = \delta(-t)$。

1.2　说明下列信号哪些是周期信号，哪些是非周期信号，哪些是能量信号，哪些是功率信号，并计算它们的能量和平均功率。

(1)　$x(t) = \begin{cases} 5\cos(10\pi t), & t \geq 0 \\ 0, & t < 0 \end{cases}$

(2)　$x(t) = \begin{cases} 8e^{-4t}, & t \geq 0 \\ 0, & t < 0 \end{cases}$

(3)　$x(t) = 5\sin 2\pi t + 10\sin 3\pi t,$
$\quad -\infty < t < \infty$

1.3　画出下列信号的波形图，注意它们的区别。

(1)　$x(t) = tu(t)$

(2)　$x(t) = (t-1)u(t)$

(3)　$x(t) = (t+1)u(t)$

(4)　$x(t) = (t+1)u(t+1)$

(5)　$x(t) = t[u(t) - u(t-1)]$

(6)　$x(t) = tu(t) - (t-1)u(t)$

1.4　写出如图 1.52 所示各信号的解析表达式。

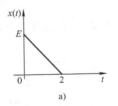

a)

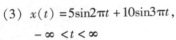

b)

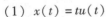

c)

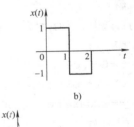

d)

图 1.52　题 1.4 图

1.5　计算下列各式：

（1）$x(t+t_0)\delta(t)$　　　　　　（2）$\left(\dfrac{\cos t}{t^2+2}\right)\delta(t)$

（3）$[e^{-t}\cos(3t-60°)]\delta(t)$　　（4）$\left(\dfrac{1}{j\omega+2}\right)\delta(\omega+3)$

（5）$\left(\dfrac{\sin k\omega}{\omega}\right)\delta(\omega)$　　　　　（6）$\dfrac{d}{dt}[e^{-t}\delta(t)]$

（7）$\displaystyle\int_{-\infty}^{\infty}\delta(\tau)x(t-\tau)d\tau$　　　（8）$\displaystyle\int_{-4}^{2}e^{t}\delta(t+3)dt$

（9）$\displaystyle\int_{0}^{\infty}e^{-t}\sin t\,\delta(t+1)dt$　　　（10）$\displaystyle\int_{-\infty}^{\infty}\delta(t^2-4)dt$

（11）$\displaystyle\int_{-\infty}^{t}e^{\tau}\delta'(\tau)d\tau$　　　（12）$\displaystyle\int_{-\infty}^{\infty}e^{-j\omega t}[\delta(t)-\delta(t-t_0)]dt$

1.6　已知 $x(t)$ 的波形如图 1.53 所示，试画出 $x(3-2t)$、
$x(3-t)$、$x(2t)$、$x(t/2)$ 的波形图。

1.7　求图 1.54a 中信号的微分并画出波形图；求图 1.54b、c
中信号的积分并画出波形图。

1.8　已知 $x(n)$ 序列如图 1.55 所示，试画出其累加序列 $y(n)$。

1.9　试画出下列方程所对应的结构框图。

（1）$y''(t)+3y'(t)+2y(t)=x''(t)+4x(t)$

（2）$y(n)+0.3y(n-1)-0.2y(n-2)=x(n)+0.5x(n-1)$

1.10　连续时间系统的结构框图如图 1.56 所示，写出系统的微分方程。

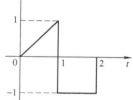

图 1.53　题 1.6 图

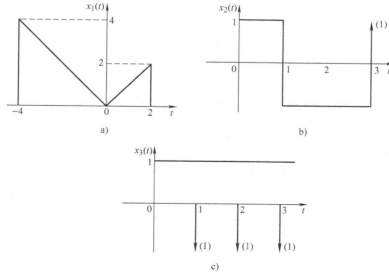

图 1.54　题 1.7 图

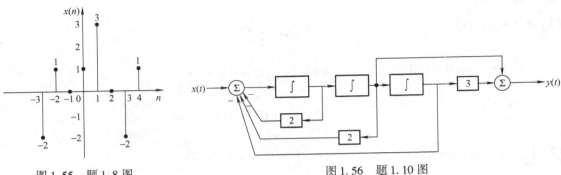

图 1.55 题 1.8 图   图 1.56 题 1.10 图

1.11 离散时间系统的结构框图如图 1.57 所示，写出系统的差分方程。

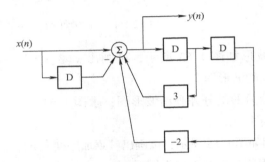

图 1.57 题 1.11 图

1.12 试判断下列方程所描述的系统是否为线性、时不变、记忆、因果和稳定系统，其中 $x(\cdot)$ 为输入信号，$y(\cdot)$ 为输出信号。

(1) $y(t) = a^{x(t)}$ (2) $y(t) = x\left(1 - \dfrac{1}{2}t\right)$

(3) $y(t) = x(t-1) - x(-t)$ (4) $y(t) = \displaystyle\int_{-\infty}^{3t} x(\tau)\mathrm{d}\tau$

(5) $y(t) = \sin[x(t)]u(t)$ (6) $y(n) = x(n) \cdot x(n-1)$

(7) $y(n) = x(2n)$ (8) $y(n) = nx(n)$

(9) $y(n) = \displaystyle\sum_{i=n-2}^{n+2} x(i)$ (10) $\dfrac{\mathrm{d}y(t)}{\mathrm{d}t} + 10y(t) + 5 = x(t)$, $t > 0$

(11) $5\dfrac{\mathrm{d}^2 y(t)}{\mathrm{d}t^2} + 2\dfrac{\mathrm{d}y(t)}{\mathrm{d}t} + y(t) + 14 = x(t)$

(12) $y(n) - ay(n-1) = x(n)$, $y(-1) = 0$, $n \geq 0$

1.13 试证明常系数线性微分方程 $a\dfrac{\mathrm{d}^2 y(t)}{\mathrm{d}t^2} + b\dfrac{\mathrm{d}y(t)}{\mathrm{d}t} + cy(t) = x(t)$ 描述的是一个线性系统。

第2章 连续时间信号分析

内容提要

本章讲述对连续时间信号进行傅里叶分析的方法。首先介绍连续周期信号的连续时间傅里叶级数（Continuous Time Fourier Series，CTFS）分解的原理及性质，然后讨论连续周期、非周期信号的连续时间傅里叶变换（Continuous Time Fourier Transform，CTFT）。在信号傅里叶表示的基础上，引入连续时间信号的频谱，并通过傅里叶级数或傅里叶变换的性质，阐述信号的时域与频域对应关系。最后介绍利用 MATLAB 分析连续时间信号频谱的基本方法。

2.1 连续时间周期信号的傅里叶级数

2.1.1 连续时间周期信号的傅里叶级数表示

如果一个信号 $x(t)$ 是周期的，那么对一切 t 存在某个正值 T，当 m 为任意整数时，有

$$x(t) = x(t + mT), \ t \in (-\infty, \infty) \tag{2.1}$$

$x(t)$ 的基波周期就是满足式（2.1）的最小非零正值 T，而 $\omega_0 = 2\pi/T$ 称为基波角频率。正弦信号 $x(t) = \cos\omega_0 t$ 和周期复指数信号 $x(t) = e^{j\omega_0 t}$ 是两个基本的连续时间周期信号，其基波角频率和基波周期分别为 ω_0 和 $T = 2\pi/\omega_0$。与 $x(t) = e^{j\omega_0 t}$ 成谐波关系的复指数信号集 $\phi_k(t) = e^{jk\omega_0 t}$ 中的每一个信号都是周期的，周期是 T 的约数，基波角频率是 ω_0 的倍数。因此，由成谐波关系的复指数信号的线性组合构成的信号

$$x(t) = \sum_{k=-\infty}^{+\infty} X_k e^{jk\omega_0 t} \tag{2.2}$$

对 T 来说也是周期的。式（2.2）中，$k = 0$ 一项是一个常数，$k = +1$ 和 $k = -1$ 两项都具有基波角频率 ω_0，二者合在一起称为基波分量或者一次谐波分量。$k = +2$ 和 $k = -2$ 两项频率是基波频率的两倍，即周期是基波周期的 $1/2$，称为二次谐波分量。依此类推，$k = +N$ 和 $k = -N$ 的分量周期为基波分量的 $1/N$，称为第 N 次谐波分量。

一个周期信号表示成式（2.2）的形式就称为傅里叶级数表示，X_k 为傅里叶级数展开系数，可以通过以下方式确定。

将式（2.2）两边同时乘以 $e^{-jn\omega_0 t}$，再从 $0 \sim T$ 对 t 积分，有

$$\int_0^T x(t) e^{-jn\omega_0 t} dt = \int_0^T \sum_{k=-\infty}^{+\infty} X_k e^{jk\omega_0 t} e^{-jn\omega_0 t} dt$$

交换上式右侧的积分与求和次序，可得

$$\int_0^T x(t) e^{-jn\omega_0 t} dt = \sum_{k=-\infty}^{+\infty} X_k \int_0^T e^{j(k-n)\omega_0 t} dt \tag{2.3}$$

利用欧拉公式，式（2.3）右侧的积分化为

$$\int_0^T e^{j(k-n)\omega_0 t}dt = \int_0^T \cos(k-n)\omega_0 t dt + j\int_0^T \sin(k-n)\omega_0 t dt$$

由于当 $k\neq n$ 时，$\cos(k-n)\omega_0 t$ 和 $\sin(k-n)\omega_0 t$ 都是周期函数，基波周期为 $\dfrac{T}{|k-n|}$，因此对其在 $0\sim T$ 区间内的积分值都为0；而当 $k=n$ 时，$\cos(k-n)\omega_0 t = 1$，$\sin(k-n)\omega_0 t = 0$，上式积分值为 T，即

$$\int_0^T e^{j(k-n)\omega_0 t}dt = \begin{cases} T, & k=n \\ 0, & k\neq n \end{cases}$$

所以式(2.3)变为

$$\int_0^T x(t)e^{-jn\omega_0 t}dt = TX_n$$

因此，得到

$$X_n = \frac{1}{T}\int_0^T x(t)e^{-jn\omega_0 t}dt \tag{2.4}$$

由于周期信号在一个周期内的积分值与积分起点无关，式(2.4)右侧的积分在任意 T 间隔内的积分结果都相同，以 $\int_T$ 表示任何一个 T 间隔内的积分，并用 k 代替 n，则傅里叶级数的系数写成

$$X_k = \frac{1}{T}\int_T x(t)e^{-jk\omega_0 t}dt \tag{2.5}$$

上述过程可归纳如下：如果 $x(t)$ 有一个傅里叶级数表示式，即 $x(t)$ 能表示成一组成谐波关系的复指数信号的线性组合，如式(2.2)所示，那么傅里叶级数中的系数就由式(2.5)所确定。这一对关系式就定义为一个连续时间周期信号的傅里叶级数(CTFS)变换对，即 $x(t)\xleftarrow{\text{CTFS}}X_k$。

$$x(t) = \sum_{k=-\infty}^{+\infty} X_k e^{jk\omega_0 t} = \sum_{k=-\infty}^{+\infty} X_k e^{jk(2\pi/T)t} \tag{2.6}$$

$$X_k = \frac{1}{T}\int_T x(t)e^{-jk\omega_0 t}dt = \frac{1}{T}\int_T x(t)e^{-jk(2\pi/T)t}dt \tag{2.7}$$

式(2.6)和式(2.7)中分别给出了用基波角频率 ω_0 和基波周期 T 所表示的傅里叶级数的等效表示式。复系数 $\{X_k\}$ 称为 $x(t)$ 的傅里叶级数系数，是对信号 $x(t)$ 中的每一个谐波分量的大小做出的度量。系数 X_0 就是 $x(t)$ 中的直流或常数分量，以 $k=0$ 代入式(2.7)可得

$$X_0 = \frac{1}{T}\int_T x(t)dt \tag{2.8}$$

式中，X_0 是信号 $x(t)$ 在一个周期内的平均值。

【例2.1】 证明若周期信号 $x(t)$ 为实信号，则其傅里叶级数展开系数 X_k 满足

$$X_k^* = X_{-k} \tag{2.9}$$

证明：将式(2.7)两侧取共轭，因 $x(t)$ 是实信号，可得

$$X_k^* = \left\{\frac{1}{T}\int_T x(t)e^{-jk\omega_0 t}dt\right\}^* = \frac{1}{T}\int_T x(t)e^{jk\omega_0 t}dt \tag{2.10}$$

再由式(2.7)

$$X_{-k} = \frac{1}{T}\int_T x(t)\,\mathrm{e}^{\mathrm{j}k\omega_0 t}\mathrm{d}t \tag{2.11}$$

比较式(2.10) 和式(2.11)，有

$$X_k^* = X_{-k} \quad \text{或} \quad X_k = X_{-k}^* \tag{2.12}$$

式(2.9) 和式(2.12) 表明，当信号 $x(t)$ 为实信号时，它的傅里叶系数 X_k 具有共轭对称特性。

利用式(2.9) 的结论，实周期信号 $x(t)$ 的傅里叶级数可以由另一种形式表达。先由式(2.2)，$x(t)$ 的指数形式傅里叶级数可重新写成

$$x(t) = X_0 + \sum_{k=1}^{+\infty} (X_k\mathrm{e}^{\mathrm{j}k\omega_0 t} + X_{-k}\mathrm{e}^{-\mathrm{j}k\omega_0 t})$$

再由式(2.9)，上式变为

$$x(t) = X_0 + \sum_{k=1}^{+\infty} (X_k\mathrm{e}^{\mathrm{j}k\omega_0 t} + X_k^*\,\mathrm{e}^{-\mathrm{j}k\omega_0 t})$$

即

$$x(t) = X_0 + \sum_{k=1}^{+\infty} 2\mathrm{Re}[X_k\mathrm{e}^{\mathrm{j}k\omega_0 t}]$$

将 X_k 以极坐标形式 $\dfrac{c_k}{2}\mathrm{e}^{\mathrm{j}\varphi_k}$ 表示，且令 $X_0 = c_0$，上式变为

$$x(t) = c_0 + \sum_{k=1}^{+\infty} 2\mathrm{Re}\left[\frac{c_k}{2}\mathrm{e}^{\mathrm{j}(k\omega_0 t + \varphi_k)}\right]$$

即

$$x(t) = c_0 + \sum_{k=1}^{+\infty} c_k\cos(k\omega_0 t + \varphi_k) \tag{2.13}$$

其中

$$\frac{c_k}{2} = |X_k| = \left|\frac{1}{T}\int_T x(t)\,\mathrm{e}^{-\mathrm{j}k\omega_0 t}\mathrm{d}t\right|$$

$$\varphi_k = \angle X_k = \angle\left[\frac{1}{T}\int_T x(t)\,\mathrm{e}^{-\mathrm{j}k\omega_0 t}\mathrm{d}t\right]$$

若将 X_k 以直角坐标形式表示 $X_k = \dfrac{a_k}{2} - \mathrm{j}\dfrac{b_k}{2}$，且令 $X_0 = c_0 = a_0$，式(2.13) 可改写成

$$x(t) = a_0 + \sum_{k=1}^{+\infty} (a_k\cos k\omega_0 t + b_k\sin k\omega_0 t) \tag{2.14}$$

式中，系数 a_0、a_k、b_k 可以写成

$$a_0 = X_0 = \frac{1}{T}\int_T x(t)\,\mathrm{d}t \tag{2.15}$$

$$a_k = 2\mathrm{Re}[X_k] = 2\mathrm{Re}\left[\frac{1}{T}\int_T x(t)\,\mathrm{e}^{-\mathrm{j}k\omega_0 t}\mathrm{d}t\right] = \frac{2}{T}\int_T x(t)\cos(k\omega_0 t)\,\mathrm{d}t \tag{2.16}$$

$$b_k = 2\mathrm{Im}[-X_k] = 2\mathrm{Im}\left[-\frac{1}{T}\int_T x(t)\,\mathrm{e}^{-\mathrm{j}k\omega_0 t}\mathrm{d}t\right] = \frac{2}{T}\int_T x(t)\sin(k\omega_0 t)\,\mathrm{d}t \tag{2.17}$$

【例2.2】 计算图2.1中周期矩形信号 $x(t)$ 的傅里叶级数。

解： 该信号 $x(t)$ 的周期为 T，基频为 $\omega_0 = 2\pi/T$。它在一个周期（$-T/2$，$T/2$）内的表达式为

$$x(t) = \begin{cases} A, & |t| \leqslant \dfrac{\tau}{2} \\ 0, & \dfrac{\tau}{2} < |t| < \dfrac{T}{2} \end{cases}$$

图 2.1　一个周期矩形信号（周期为 T）

计算其傅里叶级数的系数如下：

$$a_0 = \frac{1}{T} \int_{-\frac{T}{2}}^{\frac{T}{2}} x(t)\,\mathrm{d}t = \frac{1}{T} \int_{-\frac{\tau}{2}}^{\frac{\tau}{2}} A\,\mathrm{d}t = \frac{A\tau}{T}$$

$$a_k = \frac{2}{T} \int_{-\frac{T}{2}}^{\frac{T}{2}} x(t)\cos k\omega_0 t\,\mathrm{d}t = \frac{2}{T} \int_{-\frac{\tau}{2}}^{\frac{\tau}{2}} A\cos k\frac{2\pi}{T}t\,\mathrm{d}t = \frac{2A}{k\pi}\sin\frac{k\pi\tau}{T} = \frac{2A\tau}{T}\mathrm{Sa}\left(\frac{k\omega_0\tau}{2}\right)$$

$$b_k = \frac{2}{T} \int_{-\frac{T}{2}}^{\frac{T}{2}} x(t)\sin k\omega_0 t\,\mathrm{d}t = \frac{2}{T} \int_{-\frac{\tau}{2}}^{\frac{\tau}{2}} A\sin k\frac{2\pi}{T}t\,\mathrm{d}t = 0$$

$$x(t) = \frac{A\tau}{T} + \frac{2A\tau}{T}\sum_{k=1}^{\infty}\mathrm{Sa}\left(\frac{k\omega_0\tau}{2}\right)\cos k\omega_0 t$$

【例2.3】 将图2.2中的周期矩形信号 $x(\theta)$ 展开成傅里叶级数。设 $x(\theta)$ 是周期为 2π 的周期函数，它在（$-\pi$，π）上的表达式为 $x(\theta) = \begin{cases} -1, & -\pi \leqslant \theta < 0 \\ 1, & 0 \leqslant \theta < \pi \end{cases}$。

解： 先求傅里叶系数

$$a_k = \frac{1}{\pi} \int_{-\pi}^{\pi} x(\theta)\cos k\theta\,\mathrm{d}\theta = \frac{1}{\pi} \int_{-\pi}^{0} (-1)\cos k\theta\,\mathrm{d}\theta + \frac{1}{\pi} \int_{0}^{\pi} 1 \cdot \cos k\theta\,\mathrm{d}\theta$$

$$= 0, k = 0, 1, 2, \cdots$$

$$b_k = \frac{1}{\pi} \int_{-\pi}^{\pi} x(\theta)\sin k\theta\,\mathrm{d}\theta = \frac{1}{\pi} \int_{-\pi}^{0} (-1)\sin k\theta\,\mathrm{d}\theta + \frac{1}{\pi} \int_{0}^{\pi} 1 \cdot \sin k\theta\,\mathrm{d}\theta$$

$$= \frac{1}{\pi}\left[\frac{\cos k\theta}{k}\right]_{-\pi}^{0} + \frac{1}{\pi}\left[-\frac{\cos k\theta}{k}\right]_{0}^{\pi} = \frac{2}{k\pi}(1 - \cos k\pi)$$

$$= \begin{cases} \dfrac{4}{k\pi}, & k = 1, 3, 5, \cdots \\ 0, & k = 2, 4, 6, \cdots \end{cases}$$

$$x(\theta) = \frac{4}{\pi}\left[\sin\theta + \frac{1}{3}\sin 3\theta + \cdots + \frac{1}{2k-1}\sin(2k-1)\theta + \cdots\right], \infty < \theta < +\infty$$

对于实周期信号 $x(t)$，三角函数形式的傅里叶级数表达式（2.13）和式（2.14）与复指数形式的傅里叶级数表达式（2.2）本质相同，可以通过欧拉公式统一起来。三角函数形式傅里叶级数的系数 c_k、φ_k、a_k、b_k 都是实函数，物理概念容易解释，而指数形式的傅里叶级数表示相对简明，在频谱分析中更为直观。

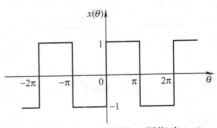

图 2.2　周期矩形信号（周期为 2π）

　　必须说明的是，周期信号 $x(t)$ 需要满足一定的条件才存在傅里叶级数表示，这一约束条件称为狄利克雷（Dirichlet）条件，具体描述为 3 个要点：①在任何周期内，$x(t)$ 必须绝对可积，即 $\int_T |x(t)|\,\mathrm{d}t < \infty$ ，这一条件可保证傅里叶系数 X_k 为有限值；②在任何单个周期内，$x(t)$ 的极大值点和极小值点个数有限；③在 $x(t)$ 的任何有限区间内，只有有限个不连续点，且不连续点的函数值是有限值。实际中遇到的周期信号大多都能满足狄利克雷条件，因而大都存在傅里叶级数表示。

　　图 2.3 画出了周期矩形信号在幅度 $A=1$、周期 $T=2$、脉冲宽度 $\tau=1$ 时傅里叶级数的部分和 $x_N(t) = \sum\limits_{k=-N}^{N} X_k \mathrm{e}^{jk\omega_0 t}$。

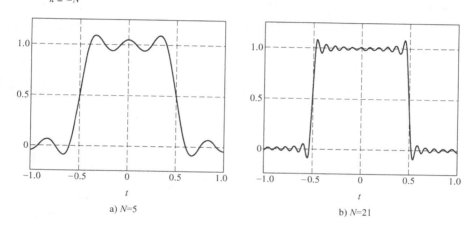

a) N=5　　　　　　　　　　　　b) N=21

图 2.3　吉布斯现象

　　随着 N 的增加，傅里叶级数部分和 $x_N(t)$ 逐步逼近信号 $x(t)$。在信号 $x(t)$ 的不连续点 $t=\pm 0.5$ 处，部分和 $x_N(t)$ 收敛于 $x(t)$ 在该点左、右极限的平均值。在不连续点附近，$x_N(t)$ 出现起伏，且起伏的频率随着 N 的变大而增加，但起伏的峰值并没有随着 N 的增大而下降。若信号 $x(t)$ 在不连续点的跳跃值是 1，则其傅里叶级数部分和 $x_N(t)$ 在此不连续点附近的最大起伏是 1.09，即起伏的峰值是跳跃值的 9%。无论 N 多大，这个 9% 的超量不变，这就是吉布斯（Gibbs）现象（见图 2.3）。当傅里叶级数部分和 $x_N(t)$ 中的项数 N 很大时，不连续点附近波峰宽度趋近于零，波峰下的面积也趋近于零，因而在能量意义下部分和 $x_N(t)$ 收敛于 $x(t)$。造成吉布斯现象的原因是周期信号 $x(t)$ 的傅里叶级数在不连续点附近不满足一致收敛。

2.1.2　连续时间周期信号的频谱与功率谱

　　连续时间周期信号傅里叶级数表达式（2.2）表明，周期信号 $x(t)$ 可以表示为一系列虚指数信号的线性组合，其中每个虚指数信号 $\mathrm{e}^{jk\omega_0 t}$ 的角频率 $k\omega_0$ 都是基波角频率 ω_0 的整数倍，称为 k 次谐波。从严格数学意义上来讲，任何周期性波形均可分解为一个基频正弦波加上许多谐波频率的正弦波，谐波频率是基频的整倍数。不同周期信号的傅里叶级数表示形式相同，只是系数 X_k 不同。周期信号的傅里叶级数表示建立了周期信号 $x(t)$ 与其傅里叶系

数 X_k 之间的一一对应关系。傅里叶系数 X_k 反映了周期信号 $x(t)$ 中各次谐波的幅度和相位，因此称为周期信号 $x(t)$ 的频谱（Spectrum）。

周期信号 $x(t)$ 的频谱 X_k 一般是复函数，可表示为

$$X_k = |X_k| e^{j\varphi_k} \tag{2.18}$$

式中，$|X_k|$ 随频率（角频率）变化的特性称为信号的幅度频谱（Amplitude Spectrum），简称幅度谱；φ_k 随频率（角频率）变化的特性称为信号的相位频谱（Phase Spectrum），简称相位谱。

周期信号的频谱具有幅度和相位频谱可分性，其幅度谱还具有以下三个主要特征：

1）离散性：所有周期信号的频谱都是离散分布，谱线间隔与信号的周期之间存在关系 $\omega_0 = 2\pi/T$，即信号的周期决定了其离散频谱的谱线间隔的大小。

2）谐波性：所有周期信号的频谱都是由间隔为 ω_0 的谱线组成，ω_0 处的谱线代表基波，$k\omega_0$ 处的谱线代表 k 次谐波。

3）衰减性：由频谱函数 X_k 随 $k\omega_0$ 的变化所反映，不同周期信号的频谱分布形状不同，幅度频谱 $|X_k|$ 随谐波 $k\omega_0$ 次数的增大而不断衰减（不一定是单调递减），并最终趋于零。

【例 2.4】 计算图 2.4 所示的周期矩形脉冲信号 $x(t)$ 的复指数频谱并画出谱分布图。

解：写出该周期矩形信号在一个周期内的表达式为

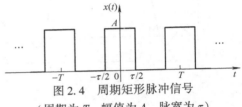

图 2.4 周期矩形脉冲信号
（周期为 T、幅值为 A、脉宽为 τ）

$$x(t) = \begin{cases} A, & |t| \leqslant \dfrac{\tau}{2} \\ 0, & \dfrac{\tau}{2} < |t| < \dfrac{T}{2} \end{cases}$$

由式（2.7）可计算出周期矩形信号 $x(t)$ 的频谱 X_k，即

$$X_k = \frac{1}{T} \int_{-\frac{T}{2}}^{\frac{T}{2}} x(t) e^{-jk\omega_0 t} dt = \frac{1}{T} \int_{-\frac{\tau}{2}}^{\frac{\tau}{2}} A e^{-jk\omega_0 t} dt$$

$$= \frac{A}{T} \frac{1}{-jk\omega_0} e^{-jk\omega_0 t} \Big|_{-\frac{\tau}{2}}^{\frac{\tau}{2}} = \frac{A}{T} \frac{1}{-jk\omega_0} \left(e^{-j\frac{k\omega_0\tau}{2}} - e^{j\frac{k\omega_0\tau}{2}} \right) = \frac{A\tau}{T} \mathrm{Sa}\left(\frac{k\omega_0\tau}{2} \right) \tag{2.19}$$

根据抽样函数 $\mathrm{Sa}(t)$ 的曲线便可得到上面周期矩形信号 $x(t)$ 的频谱图，如图 2.5 所示。该周期矩形信号的频谱 X_k 为实函数，可以直接画出其分布图，不需要分别画出其幅度谱 $|X_k|$ 与相位谱 φ_k。观察图 2.5，可以看出周期矩形信号频谱的离散特性和幅度衰减特性。并且频谱的包络线每隔一段角频率（$2\pi/\tau$）都会通过零点，其中第一个零点在 $\pm 2\pi/\tau$ 处，此后谐波的幅度逐渐减小。通常将包含主要谐波分量的 $0 \sim 2\pi/\tau$ 这段频率范围称为周期矩形信号的有效频带宽度（简称有效带宽），以符

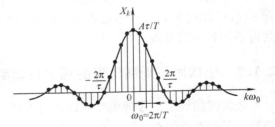

图 2.5 周期矩形信号的频谱

号 ω_{B}（单位为 rad/s）或 f_{B}（单位为 Hz）表示，则 $\omega_{\mathrm{B}}=2\pi/\tau$，$f_{\mathrm{B}}=1/\tau$。由此可知，信号的有效带宽与信号的时域持续时间 τ 成反比。

　　信号的有效带宽是信号频率特性中的重要指标，具有实际应用意义。在信号的有效带宽内，集中了信号谐波分量的绝大部分能量。可以认为，若信号丢失有效带宽以外的谐波成分，不会对信号产生明显影响。因此，当信号通过系统时，信号与系统的有效带宽必须"匹配"。若信号的有效带宽大于系统的有效带宽，则信号通过此系统时，就会损失许多重要成分而产生较大失真；若信号的有效带宽远小于系统的有效带宽，信号可以顺利通过，但对系统资源是很大浪费。

　　周期信号的傅里叶级数表示将信号的时域表达 $x(t)$ 和其频谱 X_k 一一对应，从 $x(t)$ 的频谱可以清楚地看到周期信号中的频率成分，即构成信号的各谐波分量的幅度和相位。已知周期信号的频谱 X_k，也可以由式（2.6）重建信号。这样，频谱就提供了另一种描述信号 $x(t)$ 的方法——信号的频域描述。信号的时域描述和频域描述分别从不同角度展现信号特征，是深入研究和分析信号的理论基础。

　　我们知道，周期信号属于功率信号。假设周期为 T 的电流信号 $x(t)$ 在 1Ω 电阻上消耗的平均功率为

$$P=\frac{1}{T}\int_T |x(t)|^2 \mathrm{d}t \tag{2.20}$$

将式（2.2）代入式（2.20）可以得出

$$P=\frac{1}{T}\int_T |x(t)|^2 \mathrm{d}t=\sum_{k=-\infty}^{+\infty}|X_k|^2 \tag{2.21}$$

　　式（2.21）表明，周期信号的平均功率等于信号所包含的直流、基波以及各次谐波的平均功率之和，称为帕塞瓦尔（Parseval）功率守恒定理。$|X_k|^2$ 随 $k\omega_0$ 分布的特性称为周期信号的功率频谱，简称功率谱。显然，周期信号的功率谱 $|X_k|^2$ 也是离散频谱。

　　【例 2.5】　请画出周期信号 $x(t)=4+4\cos(\omega_0 t)+6\cos(2\omega_0 t)$，$-\infty<t<+\infty$ 的频谱分布，并计算其平均功率。

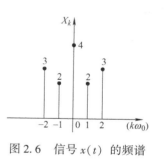

　　解：由于 $x(t)=4+4\cos(\omega_0 t)+6\cos(2\omega_0 t)$

$$=3\mathrm{e}^{-\mathrm{j}2\omega_0 t}+2\mathrm{e}^{-\mathrm{j}\omega_0 t}+4+2\mathrm{e}^{\mathrm{j}\omega_0 t}+3\mathrm{e}^{\mathrm{j}2\omega_0 t}$$

　　因此，其频谱为 $X_k=[3,2,4,2,3]_{-2}$，如图 2.6 所示。

　　由式（2.21），信号 $x(t)$ 的平均功率为 $P=\sum_{k=-\infty}^{\infty}|X_k|^2=$
$2\times 2^2+2\times 3^2+4^2=42$。

图 2.6　信号 $x(t)$ 的频谱

2.1.3　连续时间傅里叶级数的性质

　　连续时间周期信号的傅里叶级数有许多重要的性质，这些性质将周期信号的时域表达与频域分析联系在一起，可以简化复杂周期信号的频谱计算。表 2.1 中列出了连续周期信号傅里叶级数的一些基本性质，其中 $x(t)$、$y(t)$ 都是以 T 为周期、$\omega_0=\dfrac{2\pi}{T}$ 为基波角频率的周期信号，它们对应的频谱分别为 X_k、Y_k，即 $x(t)\leftrightarrow X_k$，$y(t)\leftrightarrow Y_k$。

表 2.1 连续周期信号傅里叶级数的性质

性　质	周期信号	傅里叶级数系数/频谱
线性	$ax(t) + by(t)$	$aX_k + bY_k$
时移	$x(t - t_0)$	$X_k \mathrm{e}^{-\mathrm{j}k\omega_0 t_0}$
频移	$\mathrm{e}^{\mathrm{j}m\omega_0 t} x(t)$	X_{k-m}
共轭	$x^*(t)$	X_{-k}^*
时间反转	$x(-t)$	X_{-k}
共轭对称	$x^*(-t)$	X_k^*
尺度变换	$x(at), a > 0$	X_k
周期卷积	$\int_T x(\tau) y(t - \tau) \mathrm{d}\tau$	$T X_k Y_k$
相乘	$x(t) y(t)$	$\sum_{l=-\infty}^{+\infty} X_l Y_{k-l}$
微分	$\dfrac{\mathrm{d}x(t)}{\mathrm{d}t}$	$\mathrm{j}k\omega_0 X_k$

2.2　连续时间信号的傅里叶变换

2.2.1　傅里叶变换的导出与非周期信号的频谱

周期信号的傅里叶级数建立了周期信号时域与频域之间的对应关系。从周期信号的傅里叶级数出发,可以导出连续时间非周期信号的傅里叶变换,建立非周期信号时域与频域的对应关系。

以图 2.4 所示的连续时间周期矩形信号 $\tilde{x}(t)$ 为例,其周期重复波形可看作是一个周期内的信号以周期 T 重复延拓所得,即

$$\tilde{x}(t) = \begin{cases} A, & |t| \leqslant \tau/2 \\ 0, & \tau/2 < |t| < T/2 \end{cases}$$

当周期 T 为无穷大时,信号变为非周期信号,即

$$x(t) = \lim_{T \to \infty} \tilde{x}(t) = \begin{cases} A, & 0 < |t| \leqslant \tau/2 \\ 0, & \tau/2 < |t| < \infty \end{cases}$$

$x(t)$ 的时域波形如图 2.7 所示。

此时,式(2.2)表示的周期信号 $\tilde{x}(t)$ 的傅里叶级数系数 $X_k \to 0$。根据式(2.5),对于图 2.7 所示的矩形脉冲,引入一个与 T 值无关的连续包络函数 $A\tau \mathrm{Sa}\left(\dfrac{\omega\tau}{2}\right)$,那么 TX_k 就是这个包络函数的样本,即

$$TX_k = A\tau \mathrm{Sa}\left(\frac{\omega\tau}{2}\right)\Big|_{\omega = k\omega_0} \tag{2.22}$$

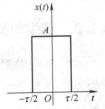

图 2.7　矩形脉冲

如图 2.8 所示，样本 TX_k 会随着 T 的增大而变密，并在 $T \to \infty$ 时趋近于该包络函数，即

$$\lim_{T \to \infty} TX_k = A\tau \mathrm{Sa}\left(\frac{\omega\tau}{2}\right)$$

这个例子说明了对连续时间非周期信号建立傅里叶表示的基本思想。假设一个非周期信号 $x(t)$ 具有有限的时域持续时间 τ，从这个非周期信号出发可以构成一个周期信号 $\tilde{x}(t)$，使 $x(t)$ 就是 $\tilde{x}(t)$ 的一个周期。当 $T \to \infty$ 时，对任意有限的时间 t 值，$\tilde{x}(t)$ 都等于 $x(t)$，即 $x(t) = \lim_{T \to \infty} \tilde{x}(t)$。在这种情况下，$\tilde{x}(t)$ 的傅里叶级数可以表示为

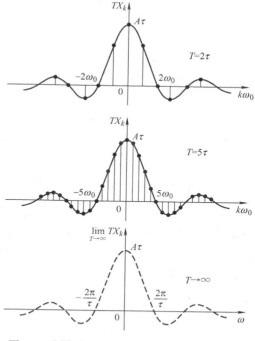

$$\tilde{x}(t) = \sum_{k=-\infty}^{+\infty} X_k \mathrm{e}^{\mathrm{j}k\omega_0 t} \qquad (2.23)$$

$$X_k = \frac{1}{T} \int_{-T/2}^{T/2} \tilde{x}(t) \mathrm{e}^{-\mathrm{j}k\omega_0 t} \mathrm{d}t \qquad (2.24)$$

由此，可定义 TX_k 的包络函数 $X(\mathrm{j}\omega)$ 为

$$X(\mathrm{j}\omega) = \int_{-\infty}^{+\infty} x(t) \mathrm{e}^{-\mathrm{j}\omega t} \mathrm{d}t \qquad (2.25)$$

图 2.8 周期方波的傅里叶级数系数变化规律

式（2.25）称为非周期信号 $x(t)$ 的连续时间傅里叶变换（CTFT）。这时，系数 X_k 可以写为

$$X_k = \frac{1}{T} X(\mathrm{j}k\omega_0) \qquad (2.26)$$

将式（2.26）代入式（2.23），$\tilde{x}(t)$ 就可以用 $X(\mathrm{j}\omega)$ 表示为

$$\tilde{x}(t) = \sum_{k=-\infty}^{+\infty} \frac{1}{T} X(\mathrm{j}k\omega_0) \mathrm{e}^{\mathrm{j}k\omega_0 t} = \frac{1}{2\pi} \sum_{k=-\infty}^{+\infty} X(\mathrm{j}k\omega_0) \mathrm{e}^{\mathrm{j}k\omega_0 t} \omega_0 \qquad (2.27)$$

当 $T \to \infty$ 时，$\tilde{x}(t)$ 趋近于 $x(t)$ 且 $\omega_0 \to 0$，式（2.27）右侧的求和式收敛于 $X(\mathrm{j}\omega)\,\mathrm{e}^{\mathrm{j}\omega t}$ 的积分，因此得到

$$x(t) = \frac{1}{2\pi} \int_{-\infty}^{\infty} X(\mathrm{j}\omega) \mathrm{e}^{\mathrm{j}\omega t} \mathrm{d}\omega \qquad (2.28)$$

式（2.25）与式（2.28）称为连续时间傅里叶变换对，即 $x(t) \xleftrightarrow{\mathrm{CTFT}} X(\mathrm{j}\omega)$，式（2.25）是连续时间傅里叶变换（CTFT），式（2.28）是连续时间傅里叶反变换（ICTFT）。在本书中，有时也采用一般性符号 $\mathscr{F}\{\}$ 表示傅里叶变换，用 $\mathscr{F}^{-1}\{\}$ 表示傅里叶反变换，用 $\xleftrightarrow{\mathscr{F}}$ 表示傅里叶变换对。由上述导出过程可知，图 2.7 所示矩形脉冲的傅里叶变换，即为周期矩形脉冲的傅里叶级数系数 X_k 确定的样本点 TX_k 的包络函数 $A\tau\mathrm{Sa}\left(\dfrac{\omega\tau}{2}\right)$。

与傅里叶级数将周期信号表示成虚指数信号 $\{\mathrm{e}^{\mathrm{j}k\omega_0 t}\}$ 的线性组合相同，傅里叶变换可以

将连续的非周期信号表达为虚指数信号 $\{e^{j\omega t}\}$ 的线性组合。对周期信号，这些虚指数信号的幅度为 $\{X_k\}$，由式（2.7）给出，并在成谐波关系的一组离散点 $k\omega_0$（$k = 0$，± 1，± 2，$\cdots$）上出现。对非周期信号，这些虚指数信号出现在连续的频率上，幅度由式（2.25）确定。其中，$X(j\omega)$ 与周期信号的频谱 X_k 类似，都能够在信号表达为虚指数信号的线性组合时，反映出不同信号在各个频率分量上的复振幅信息，因此，通常也将 $X(j\omega)$ 称为非周期信号 $x(t)$ 的频谱。

周期信号的频谱与非周期信号的频谱都反映了信号的频率分布特性，但二者是有区别的。首先，周期信号的频谱是离散频谱，非周期信号的频谱是连续频谱。其次，周期信号的频谱是 X_k 的分布，直接表示每个谐波分量的复振幅；而非周期信号的频谱为 $X(j\omega)$ 的分布，并不是严格意义上的复振幅，需要乘以 $\dfrac{d\omega}{2\pi}$ 后才是各谐波分量的复振幅，所以也称 $X(j\omega)$ 为频谱密度函数。例如，设 $x(t)$ 是电压信号，其量纲为伏特，其周期延拓信号 $\tilde{x}(t)$ 的频谱 X_k 的量纲就是伏特，其自身的傅里叶变换 $X(j\omega)$ 的量纲是伏特·秒，或者写成伏特/赫兹。另外必须指出，一般非周期信号 $x(t)$ 的傅里叶变换 $X(j\omega)$ 能够存在，同样需要在定义区间内满足狄利克雷（Dirichlet）条件。

2.2.2 常见信号的傅里叶变换

以上给出了连续时间非周期信号傅里叶变换的定义，下面通过常见信号的傅里叶变换来分析这些信号的频谱，以加深对非周期信号的频谱的理解。此外，许多复杂信号的频域分析也可以通过这些信号来实现，常见信号的频域分析是复杂信号频域分析的基础。

1. 单位冲激信号 $x(t) = \delta(t)$

利用冲激信号的抽样特性，可由傅里叶变换的定义直接求得其频谱

$$X(j\omega) = \mathscr{F}\{\delta(t)\} = \int_{-\infty}^{\infty} x(t) e^{-j\omega t} dt = \int_{-\infty}^{\infty} \delta(t) e^{-j\omega t} dt = 1 \qquad (2.29)$$

图 2.9 给出了冲激信号 $\delta(t)$ 的波形及其频谱，可知冲激信号的频谱为一个常数。

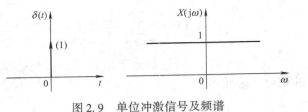

图 2.9 单位冲激信号及频谱

2. 直流信号 $x(t) = 1 (-\infty < t < \infty)$

利用式（2.29）求出的 $\delta(t)$ 的频谱及傅里叶反变换公式可得

$$\delta(t) = \frac{1}{2\pi} \int_{-\infty}^{\infty} 1 \cdot e^{j\omega t} d\omega \qquad (2.30)$$

由于 $\delta(t)$ 是 t 的偶函数，所以式（2.30）可等价写为

$$\delta(t) = \frac{1}{2\pi} \int_{-\infty}^{\infty} 1 \cdot e^{-j\omega t} d\omega \qquad (2.31)$$

由式（2.31）可得

$$X(j\omega) = \mathscr{F}\{1\} = \int_{-\infty}^{\infty} 1 \cdot e^{-j\omega t} dt = 2\pi\delta(\omega) \qquad (2.32)$$

图 2.10 画出了直流信号 $x(t) = 1(-\infty < t < \infty)$ 及其频谱，由图可知直流信号的频谱只在 $\omega = 0$ 处有一个冲激。从冲激信号与直流信号的频谱可见，脉冲越宽，其频域有效带宽越窄。

图 2.10 直流信号及其频谱

3. 单边指数信号 $x(t) = e^{-\alpha t}u(t)\ (\alpha > 0)$

$$X(j\omega) = \int_{-\infty}^{\infty} x(t)e^{-j\omega t}dt = \int_{0}^{\infty} e^{-\alpha t}e^{-j\omega t}dt = \frac{1}{\alpha + j\omega} \tag{2.33}$$

图 2.11 画出了单边指数信号的幅度谱和相位谱。

4. 符号信号 $x(t) = \text{sgn}(t)$

符号信号 $\text{sgn}(t)$ 的定义为

$$\text{sgn}(t) = \begin{cases} -1, & t < 0 \\ 0, & t = 0 \\ 1, & t > 0 \end{cases}$$

虽然符号函数并不满足 Dirichlet 条

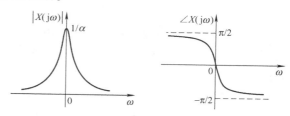

图 2.11 单边指数信号的幅度谱和相位谱

件，但其傅里叶变换存在。借助双边指数衰减信号然后取极限的方法可以求解符号函数的频谱为

$$\mathscr{F}\{\text{sgn}(t)\} = \lim_{\alpha \to 0}\mathscr{F}\{\text{sgn}(t)e^{-\alpha|t|}\} = \frac{2}{j\omega}, \quad \alpha > 0 \tag{2.34}$$

符号函数的幅度谱和相位谱如图 2.12 所示。

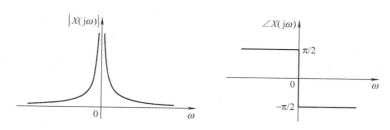

图 2.12 符号函数的幅度谱和相位谱

5. 单位阶跃信号 $x(t) = u(t)$

单位阶跃信号也不满足 Dirichlet 条件，但其傅里叶变换同样存在，利用符号函数和直流信号的频谱可以求得

$$X(j\omega) = \mathscr{F}\{u(t)\} = \pi\delta(\omega) + \frac{1}{j\omega} \tag{2.35}$$

单位阶跃信号 $u(t)$ 的幅度谱和相位谱如图 2.13 所示。

以上介绍了一些常见非周期信号的频谱函数。实际上，周期信号既存在傅里叶级数展开系数，也存在傅里叶变换。将周期信号和非周期信号通过傅里叶变换统一起来，可以有利于系统的频域分析。下面介绍一些重要的周期信号的频谱函数。

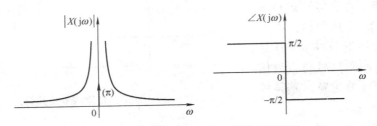

图 2.13　单位阶跃信号的幅度谱和相位谱

6. 虚指数信号 $x(t) = e^{j\omega_0 t}$ $(-\infty < t < \infty)$

由式（2.31）及傅里叶变换的定义可得虚指数信号的频谱函数为

$$X(j\omega) = \mathscr{F}\{e^{j\omega_0 t}\} = \int_{-\infty}^{\infty} e^{-j(\omega-\omega_0)t}dt = 2\pi\delta(\omega - \omega_0) \tag{2.36}$$

图 2.14 画出了虚指数信号的频谱。由图可知，虚指数信号的频谱只在 $\omega = \omega_0$ 处有一个冲激，因此也称虚指数信号为单频信号。

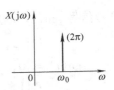

图 2.14　虚指数信号的频谱

7. 正弦型信号

利用欧拉（Euler）公式和式（2.36），可得正弦信号的频谱函数为

$$\sin(\omega_0 t) = \frac{1}{2j}(e^{j\omega_0 t} - e^{-j\omega_0 t}) \xleftarrow{\text{CTFT}} -j\pi[\delta(\omega - \omega_0) - \delta(\omega + \omega_0)] \tag{2.37}$$

其频谱如图 2.15 所示。

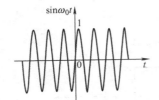 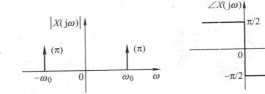 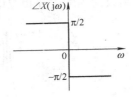

图 2.15　正弦信号及其频谱

余弦信号的频谱函数为

$$\cos(\omega_0 t) = \frac{1}{2}(e^{j\omega_0 t} + e^{-j\omega_0 t}) \xleftarrow{\text{CTFT}} \pi[\delta(\omega - \omega_0) + \delta(\omega + \omega_0)] \tag{2.38}$$

其频谱如图 2.16 所示。

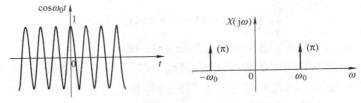

图 2.16　余弦信号及其频谱（相位谱为 0）

8. 一般周期信号

由于周期信号在整个信号区间 $(-\infty, \infty)$ 上不满足绝对可积，故求其傅里叶变换时，应先写出其傅里叶级数表达式，即

$$x_T(t) = \sum_{k=-\infty}^{\infty} X_k \mathrm{e}^{jk\omega_0 t}, \quad \omega_0 = \frac{2\pi}{T} \tag{2.39}$$

对式（2.39）两边进行傅里叶变换，得

$$X(j\omega) = \mathscr{F}\{x_T(t)\} = \mathscr{F}\left\{\sum_{k=-\infty}^{\infty} X_k \mathrm{e}^{jk\omega_0 t}\right\} = \sum_{k=-\infty}^{\infty} X_k \mathscr{F}\{\mathrm{e}^{jk\omega_0 t}\} \tag{2.40}$$

由式（2.36）可得周期信号 $x_T(t)$ 的傅里叶变换为

$$X(j\omega) = 2\pi \sum_{k=-\infty}^{\infty} X_k \delta(\omega - k\omega_0) \tag{2.41}$$

式（2.41）表明，连续时间周期信号的频谱密度 $X(j\omega)$ 是冲激串函数，冲激串前的系数为 $2\pi X_k$。因此，连续时间周期信号的傅里叶系数 X_k 与其频谱密度函数 $X(j\omega)$ 是一致的。

表2.2　常见信号的傅里叶变换

信 号	傅里叶变换	傅里叶级数系数（周期信号）
$\delta(t)$	1	—
$\delta(t - t_0)$	$\mathrm{e}^{-j\omega t_0}$	—
$u(t)$	$\pi\delta(\omega) + \dfrac{1}{j\omega}$	—
$\mathrm{e}^{-at}u(t), a > 0$	$\dfrac{1}{a + j\omega}$	—
$\mathrm{e}^{j\omega_0 t}$	$2\pi\delta(\omega - \omega_0)$	$X_1 = 1; X_k = 0, k \neq 1$
$\cos(\omega_0 t)$	$\pi[\delta(\omega - \omega_0) + \delta(\omega + \omega_0)]$	$X_1 = X_{-1} = \dfrac{1}{2}, X_k = 0, k \neq \pm 1$
$\sin(\omega_0 t)$	$-j\pi[\delta(\omega - \omega_0) - \delta(\omega + \omega_0)]$	$X_1 = -\dfrac{j}{2}, X_{-1} = \dfrac{j}{2}, X_k = 0, k \neq \pm 1$
$\dfrac{A\omega_0}{\pi}\mathrm{Sa}(\omega_0 t)$	$X(j\omega) = \begin{cases} A, & \|\omega\| < \omega_0 \\ 0, & \|\omega\| \geqslant \omega_0 \end{cases}$	—
$G_\tau(t)$	$\tau\mathrm{Sa}\left(\dfrac{\omega\tau}{2}\right)$	—
$te^{-at}u(t)$	$\dfrac{1}{(a + j\omega)^2}$	—
$\dfrac{t^{n-1}}{(n-1)!}\mathrm{e}^{-at}u(t), a > 0$	$\dfrac{1}{(a + j\omega)^n}$	—
$\displaystyle\sum_{k=-\infty}^{+\infty} X_k \mathrm{e}^{jk\omega_0 t}$	$2\pi\displaystyle\sum_{k=-\infty}^{+\infty} X_k \delta(\omega - k\omega_0)$	X_k
$x_T(t) = \begin{cases} 1, & \|t\| < \tau \\ 0, & \tau < \|t\| \leqslant T/2 \end{cases}$	$\displaystyle\sum_{k=-\infty}^{+\infty} \dfrac{2\sin k\omega_0\tau}{k}\delta(\omega - k\omega_0)$	$\dfrac{\omega_0\tau}{\pi}\mathrm{Sa}(\omega_0\tau k)$
$\displaystyle\sum_{n=-\infty}^{\infty} \delta(t - nT)$	$\dfrac{2\pi}{T}\displaystyle\sum_{k=-\infty}^{\infty} \delta\left(\omega - \dfrac{2\pi}{T}k\right)$	$X_k = \dfrac{1}{T}$

2.2.3 连续时间傅里叶变换的性质

这里将讨论傅里叶变换的重要性质，这些性质对认识变换本身以及信号的时、频域关系有重要意义。为方便表述，可将时间信号与其傅里叶变换之间的关系表示为

$$x(t) \overset{\mathscr{F}}{\longleftrightarrow} X(j\omega) \tag{2.42}$$

与式（2.25）和式（2.28）对应，简称为傅里叶变换对。

1. 线性

若 $x(t) \overset{\mathscr{F}}{\longleftrightarrow} X(j\omega)$，$y(t) \overset{\mathscr{F}}{\longleftrightarrow} Y(j\omega)$，则

$$ax(t) + by(t) \overset{\mathscr{F}}{\longleftrightarrow} aX(j\omega) + bY(j\omega) \tag{2.43}$$

线性性质可以推广到任意个信号的线性组合。

2. 时移特性

若 $x(t) \overset{\mathscr{F}}{\longleftrightarrow} X(j\omega)$，则

$$x(t - t_0) \overset{\mathscr{F}}{\longleftrightarrow} e^{-j\omega t_0} X(j\omega) \tag{2.44}$$

证明：由式（2.28）

$$x(t) = \frac{1}{2\pi} \int_{-\infty}^{+\infty} X(j\omega) e^{j\omega t} d\omega$$

将式中 t 以 $t - t_0$ 代替，可得

$$x(t - t_0) = \frac{1}{2\pi} \int_{-\infty}^{+\infty} X(j\omega) e^{j\omega(t - t_0)} d\omega = \frac{1}{2\pi} \int_{-\infty}^{+\infty} \left[e^{-j\omega t_0} X(j\omega) \right] e^{j\omega t} d\omega \tag{2.45}$$

式（2.45）表明，$e^{-j\omega t_0} X(j\omega)$ 与 $x(t - t_0)$ 是一对傅里叶变换对。

时移特性表明，信号在时间上的平移，不改变信号的频谱幅度，只在其频谱中引入与频率 ω 呈线性关系的相移。

【例 2.6】 试求图 2.17 所示延时矩形脉冲信号 $x(t)$ 的频谱函数 $X(j\omega)$。

解： 信号 $x(t)$ 可以表示为 2 个宽度为 2 的矩形脉冲信号 $x_1(t)$ 的线性组合，如图 2.18 所示。

$$x(t) = x_1(t + 3) + x_1(t - 3)$$

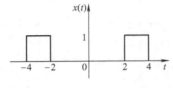

图 2.17 【例 2.6】信号

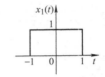

图 2.18 矩形脉冲 $x_1(t)$

由于无延时且宽度为 2 的矩形脉冲信号 $x_1(t)$ 的频谱为 $X_1(j\omega) = 2\mathrm{Sa}(\omega)$，利用时移特性，可得

$$\mathscr{F}\{x_1(t \pm 3)\} = e^{\pm j3\omega} X_1(j\omega) = 2e^{\pm j3\omega} \mathrm{Sa}(\omega)$$

因此

$$X(j\omega) = 2\mathrm{Sa}(\omega)(e^{j3\omega} + e^{-j3\omega}) = 4\mathrm{Sa}(\omega)\cos(3\omega)$$

3. 共轭对称性

若 $x(t) \xleftrightarrow{\mathscr{F}} X(j\omega)$，则有 $x^*(t) \xleftrightarrow{\mathscr{F}} X^*(-j\omega)$。

证明：将式（2.25）取共轭，即

$$X^*(j\omega) = \left[\int_{-\infty}^{+\infty} x(t)e^{-j\omega t}dt\right]^* = \int_{-\infty}^{+\infty} x^*(t)e^{j\omega t}dt \tag{2.46}$$

在式（2.46）中以 $-\omega$ 代替 ω，得

$$X^*(-j\omega) = \int_{-\infty}^{+\infty} x^*(t)e^{-j\omega t}dt \tag{2.47}$$

在式（2.46）中以 $-t$ 代替 t，得

$$X^*(j\omega) = \int_{-\infty}^{+\infty} x^*(-t)e^{-j\omega t}dt \tag{2.48}$$

式（2.47）表明 $x^*(t)$ 与 $X^*(-j\omega)$ 是一对傅里叶变换对，式（2.48）表明 $x^*(-t)$ 与 $X^*(j\omega)$ 是一对傅里叶变换对，共轭对称特性得证。

共轭对称性说明，若 $x(t)$ 为实信号，那么 $X(j\omega)$ 就具有共轭对称性，即有

$$x(t) = x^*(t) \Rightarrow X(-j\omega) = X^*(j\omega) \tag{2.49}$$

进一步可以表示为

$$\mathrm{Re}[X(j\omega)] = \mathrm{Re}[X^*(j\omega)] = \mathrm{Re}[X(-j\omega)] \tag{2.50}$$

$$\mathrm{Im}[X(j\omega)] = -\mathrm{Im}[X^*(j\omega)] = -\mathrm{Im}[X(-j\omega)] \tag{2.51}$$

$$|X(j\omega)| = |X^*(j\omega)| = |X(-j\omega)| \tag{2.52}$$

$$\angle X(j\omega) = -\angle X^*(j\omega) = -\angle X(-j\omega) \tag{2.53}$$

式（2.50）和式（2.51）表明，实信号傅里叶变换的实部是频率的偶函数，虚部是频率的奇函数；式（2.52）和式（2.53）表明，实信号的幅度谱是频率的偶函数，相位谱是频率的奇函数。

【例2.7】　证明实偶信号 $x(t)$ 的频谱 $X(j\omega)$ 是偶对称的。

证明：由于信号 $x(t)$ 是实信号，由傅里叶变换的共轭对称性式（2.49）有

$$X(-j\omega) = X^*(j\omega)$$

即

$$X(-j\omega) = \int_{-\infty}^{+\infty} x(t)e^{j\omega t}dt$$

用 $-t$ 替换上式中的 t，可得

$$X(-j\omega) = \int_{-\infty}^{+\infty} x(-t)e^{-j\omega t}dt$$

又由于 $x(-t) = x(t)$，所以有

$$X(-j\omega) = \int_{-\infty}^{+\infty} x(t)e^{-j\omega t}dt = X(j\omega)$$

因此 $X(j\omega)$ 是偶对称的。

4. 尺度变换特性

若 $x(t) \xleftarrow{\mathscr{F}} X(j\omega)$，则

$$x(at) \xleftarrow{\mathscr{F}} \frac{1}{|a|} X\left(\frac{j\omega}{a}\right) \qquad (2.54)$$

式中，a 是一个实常数，$a \neq 0$。这个性质可以直接由傅里叶变换的定义得到，即

$$\mathscr{F}\{x(at)\} = \int_{-\infty}^{+\infty} x(at) e^{-j\omega t} dt$$

进行变量替换 $\tau = at$，可得

$$\mathscr{F}\{x(at)\} = \begin{cases} \dfrac{1}{a} \displaystyle\int_{-\infty}^{+\infty} x(\tau) e^{-j(\omega\tau/a)} d\tau, & a > 0 \\[3mm] -\dfrac{1}{a} \displaystyle\int_{-\infty}^{+\infty} x(\tau) e^{-j(\omega\tau/a)} d\tau, & a < 0 \end{cases}$$

即得式（2.54）。若令 $a = -1$，则由式（2.54），有

$$x(-t) \xleftarrow{\mathscr{F}} X(-j\omega) \qquad (2.55)$$

尺度变换性质说明了时间和频率之间的相反关系。信号在时间上线性尺度因子 a 的变换，相应于其在频率上 $1/a$ 的变换；反之亦然。时域与频域之间的尺度相反关系在信号与系统的各个方面都十分重要，例如，在大容量通信系统中，信号脉冲宽度越窄，则有效带宽越宽，高频分量越多。在实际系统中，时宽和脉宽两个指标应折中考虑。

5. 微分与积分特性

若 $x(t) \xleftarrow{\mathscr{F}} X(j\omega)$，则有

$$\frac{dx(t)}{dt} = \frac{1}{2\pi} \int_{-\infty}^{+\infty} j\omega X(j\omega) e^{j\omega t} d\omega$$

即

$$\frac{dx(t)}{dt} \xleftarrow{\mathscr{F}} j\omega X(j\omega) \qquad (2.56)$$

式（2.56）表明信号的时域微分对应于频谱函数乘以 $j\omega$，这一性质在 LTI 系统的频域分析中极其有用。信号的时域积分所对应的傅里叶变换不仅是简单的频谱函数除以 $j\omega$，还要同时考虑信号的直流分量，即

$$\int_{-\infty}^{t} x(\tau) d\tau \xleftarrow{\mathscr{F}} \frac{1}{j\omega} X(j\omega) + \pi X(0) \delta(\omega) \qquad (2.57)$$

式（2.57）右侧的频域冲激项反映了由积分产生的直流或平均值。

【例 2.8】 利用性质求单位阶跃信号 $x(t) = u(t)$ 的傅里叶变换。

解：由式（2.29），已知

$$g(t) = \delta(t) \xleftarrow{\mathscr{F}} G(j\omega) = 1$$

又因为

$$x(t) = u(t) = \int_{-\infty}^{t} g(\tau) d\tau$$

上式两边取傅里叶变换，由积分特性得

$$X(j\omega) = \frac{G(j\omega)}{j\omega} + \pi G(0) \delta(\omega) = \frac{1}{j\omega} + \pi \delta(\omega)$$

6. 互易对称特性

若 $x(t) \xleftarrow{\mathscr{F}} X(j\omega)$，则

$$X(jt) \xleftarrow{\mathscr{F}} 2\pi x(-\omega) \tag{2.58}$$

证明：由于

$$x(t) = \frac{1}{2\pi} \int_{-\infty}^{\infty} X(j\omega) e^{j\omega t} d\omega$$

令 $\omega = u$，上式变为

$$x(t) = \frac{1}{2\pi} \int_{-\infty}^{\infty} X(ju) e^{jut} du$$

令 $t = -\omega$，可得

$$x(-\omega) = \frac{1}{2\pi} \int_{-\infty}^{\infty} X(ju) e^{-ju\omega} du$$

再令 $u = t$，有

$$2\pi x(-\omega) = \int_{-\infty}^{\infty} X(jt) e^{-j\omega t} dt = \mathscr{F}\{X(jt)\}$$

上式表明 $X(jt)$ 与 $2\pi x(-\omega)$ 是一对傅里叶变换对，式(2.58)得证。

7. 帕塞瓦尔定理 （Parseval's Theorem）

若 $x(t) \xleftarrow{\mathscr{F}} X(j\omega)$，则

$$\int_{-\infty}^{+\infty} |x(t)|^2 dt = \frac{1}{2\pi} \int_{-\infty}^{+\infty} |X(j\omega)|^2 d\omega \tag{2.59}$$

式(2.59)称为帕塞瓦尔定理，可由傅里叶变换定义式(2.25)和式(2.28)直接得出，即

$$\int_{-\infty}^{+\infty} |x(t)|^2 dt = \int_{-\infty}^{+\infty} x(t) x^*(t) dt = \int_{-\infty}^{+\infty} x(t) \left[\frac{1}{2\pi} \int_{-\infty}^{+\infty} X^*(j\omega) e^{-j\omega t} d\omega\right] dt$$

$$= \frac{1}{2\pi} \int_{-\infty}^{+\infty} \left[\int_{-\infty}^{+\infty} x(t) e^{-j\omega t} dt\right] X^*(j\omega) d\omega = \frac{1}{2\pi} \int_{-\infty}^{+\infty} |X(j\omega)|^2 d\omega$$

帕塞瓦尔定理指出，信号的总能量在时域和频域是守恒的，不因信号表述的空间不同而改变。式(2.59)与周期信号的帕塞瓦尔守恒定理式(2.21)是直接对应的，在式(2.21)中一个周期信号的平均功率等于它的各次谐波分量的平均功率之和。

8. 时域卷积特性

若 $x(t) \xleftarrow{\mathscr{F}} X(j\omega)$，$h(t) \xleftarrow{\mathscr{F}} H(j\omega)$，则

$$y(t) = h(t) * x(t) \xleftarrow{\mathscr{F}} Y(j\omega) = H(j\omega) X(j\omega) \tag{2.60}$$

证明：卷积积分的定义如下

$$y(t) = h(t) * x(t) = \int_{-\infty}^{+\infty} x(\tau) h(t-\tau) d\tau$$

则

$$Y(j\omega) = \mathscr{F}\{y(t)\} = \int_{-\infty}^{+\infty} \left[\int_{-\infty}^{+\infty} x(\tau) h(t-\tau) d\tau\right] e^{-j\omega t} dt$$

交换积分次序，有

$$Y(j\omega) = \int_{-\infty}^{+\infty} x(\tau) \left[\int_{-\infty}^{+\infty} h(t-\tau) e^{-j\omega t} dt\right] d\tau \tag{2.61}$$

由傅里叶变换的时移特性式(2.44)得

$$\int_{-\infty}^{+\infty} h(t-\tau) e^{-j\omega t} dt = e^{-j\omega\tau} H(j\omega) \tag{2.62}$$

代入式(2.61)，可得

$$Y(j\omega) = \int_{-\infty}^{+\infty} x(\tau) e^{-j\omega\tau} H(j\omega) d\tau = H(j\omega) \int_{-\infty}^{+\infty} x(\tau) e^{-j\omega\tau} d\tau = H(j\omega) X(j\omega)$$

即

$$h(t) * x(t) \overset{\mathscr{F}}{\longleftrightarrow} H(j\omega) X(j\omega) \tag{2.63}$$

时域卷积特性表明，信号在时域的卷积可以映射为它们频谱的乘积，这一特性在 LTI 系统频域分析中具有重要意义。

9. 时域乘积特性（调制特性）

利用时域和频域之间的对偶性质，可以由时域卷积特性推得傅里叶变换的时域乘积特性，即时域乘积应该对应于频域卷积。具体表示为

若 $x_1(t) \overset{\mathscr{F}}{\longleftrightarrow} X_1(j\omega)$，$x_2(t) \overset{\mathscr{F}}{\longleftrightarrow} X_2(j\omega)$，则

$$x_1(t) x_2(t) \overset{\mathscr{F}}{\longleftrightarrow} \frac{1}{2\pi} [X_1(j\omega) * X_2(j\omega)] \tag{2.64}$$

式(2.64)也可以直接利用傅里叶变换关系式(2.25)和式(2.28)得到证明。一个信号与另一个信号相乘，可以理解为信号幅度的调制，因此，式(2.64)有时也称为调制特性。

【例2.9】 利用傅里叶变换的性质，求下列信号 $x(t)$ 的频谱。

$$x(t) = \frac{\sin(t)\sin(t/2)}{\pi t^2} = \pi x_1(t) x_2(t)$$

解： 由于信号 $x(t)$ 可以表示成两个抽样函数型信号的乘积，即

$$x(t) = \pi \left[\frac{\sin(t)}{\pi t} \right] \left[\frac{\sin(t/2)}{\pi t} \right]$$

由傅里叶变换的时域乘积特性，信号 $x(t)$ 的傅里叶变换满足

$$X(j\omega) = \frac{1}{2} \mathscr{F}\left\{ \frac{\sin(t)}{\pi t} \right\} * \mathscr{F}\left\{ \frac{\sin(t/2)}{\pi t} \right\}$$

由表 2.2 可知，抽样函数型信号 $\frac{\sin\omega_0 t}{\pi t}$ 的傅里叶变换是一个频域宽度为 $2\omega_0$ 的对称矩形脉冲，因此，把这样两个宽度分别为 2 和 1 的脉冲 $X_1(j\omega)$ 和 $X_2(j\omega)$ 卷积再乘以 1/2 就得到信号 $x(t)$ 的频谱 $X(j\omega)$，如图 2.19 所示。

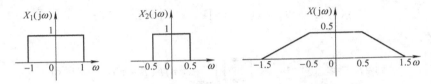

图 2.19 【例 2.9】信号频谱图

连续时间傅里叶变换的定义式是积分式，有时计算很复杂，利用傅里叶变换的性质则可以简化很多积分式运算的求解过程，在此将其性质列于表 2.3 中，供使用时参考查阅。

表2.3 连续时间傅里叶变换的性质

名 称	时域 $x(t)$			频域 $X(j\omega)$
线性	$ax_1(t) + bx_2(t)$			$aX_1(j\omega) + bX_2(j\omega)$
奇偶性	$x(t)$ 为实函数	$x(t)$		$\|X(j\omega)\| = \|X(-j\omega)\|$ $\angle X(j\omega) = -\angle X(-j\omega)$ $\mathrm{Re}(\omega) = \mathrm{Re}(-\omega)$ $\mathrm{Im}(\omega) = -\mathrm{Im}(-\omega)$ $X(-j\omega) = X^*(j\omega)$
		$x(-t)$		$X(-j\omega)$
	$x(t)$ 为虚函数	$x(t)$		$\|X(j\omega)\| = \|X(-j\omega)\|$ $\angle X(j\omega) = -\angle X(-j\omega)$ $\mathrm{Re}(\omega) = -\mathrm{Re}(-\omega)$ $\mathrm{Im}(\omega) = \mathrm{Im}(-\omega)$ $X(-j\omega) = -X^*(j\omega)$
		$x^*(t)$		$X^*(-j\omega)$
对称性	$X(jt)$			$2\pi x(-\omega)$
尺度变换	$x(at)\, a \neq 0$			$\dfrac{1}{\|a\|}X\left(j\dfrac{\omega}{a}\right)$
时移特性	$x(t + t_0)$			$X(j\omega)\mathrm{e}^{j\omega t_0}$
频移特性	$x(t)\mathrm{e}^{\pm j\omega_0 t}$			$X[j(\omega \mp \omega_0)]$
时域微分	$x^{(n)}(t)$			$(j\omega)^n X(j\omega)$
频域微分	$t^n x(t)$			$j^n \dfrac{\mathrm{d}^n}{\mathrm{d}\omega^n}X(j\omega)$
时域积分	$\int_{-\infty}^{t} x(\tau)\mathrm{d}\tau$			$\dfrac{X(j\omega)}{j\omega} + \pi X(0)\delta(\omega)$
时域卷积	$x_1(t) * x_2(t)$			$X_1(j\omega) \cdot X_2(j\omega)$
频域卷积	$x_1(t) \cdot x_2(t)$			$\dfrac{1}{2\pi}X_1(j\omega) * X_2(j\omega)$
帕塞瓦尔定理	$E = \int_{-\infty}^{\infty} \|x(t)\|^2 \mathrm{d}t = \dfrac{1}{2\pi}\int_{-\infty}^{\infty} \|X(j\omega)\|^2 \mathrm{d}\omega$			

2.3 MATLAB 编程及上机实践

2.3.1 与本章有关的 MATLAB 函数举例

信号的傅里叶分析需要利用定义或性质计算信号的频谱，并对频谱进行分析。MATLAB 提供的相关函数如下：

1. abs

功能：求绝对值（模值）。

格式及说明：

$y = abs(x)$

这个语句用于计算 x 的绝对值，当 x 为复数时，得到的是复数的模值。

2. angle

功能：求相角。

格式及说明：

$\phi = angle(h)$

这个语句用于求复矢量或复矩阵的相角（以弧度为单位），相角介于 $-\pi$ 和 π 之间。若复数 h 表示为 $h = x + jy = me^{j\phi}$，则 m 和 ϕ 可由 $x + jy$ 表示格式的复数求得

$m = abs(h)$

$\phi = angle(h)$

当然，也可由 m 和 ϕ 求取 $h = x + jy$ 格式中的 x 和 y：

$h = m. * exp(i * \phi)$

$x = real(h)$

$y = imag(h)$

3. quad

功能：用于根据定义计算傅里叶变换或傅里叶级数的数值积分。

格式及说明：

$y = quad('f', a, b)$

$y = quadl('f', a, b)$

$y = quad('f', a, b, [\ ], [\ ])$

$y = quadl('f', a, b, [\ ], [\ ])$

quad、quadl 是数值积分函数，返回值是用不同方法计算得出的积分值，前者采用自适应 Simpson 算法，后者采用 Lobatto 算法；输入变量 f 是一个字符串，表示被积函数的文件名，a、b 表示定积分的下限和上限，[ ] 表示默认的误差容限。

4. fourier

功能：计算傅里叶积分正变换。

格式及说明：

$F = fourier(f)$

$f = ifourier(F)$

$pretty(f)$

这是符号运算工具箱提供的傅里叶正、反变换函数 fourier、ifourier，其输入变量和返回值都是符号表达式，调用时需要预先进行符号变量的定义或转化。f、F 分别代表时域信号及其傅里叶变换的符号表达式。pretty 函数是以一定的规范格式对符号表达式 f 进行屏幕打印输出，其作用是改善表达式的可读性。

5. trapz

功能：用梯形法计算以数组或矩阵形式表示的函数 $y = f(x)$ 的数值积分。

格式及说明：

$z = trapz(x, y)$

x、y 是数目相同的数组或矩阵，分别代表积分变量和被积函数。

2.3.2　上机实践举例

【**例 2.10**】　试用 MATLAB 画出图 2.20 所示周期三角波信号的频谱。

解：根据傅里叶级数定义，图 2.20 所示周期信号的频谱为

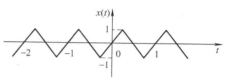

图 2.20　【例 2.10】周期三角波信号

$$X_k = \begin{cases} \dfrac{-4j}{k^2\pi^2}\sin\left(\dfrac{k\pi}{2}\right), & k \neq 0 \\ 0, & k = 0 \end{cases}$$

```
% 绘制周期三角波信号的频谱,运行结果如图 2.21 所示。
N = 8;
k1 = - N: -1; % 计算 k = - N 到 -1 的傅里叶系数
c1 = -4* j* sin(k1* pi/2)/pi^2. /k1.^2;
c0 = 0; % 计算 k = 0 时的傅里叶系数
k2 = 1:N; % 计算 k = 1 到 N 的傅里叶系数
c2 = -4* j* sin(k2* pi/2)/pi^2. /k2.^2;
Xk = [c1 c0 c2];
k = - N:N;
subplot(2,1,1);
stem(k,abs(Xk));ylabel('Xk 的幅度');
```

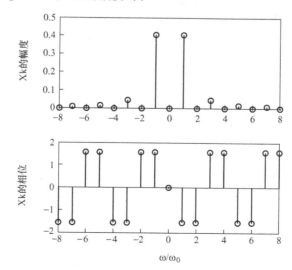

图 2.21　【例 2.10】信号频谱图

```
subplot(2,1,2);
stem(k,angle(Xk));
ylabel('Xk 的相位');xlabel(' \omega ∧ omega0');
```

【例 2.11】 编写 MATLAB 程序，求解 $X(j\omega) = \cos\left(4\omega + \dfrac{\pi}{3}\right)$ 的傅里叶反变换。

解：利用符号运算函数 ifourier 进行计算，需要定义符号变量时间和频率。

```
% 求解傅里叶反变换的程序
syms w t;
X = 'cos(4* w + pi/3)';
x = ifourier(X,t)
```

程序运行结果如下：

x = -(dirac(t-4) * ((3^(1/2) * i)/2 - 1/2))/2 + (dirac(t+4) * ((3^(1/2) * i)/2 + 1/2))/2

其表达式为 $x(t) = \dfrac{1}{4}\delta(t+4)(j\sqrt{3}+1) - \dfrac{1}{4}\delta(t-4)(j\sqrt{3}-1)$，与理论计算结果相同。

【例 2.12】 试用数值方法近似计算三角波信号 $x(t) = (1-|t|)[u(t+1) - u(t-1)]$ 的频谱。

解：重写傅里叶变换的定义式如下

$$X(j\omega) = \int_{-\infty}^{+\infty} x(t)e^{-j\omega t}dt$$

$x(t)$ 的频谱可以利用 quadl 函数，以数值方法近似计算该积分的值而得到。首先定义一个 MATLAB 函数 fx1。对不同的参数 w，函数 fx1 将计算出傅里叶变换中被积函数的值。将编好的 MATLAB 函数用文件名 fx1.m 存盘，以方便后续调用。

近似计算该信号频谱的 MATLAB 程序如下：

```
% 定义函数 fx1
function y = fx1(t,w);
y = (t > = -1 & t < =1). * (1 - abs(t)). * exp(-j* w* t);
% 信号频谱的近似计算
w = linspace(-6* pi,6* pi,512);
N = length(w);
X = zeros(1,N);
for k = 1:N
        X(k) = quadl('fx1', -1,1,[],[],w(k));
end
figure(1);
subplot(211);
plot(w,real(X));
xlabel(' \omega');
ylabel('X(j \omega)');
subplot(212);
plot(w,real(X) - sinc(w/2/pi).^2);
```

```
axis([-18 18 -1e-10 1e-10]);
xlabel('\omega');
ylabel('计算误差');
```

程序在数值计算信号频谱的同时，还对计算结果与理论值进行了比较，给出了绝对误差。程序运行结果如图 2.22 所示，图 2.22a 是信号频谱的数值计算结果，图 2.22b 是与理论值比较所得的计算误差，从图中可以看到计算误差是非常小的。

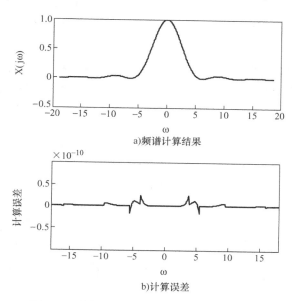

a)频谱计算结果

b)计算误差

图 2.22　【例 2.12】信号频谱图及计算误差

习　题　二

2.1　计算图 2.23 所示周期三角脉冲信号的傅里叶级数展开式。

2.2　已知周期信号为 $x(t) = \cos(4\pi t + 5) - \sin(6\pi t - 2)$，试求其傅里叶级数表示式，并画出其频谱和功率谱。

2.3　已知周期信号 $x(t)$ 的傅里叶级数展开式系数 X_k 如图 2.24 所示分布，求 $x(t)$ 的表达式。

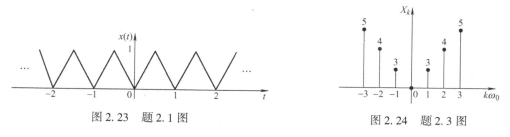

图 2.23　题 2.1 图

图 2.24　题 2.3 图

2.4　已知周期为 T 的信号 $x(t)$ 的指数形式傅里叶级数系数为 X_k，试求下列周期信号的频谱。

(1) $x_1(t) = x(t+1)$

(2) $x_2(t) = \dfrac{\mathrm{d}x(t)}{\mathrm{d}t}$

(3) $x_3(t) = x(t)\mathrm{e}^{\mathrm{j}\left(\frac{2\pi}{T}\right)t}$

(4) $x_4(t) = x(t)\sin\left(\dfrac{2\pi}{T}t\right)$

2.5 利用傅里叶变换的性质求信号 $x(t) = 1/t$ 的频谱。

2.6 已知 $x(t)$ 的傅里叶变换 $X(\mathrm{j}\omega)$，试计算下列信号的频谱函数。

(1) $x_1(t) = x(t-3)$

(2) $x_2(t) = x(3t+2)$

(3) $x_3(t) = x(t)\delta(t-4)$

(4) $x_4(t) = x(3t)x(t/3)$

(5) $x_5(t) = x(2t)\mathrm{e}^{\mathrm{j}5t}$

(6) $x_6(t) = x^2(t)$

2.7 利用傅里叶变换的性质，计算下列信号的频谱函数。

(1) $x(t) = \mathrm{e}^{-t}u(t)\sin(\pi t)$

(2) $x(t) = \mathrm{e}^{-3t+1}u(t-4)$

(3) $x(t) = \dfrac{1}{2+\mathrm{j}t}$

(4) $x(t) = \displaystyle\int_{-\infty}^{t} \dfrac{\sin(\pi\tau)}{\pi\tau}\mathrm{d}\tau$

(5) $x(t) = u(t+0.5) - u(t-0.5)$

(6) $x(t) = \mathrm{e}^{-2t} * \delta(t-t_0)$

(7) $x(t) = \cos(t)[u(t+0.5\pi) - u(t-0.5\pi)]$

2.8 试求下列频谱函数所对应的信号 $x(t)$。

(1) $X(\mathrm{j}\omega) = \delta(\omega+6)$

(2) $X(\mathrm{j}\omega) = \mathrm{e}^{-\mathrm{j}2\omega}$

(3) $X(\mathrm{j}\omega) = \dfrac{3}{2+\mathrm{j}\omega} + \dfrac{4}{\mathrm{j}\omega-2}$

(4) $X(\mathrm{j}\omega) = \dfrac{2\mathrm{j}\omega}{(2+\mathrm{j}\omega)^2}$

(5) $X(\mathrm{j}\omega) = \dfrac{1}{\mathrm{j}\omega(\mathrm{j}\omega+1)} + 2\pi\delta(\omega)$

(6) $X(\mathrm{j}\omega) = u(\omega+\omega_c) - u(\omega-\omega_c)$

第3章 连续时间系统分析

内容提要

本章讲述连续时间系统的三种分析方法。首先介绍时域分析方法，学习对 LTI 连续时间系统建立常系数线性微分方程，并用时域方法求解系统的响应，引入反映系统本质特征的单位冲激响应。其次介绍频域分析方法，学习系统频率响应的定义、物理意义及应用。然后介绍复频域分析方法，学习拉普拉斯变换的定义、性质和拉普拉斯反变换的求解方法，引入连续时间系统函数概念，并采用拉普拉斯变换工具对 LTI 系统进行微分方程求解以及特性分析。最后介绍用 MATLAB 分析连续时间系统的两个实例。

3.1 系统的时域分析

3.1.1 微分方程的建立与求解

1. 微分方程的建立

进行系统分析时，首先要建立系统的数学模型。LTI 连续时间系统的输入-输出关系是采用线性常系数微分方程来描述的，方程中含有输入量、输出量及它们对时间的导数或积分。这种微分方程又称为动态方程或运动方程。微分方程的阶数一般是指方程中输出端最高导数项的阶数，又称为系统的阶数。系统的复杂性常由系统的阶数来表示。

对于单变量 n 阶 LTI 连续时间系统，微分方程为

$$
\begin{aligned}
& a_n y^{(n)}(t) + a_{n-1} y^{(n-1)}(t) + \cdots + a_1 y^{(1)}(t) + a_0 y(t) \\
& = b_m x^{(m)}(t) + b_{m-1} x^{(m-1)}(t) + \cdots + b_1 x^{(1)}(t) + b_0 x(t)
\end{aligned}
\tag{3.1}
$$

式中，$x(t)$ 是输入信号；$y(t)$ 是输出信号；$y^{(n)}(t)$ 表示 $y(t)$ 对 t 的 n 阶导数；a_i（$i = 0, 1, 2, \cdots, n$），$b_i(i = 0, 1, 2, \cdots, m)$ 都是由系统结构参数决定的系数。实际中，常对方程的系数以 a_n 进行归一化，然后可得 $y^{(n)}(t)$ 的系数为 1。式(3.1) 可以简写为

$$
\sum_{k=0}^{n} a_k \frac{\mathrm{d}^k y(t)}{\mathrm{d} t^k} = \sum_{k=0}^{m} b_k \frac{\mathrm{d}^k x(t)}{\mathrm{d} t^k}
\tag{3.2}
$$

为了方便，引入微分算子表示，令 $D = \dfrac{\mathrm{d}}{\mathrm{d} t}$、$D^k = \dfrac{\mathrm{d}^k}{\mathrm{d} t^k}$，于是 $\dfrac{\mathrm{d} y(t)}{\mathrm{d} t} = D y(t)$、$\dfrac{\mathrm{d}^k y(t)}{\mathrm{d} t^k} = D^k y(t)$，则式(3.2) 可以写为

$$
\sum_{k=0}^{n} a_k D^k y(t) = \sum_{k=0}^{m} b_k D^k x(t)
\tag{3.3}
$$

系统建立数学模型的方法有分析法和实验法。分析法是根据系统中各组件所遵循的客观规律（物理、化学、生物等）和运行机制，列出微分方程，又称为理论建模。实验法是人为给系统施加某种测试信号，记录其输出响应，并用适当的数学模型去逼近，又称为系统辨识。

下面是采用分析法列写微分方程的例子。

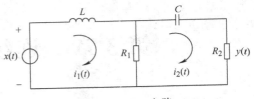

图 3.1 *RLC* 电路

【例 3.1】 图 3.1 所示为 *RLC* 电路，求电阻 R_2 两端的电压 $y(t)$ 与输入电压源 $x(t)$ 的关系。

解：设电路中两回路电流分别为 $i_1(t)$ 和 $i_2(t)$，根据 KVL 定理，列写回路方程

$$L\frac{\mathrm{d}i_1(t)}{\mathrm{d}t} + \frac{1}{C}\int_{-\infty}^{i} i_2(\tau)\mathrm{d}\tau + R_2 i_2(t) = x(t)$$

$$L\frac{\mathrm{d}i_1(t)}{\mathrm{d}t} + R_1[i_1(t) - i_2(t)] = x(t)$$

经整理后得

$$L\left(\frac{R_2}{R_1}+1\right)\frac{\mathrm{d}^2 i_2(t)}{\mathrm{d}t^2} + \left(\frac{L}{R_1 C}+R_2\right)\frac{\mathrm{d}i_2(t)}{\mathrm{d}t} + \frac{1}{C}i_2(t) = \frac{\mathrm{d}x(t)}{\mathrm{d}t}$$

将 $i_2(t) = \frac{1}{R_2}y(t)$ 代入上式，即得到电压 $y(t)$ 与输入电压源 $x(t)$ 的关系为

$$L\left(\frac{1}{R_1}+\frac{1}{R_2}\right)\frac{\mathrm{d}^2 y(t)}{\mathrm{d}t^2} + \left(\frac{L}{R_1 R_2 C}+1\right)\frac{\mathrm{d}y(t)}{\mathrm{d}t} + \frac{1}{R_2 C}y(t) = \frac{\mathrm{d}x(t)}{\mathrm{d}t}$$

【例 3.2】 质量为 m 的刚体一端由弹簧牵引，弹簧的另一端固定在壁上，刚体与地面间的摩擦系数为 f，外加牵引力为 $F_s(t)$，求外加牵引力 $F_s(t)$ 与刚体运动速度 $v(t)$ 之间的关系。

解：在图 3.2 所示系统中除外力外，还存在三种类型的力影响物体的运动，分别是运动物体的惯性力、物体与地面的摩擦力和弹簧产生的恢复力。

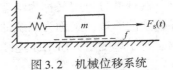

图 3.2 机械位移系统

运动物体的惯性力由牛顿第二定律决定，有

$$F_m(t) = m\frac{\mathrm{d}}{\mathrm{d}t}v(t)$$

物体与地面的摩擦力 $F_f(t)$ 与速度成正比，有

$$F_f(t) = fv(t)$$

式中，f 为摩擦系数。

弹簧在弹性限度内，拉力 $F_k(t)$ 与位移成正比，设刚体系数为 k，有

$$F_k(t) = k\int_{-\infty}^{t} v(\tau)\mathrm{d}\tau$$

系统中，四种力是平衡的，由达朗贝尔（D'Alembert）原理可得

$$m\frac{\mathrm{d}}{\mathrm{d}t}v(t) + fv(t) + k\int_{-\infty}^{t} v(\tau)\mathrm{d}\tau = F_s(t)$$

化简得

$$m\frac{\mathrm{d}^2}{\mathrm{d}t^2}v(t) + f\frac{\mathrm{d}v(t)}{\mathrm{d}t} + kv(t) = \frac{\mathrm{d}F_s(t)}{\mathrm{d}t}$$

上式即为图 3.2 所示机械位移系统的微分方程表示。

许多表面上完全不同的系统（如机械系统、电气系统、经济学系统等）却可能具有完

全相同的数学模型。例如，在生活中经常使用的电热水壶也是一个典型的连续时间系统，当开关合上后，系统有了一个阶跃电压的输入激励，则可以把加热产生的水蒸气作为输出响应。水蒸气使感温元件的双金属片变形，通过杠杆原理，变形的金属片推动电源开关，从而使电热水壶在水烧开后自动断电。其断电是不可自复位的，因此断电后水壶就不会自动再加热了。数学模型表达了这些系统的共性。因此，数学模型建立后，研究系统主要是以数学模型为基础，分析并综合系统的各项性能，然后再和实际系统的物理性质和具体特点结合应用。

2. 用时域经典法求解微分方程

微分方程式(3.1) 所描述的输入-输出关系不是将系统输出作为输入函数的一种显式给出的，为了得到一个显式表达式，就需要求解微分方程。对于这种动态系统，求解时仅仅知道输入量是不够的，还必须知道一组变量的初始值。不同的初始值选取会导致不同的解 $y(t)$，结果就有不同的输入和输出之间的关系。对于一个因果的 LTI 系统，若 $t < t_0$，$x(t) = 0$，则 $t < t_0$，$y(t)$ 必须也等于0。值得强调的是，该初始条件并不表明在某一固定时刻点上的零初始条件，而是在时间上调整这一点，以使得在输入变成非零前，响应一直为零。

首先来回顾微分方程的经典解法。

根据微分方程的经典解法，微分方程的完全解由齐次解 $y_n(t)$ 和特解 $y_f(t)$ 组成，即

$$y(t) = y_n(t) + y_f(t) \tag{3.4}$$

齐次解满足式(3.1) 中右端输入 $x(t)$ 及其各阶导数都为零的齐次方程，即

$$a_n y^{(n)}(t) + a_{n-1} y^{(n-1)}(t) + \cdots + a_1 y^{(1)}(t) + a_0 y(t) = 0 \tag{3.5}$$

齐次解的基本形式为 $Ae^{\lambda t}$，将 $Ae^{\lambda t}$ 代入式(3.5)，可得

$$a_n A\lambda^n e^{\lambda t} + a_{n-1} A\lambda^{n-1} e^{\lambda t} + \cdots + a_1 A\lambda e^{\lambda t} + a_0 Ae^{\lambda t} = 0$$

在 $A \neq 0$ 的条件下可得

$$a_n \lambda^n + a_{n-1} \lambda^{n-1} + \cdots + a_1 \lambda + a_0 = 0 \tag{3.6}$$

式(3.6) 称为微分方程对应的特征方程。对应的 n 个根 λ_1，λ_2，$\cdots$，λ_n 称为微分方程的特征根。齐次解的形式取决于特征根的模式。各种模式下的齐次解形式见表3.1。

表 3.1　常系数线性微分方程的齐次解模式

特　征　根	齐次解中的对应项
每一单根 $\lambda = r$	给出一项 Ce^{rt}
k 重实根 $\lambda = r$	给出 k 项 $C_1 e^{rt} + C_2 te^{rt} + \cdots + C_k t^{k-1} e^{rt}$
一对单复根 $\lambda_{1,2} = \alpha \pm j\beta$	给出两项 $C_1 e^{\alpha t}\cos\beta t + C_2 e^{\alpha t}\sin\beta t$
一对 m 重复根 $\lambda_{1,2} = \alpha \pm j\beta$	给出 $2m$ 项 $C_1 e^{\alpha t}\cos\beta t + C_2 te^{\alpha t}\cos\beta t + \cdots + C_m t^{m-1} e^{\alpha t}\cos\beta t + D_1 e^{\alpha t}\sin\beta t +$ $D_2 te^{\alpha t}\sin\beta t + \cdots + D_m t^{m-1} e^{\alpha t}\sin\beta t$

注：表中各式中的 C_i、D_i 为待定系数，由初始条件确定。

微分方程的特解形式与输入信号的形式有关。将特解与输入信号代入式(3.1) 中，求得特解函数式中的待定系数，即可给出特解 $y_f(t)$。几种常用的典型输入信号所对应的特解函数式见表3.2。

表 3.2 常用典型输入信号对应的特解函数式

输 入 信 号	特 解
K	A
$e^{-\alpha t}$(特征根 $\lambda \neq -\alpha$)	$Ae^{-\alpha t}$
$e^{-\alpha t}$(k 重特征根 $\lambda = -\alpha$)	$At^k e^{-\alpha t}$
t^m	$A_m t^m + A_{m-1} t^{m-1} + \cdots A_1 t + A_0$
$e^{-\alpha t}\cos(\omega_0 t)$ 或 $e^{-\alpha t}\sin(\omega_0 t)$	$Ae^{-\alpha t}\sin(\omega_0 t) + Be^{-\alpha t}\cos(\omega_0 t)$
$t^m e^{-\alpha t}\cos(\omega_0 t)$ 或 $t^m e^{-\alpha t}\sin(\omega_0 t)$	$(A_m t^m + A_{m-1} t^{m-1} + \cdots A_1 t + A_0)e^{-\alpha t}\sin(\omega_0 t)$ $+ (B_m t^m + B_{m-1} t^{m-1} + \cdots B_1 t + B_0)e^{-\alpha t}\cos(\omega_0 t)$

注：1. 表中 A_i、B_i 为待定系数；

2. 若输入信号 $x(t)$ 由几种输入信号组合，则特解也为其相应的组合。

得到齐次解的形式和特解后，将二者相加，即可得到微分方程的完全解表达形式

$$y(t) = y_n(t) + y_f(t)$$

再利用已知的 n 个初始条件 $y(0^+)$，$y'(0^+)$，$\cdots$，$y^{(n-1)}(0^+)$，即可在全解表达式中确定齐次解部分的待定系数，从而得到微分方程的全解。

【例 3.3】 已知 LTI 连续时间系统为

$$y''(t) + 6y'(t) + 8y(t) = x(t)$$

初始条件 $y(0^+) = 1$，$y'(0^+) = 2$，输入信号 $x(t) = e^{-t}u(t)$，求系统的完全响应 $y(t)$。

解：

（1）求齐次解 $y_n(t)$

特征方程：
$$\lambda^2 + 6\lambda + 8 = 0$$

特征根：$\lambda_1 = -2$，$\lambda_2 = -4$，均为互异单根，故齐次解模式为

$$y_n(t) = C_1 e^{-2t} + C_2 e^{-4t}$$

（2）求特解 $y_f(t)$

由输入信号 $x(t)$ 的形式，可知方程的特解为

$$y_f(t) = C_3 e^{-t}$$

将设定的特解及输入信号代入系统微分方程

$$(C_3 e^{-t})'' + 6(C_3 e^{-t})' + 8(C_3 e^{-t}) = e^{-t}$$

即可求得 $C_3 = \dfrac{1}{3}$，于是特解为

$$y_f(t) = \frac{1}{3}e^{-t}$$

（3）求全解 $y(t)$

$$y(t) = y_n(t) + y_f(t) = C_1 e^{-2t} + C_2 e^{-4t} + \frac{1}{3}e^{-t}$$

利用给定的初始条件，在全解形式中确定齐次解部分的待定系数

$$y(0^+) = 1 \Rightarrow C_1 + C_2 + \frac{1}{3} = 1$$

$$y^{(1)}(0^+) = 2 \Rightarrow -2C_1 - 4C_2 - \frac{1}{3} = 2$$

求得 $C_1 = \dfrac{5}{2}$，$C_2 = -\dfrac{11}{6}$。

微分方程的全解，即系统的完全响应为

$$y(t) = \frac{5}{2}e^{-2t} - \frac{11}{6}e^{-4t} + \frac{1}{3}e^{-t}, \quad t > 0$$

从例 3.3 可以看出，完全解中的齐次解部分由系统的特征根决定，仅依赖于系统本身，因此，这一部分的响应常称为自然响应，系统特征根 $\lambda_i (i = 1, \cdots, n)$ 称为系统的自然频率（或固有频率、自由频率）；完全解中的特解形式由输入信号确定，因此称为强迫响应。

3.1.2　单位冲激响应的意义

系统的单位冲激响应定义为系统在零状态时，由单位冲激信号 $\delta(t)$ 输入时系统产生的输出响应，记为 $h(t)$。由于输入信号是单位冲激信号 $\delta(t)$，并且是在初始条件全部为零的前提下，因而单位冲激响应 $h(t)$ 仅取决于系统的内部结构及其元件参数，不同结构和元件参数的系统将具有不同的单位冲激响应。因此，系统的单位冲激响应 $h(t)$ 是表征系统本身特性的重要物理量。

LTI 连续时间系统的描述方程为

$$\frac{\mathrm{d}^n}{\mathrm{d}t^n}y(t) + a_{n-1}\frac{\mathrm{d}^{n-1}}{\mathrm{d}t^{n-1}}y(t) + \cdots + a_1\frac{\mathrm{d}}{\mathrm{d}t}y(t) + a_0 y(t)$$

$$= b_m\frac{\mathrm{d}^m}{\mathrm{d}t^m}x(t) + b_{m-1}\frac{\mathrm{d}^{m-1}}{\mathrm{d}t^{m-1}}x(t) + \cdots + b_1\frac{\mathrm{d}}{\mathrm{d}t}x(t) + b_0 x(t) \tag{3.7}$$

由于单位冲激响应 $h(t)$ 是 $x(t) = \delta(t)$ 时的响应，所以式(3.7)可变为

$$\frac{\mathrm{d}^n}{\mathrm{d}t^n}h(t) + a_{n-1}\frac{\mathrm{d}^{n-1}}{\mathrm{d}t^{n-1}}h(t) + \cdots + a_1\frac{\mathrm{d}}{\mathrm{d}t}h(t) + a_0 h(t)$$

$$= b_m\frac{\mathrm{d}^m}{\mathrm{d}t^m}\delta(t) + b_{m-1}\frac{\mathrm{d}^{m-1}}{\mathrm{d}t^{m-1}}\delta(t) + \cdots + b_1\frac{\mathrm{d}}{\mathrm{d}t}\delta(t) + b_0\delta(t) \tag{3.8}$$

求解式(3.8)，即得 $h(t)$。

【例 3.4】　设描述系统的微分方程式为

$$\frac{\mathrm{d}^2 y(t)}{\mathrm{d}t^2} + 4\frac{\mathrm{d}y(t)}{\mathrm{d}t} + 3y(t) = \frac{\mathrm{d}x(t)}{\mathrm{d}t} + 2x(t)$$

试求其冲激响应 $h(t)$。

解： 首先求其特征根为

$$\lambda_1 = -1, \quad \lambda_2 = -3$$

于是有

$$h(t) = (A_1 e^{-t} + A_2 e^{-3t})u(t)$$

对 $h(t)$ 逐次求导得到

$$\frac{\mathrm{d}h(t)}{\mathrm{d}t} = (A_1 + A_2)\delta(t) + (-A_1 e^{-t} - 3A_2 e^{-3t})u(t)$$

$$\frac{\mathrm{d}^2 h(t)}{\mathrm{d}t^2} = (A_1 + A_2)\delta'(t) + (-A_1 - 3A_2)\delta(t) + (A_1 e^{-t} + 9A_2 e^{-3t})u(t)$$

将 $y(t)=h(t)$，$x(t)=\delta(t)$ 代入给定微分方程，其左端前两项得

$$(A_1+A_2)\delta'(t)+(3A_1+A_2)\delta(t)$$

与其对应的右端为

$$\delta'(t)+2\delta(t)$$

令左、右两端 $\delta'(t)$ 的系数以及 $\delta(t)$ 系数对应相等，得到

$$\begin{cases}A_1+A_2=1\\3A_1+A_2=2\end{cases}$$

解得

$$A_1=\frac{1}{2},\ A_2=\frac{1}{2}$$

所以，单位冲激响应的表示式为

$$h(t)=\frac{1}{2}(e^{-t}+e^{-3t})u(t)$$

3.1.3　卷积积分

如果将施加于线性系统的信号分解，而且每个分量作用于系统产生的响应更易于求解，那么，根据叠加原理，将这些响应取和即可得到原激励信号引起的响应。卷积（Convolution）方法的原理就是将信号分解为冲激信号之和，借助系统的冲激响应，从而求解系统对任意激励信号的零状态响应。

如图 3.3a 所示，任意信号 $x(t)$ 都可分解成一系列冲激信号序列，即

$$x(t)=\lim_{\Delta\tau\to0}\sum_{n=-\infty}^{\infty}x(n\Delta\tau)\delta(t-n\Delta\tau)\Delta\tau=\int_{-\infty}^{\infty}x(\tau)\delta(t-\tau)d\tau$$

LTI 系统在 $t=n\Delta\tau$ 时刻加入的冲激信号的响应应是 $x(n\Delta\tau)\Delta\tau h(t-n\Delta\tau)$，如图 3.3d 所示。显然在信号作用下，系统的响应应为所有冲激响应的总和，即

$$y_{zs}(t)=\lim_{\Delta\tau\to0}\sum_{n=-\infty}^{\infty}x(n\Delta\tau)h(t-n\Delta\tau)\Delta\tau=\int_{-\infty}^{\infty}x(\tau)h(t-\tau)d\tau$$

记为

$$y_{zs}(t)=\int_{-\infty}^{\infty}x(\tau)h(t-\tau)d\tau \tag{3.9}$$

式中，τ 为虚设积分变量，式（3.9）的积分运算称为卷积积分，记作

$$y_{zs}(t)=x(t)*h(t) \tag{3.10}$$

图 3.3e 给出各冲激响应叠加的结果。式（3.10）表明，系统对于输入信号 $x(t)$ 的零状态响应 $y_{zs}(t)$，即是信号 $x(t)$ 与系统的冲激响应 $h(t)$ 的卷积积分。换句话说，系统的零状态响应可以通过求输入信号 $x(t)$ 与系统冲激响应 $h(t)$ 的卷积积分来获得。

若系统为因果系统，即 $h(t)=0$，$t<0$；而且输入信号为因果信号，即 $x(t)=0$，$t<0$。式（3.10）可写成

$$y_{zs}(t)=\int_0^t x(\tau)h(t-\tau)d\tau$$

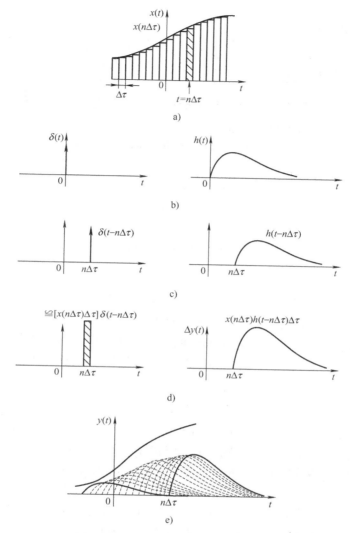

图 3.3　系统对任意信号 $x(t)$ 的响应

【例 3.5】　已知一 LTI 系统的冲激响应 $h(t) = e^{-at}u(t)$，输入为 $x(t) = u(t)$，试求零状态响应 $y_{zs}(t)$。

解：将已知 $x(t)$ 和 $h(t)$ 代入式(3.10)，则

$$y_{zs}(t) = x(t) * h(t) = \int_{-\infty}^{\infty} u(\tau) e^{-a(t-\tau)} u(t-\tau) \mathrm{d}\tau$$

式中，积分变量为 τ。由于

$$u(\tau) = \begin{cases} 1, & \tau > 0 \\ 0, & \tau < 0 \end{cases}, \quad u(t-\tau) = \begin{cases} 1, & \tau < t \\ 0, & \tau > t \end{cases}$$

所以积分限应为 $0 < \tau < t$，故

$$y_{zs}(t) = \int_{0}^{t} e^{-a(t-\tau)} \mathrm{d}\tau = \frac{1}{a}(1 - e^{-at}) u(t)$$

3.2 系统的频域分析

3.2.1 系统频率响应的定义

根据式(3.1)用常系数线性微分方程来描述一个LTI连续时间系统，当系统为零状态时，由傅里叶变换及其性质可得

$$[a_n(j\omega)^n + \cdots + a_1(j\omega) + a_0]Y(j\omega) = [b_m(j\omega)^m + \cdots + b_1(j\omega) + b_0]X(j\omega)$$

令

$$H(j\omega) = \frac{b_m(j\omega)^m + b_{m-1}(j\omega)^{m-1} + \cdots + b_1(j\omega) + b_0}{a_n(j\omega)^n + a_{n-1}(j\omega)^{n-1} + \cdots + a_1(j\omega) + a_0}$$

则有

$$Y(j\omega) = H(j\omega)X(j\omega) \tag{3.11}$$

即

$$H(j\omega) = \frac{Y(j\omega)}{X(j\omega)} \tag{3.12}$$

$H(j\omega)$ 称为系统的频率响应特性，简称系统频率响应或频率特性。$H(j\omega)$ 只与频率有关，而与时间无关。频率特性和系统的稳定性有关，系统的稳定性条件是系统频率响应存在的充分条件，只有对稳定的系统研究其频率响应才有意义。系统频率响应 $H(j\omega)$ 一般是 ω 的复函数，可以表示为

$$H(j\omega) = |H(j\omega)|e^{j\varphi(\omega)} \tag{3.13}$$

$|H(j\omega)|$ 称为系统的幅频响应特性，简称幅频响应或幅频特性，是 ω 的偶函数；$\varphi(\omega)$ 称为系统的相频响应特性，简称相频响应或相频特性，是 ω 的奇函数。

当系统的激励为冲激信号 $\delta(t)$，系统的零状态响应即为冲激响应 $h(t)$，即 $x(t) = \delta(t) \rightarrow y(t) = h(t)$。

令 $h(t)$ 的傅里叶变换为 $H(j\omega)$，对任意激励 $x(t)$ 都有响应 $y(t) = h(t) * x(t)$，根据傅里叶变换的时域卷积积分性质有 $Y(j\omega) = H(j\omega) \cdot X(j\omega)$。

因此，系统频率响应是系统冲激响应的傅里叶变换，$h(t)$ 和 $H(j\omega)$ 从时域和频域两个方面表征了同一系统的特性。

【例3.6】 已知一个LTI因果系统的单位冲激响应为 $h(t) = (e^{-t} - e^{-2t})u(t)$，试求该系统的频率响应 $H(j\omega)$。

解：因为 $\displaystyle\int_{-\infty}^{\infty} |h(\tau)| d\tau = \int_0^{\infty} |e^{-\tau} - e^{-2\tau}| d\tau < \infty$，所以系统稳定。则系统的频率响应为

$$H(j\omega) = \int_{-\infty}^{\infty} h(\tau)e^{-j\omega\tau} d\tau = \int_0^{\infty} (e^{-\tau} - e^{-2\tau})e^{-j\omega\tau} d\tau$$

$$= \frac{1}{1+j\omega} - \frac{1}{2+j\omega} = \frac{1}{-\omega^2 + 2 + j3\omega}$$

幅频特性与相频特性如图3.4所示。

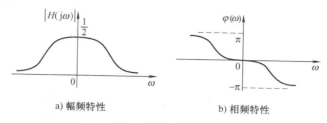

a) 幅频特性　　　　　　b) 相频特性

图 3.4 【例 3.6】的频率特性

【例 3.7】 已知一个零状态 LTI 系统由下列微分方程表征：

$$\frac{\mathrm{d}^3 y(t)}{\mathrm{d}t^3} + 10\frac{\mathrm{d}^2 y(t)}{\mathrm{d}t^2} + 8\frac{\mathrm{d}y(t)}{\mathrm{d}t} + 5y(t) = 13\frac{\mathrm{d}x(t)}{\mathrm{d}t} + 7x(t)$$

试求该系统的频率响应 $H(\mathrm{j}\omega)$。

解： 对上式两边取傅里叶变换，得

$$\left[(\mathrm{j}\omega)^3 + 10(\mathrm{j}\omega)^2 + 8(\mathrm{j}\omega) + 5\right]Y(\mathrm{j}\omega) = \left[13(\mathrm{j}\omega) + 7\right]X(\mathrm{j}\omega)$$

所以系统的频率响应为

$$H(\mathrm{j}\omega) = \frac{Y(\mathrm{j}\omega)}{X(\mathrm{j}\omega)} = \frac{13\mathrm{j}\omega + 7}{(\mathrm{j}\omega)^3 + 10(\mathrm{j}\omega)^2 + 8\mathrm{j}\omega + 5} = \frac{7 + 13\omega\mathrm{j}}{-10\omega^2 + 5 + 8\omega\mathrm{j} - \omega^3\mathrm{j}}$$

3.2.2　系统频率响应与零状态响应

在 3.1.1 节微分方程的建立与求解中，经典法是一种纯数学方法，没有明确突出输入信号经过系统后产生系统响应的物理概念，因此选取另一角度来分析系统。在前面的分析中可知，系统的全响应不仅与输入信号有关，并且与系统初始状态有关，这时可将系统的初始状态也看作是一种输入激励，这样根据系统的线性性质，系统全响应可看作是初始状态与输入信号作为引起响应的两种因素通过系统后分别产生的响应的叠加。此时系统全响应就变成：全响应 = 零输入响应 + 零状态响应，即

$$y(t) = y_{\mathrm{zi}}(t) + y_{\mathrm{zs}}(t) \tag{3.14}$$

零输入响应 $y_{\mathrm{zi}}(t)$ 是指没有外加输入信号的作用，仅由系统初始储能所引起的响应。因而其解是系统微分方程对应的齐次方程的解，它的形式为

$$y_{\mathrm{zi}}(t) = \sum_{i=1}^{n-r} C_i \mathrm{e}^{\lambda_i t} + \sum_{i=n-r+1}^{n} C_i t^{n-i} \mathrm{e}^{\lambda_0 t} \tag{3.15}$$

式中，λ_0 为 r 阶重根；λ_i 为 $(n-r)$ 个单根，$\lambda_1 \neq \lambda_2 \neq \cdots \neq \lambda_{n-r}$；$C_i$ 为待定系数，仅由系统的零输入响应的初始条件决定。

零状态响应 $y_{\mathrm{zs}}(t)$ 是仅由输入信号单独作用于系统产生的响应，是零初始条件下非齐次微分方程的全解。它包括两部分，其一般形式为

$$y_{\mathrm{zs}}(t) = \sum_{i=1}^{n-r} D_i \mathrm{e}^{\lambda_i t} + \sum_{i=n-r+1}^{n} D_i t^{n-i} \mathrm{e}^{\lambda_0 t} + y_{\mathrm{f}}(t) \tag{3.16}$$

式中，λ_0 为 r 阶重根；λ_i 为 $(n-r)$ 个单根，$\lambda_1 \neq \lambda_2 \neq \cdots \neq \lambda_{n-r}$；$D_i$ 为待定系数，确定方法与式 (3.15) 相同，由系统的零状态响应的初始条件决定。

系统的频率响应就是系统在单位冲激信号作用下的零状态响应的傅里叶变换，它从频域的角度描述系统的特性。

3.2.3 正弦稳态响应

系统频率响应只与系统本身的特性有关，而与激励无关，是表征系统特性的一个重要参数。因此，系统频率响应用于求解系统的正弦稳态响应是非常方便的。

在某一输入信号的作用下，时间趋于无穷大时系统的输出状态称为稳态。稳态响应是指当足够长的时间之后，系统对于固定的输入有一个较为稳定的输出。如果输入为正弦信号，时间趋于无穷大时系统的输出称为正弦稳态响应。系统中很多元器件的各种信号值是在不停变化的，当给定一个时间或者具体条件，可以求出当时系统的暂态响应。区别于稳态响应，暂态响应随着时间趋于无穷会变得越来越小，直至最终消失。暂态响应最终消失的充分条件是系统稳定。

设一个 LTI 稳定系统的单位冲激响应为 $h(t)$，它对简谐振荡信号 $\mathrm{e}^{\mathrm{j}\omega t}$ 的响应为

$$y(t) = \mathrm{e}^{\mathrm{j}\omega t} * h(t) = \int_{-\infty}^{\infty} h(\tau)\mathrm{e}^{\mathrm{j}\omega(t-\tau)}\mathrm{d}\tau = \mathrm{e}^{\mathrm{j}\omega t}\int_{-\infty}^{\infty} h(\tau)\mathrm{e}^{-\mathrm{j}\omega\tau}\mathrm{d}\tau = \mathrm{e}^{\mathrm{j}\omega t}H(\mathrm{j}\omega)$$

$$(3.17)$$

简化式(3.17)，进一步写成

$$y_{\mathrm{ss}}(t) = \mathrm{e}^{\mathrm{j}\omega t}H(\mathrm{j}\omega) \tag{3.18}$$

因此，当系统输入为 $\mathrm{e}^{\mathrm{j}k\omega_0 t}$ 时，系统的输出为 $\mathrm{e}^{\mathrm{j}k\omega_0 t}H(\mathrm{j}k\omega_0)$；当系统输入为 $x(t) = \sum\limits_{k=-\infty}^{\infty} X_k\mathrm{e}^{\mathrm{j}k\omega_0 t}$ 时，系统的输出为

$$y_{\mathrm{ss}}(t) = \sum_{k=-\infty}^{\infty} X_k\mathrm{e}^{\mathrm{j}k\omega_0 t}H(\mathrm{j}k\omega_0) \tag{3.19}$$

【例 3.8】 一个 LTI 系统的频率响应为 $H(\mathrm{j}\omega) = \dfrac{1}{1+\mathrm{j}2}$，求该系统对信号 $x(t) = 3\cos(2t+1)$ 的稳态响应 $y_{\mathrm{ss}}(t)$。

解： 因为

$$H(\mathrm{j}\omega) = \frac{1}{1+\mathrm{j}2}$$

所以

$$|H(\mathrm{j}\omega)|\angle\varphi(\omega) = \frac{1}{\sqrt{5}}\angle(-\arctan 2)$$

根据欧拉公式，得

$$x(t) = 3\cos(2t+1) = \frac{3}{2}\mathrm{e}^{\mathrm{j}(2t+1)} + \frac{3}{2}\mathrm{e}^{-\mathrm{j}(2t+1)}$$

所以

$$y_{\mathrm{ss}}(t) = \frac{3}{2}\mathrm{e}^{\mathrm{j}(2t+1)}H(\mathrm{j}2) + \frac{3}{2}\mathrm{e}^{-\mathrm{j}(2t+1)}H(-\mathrm{j}2)$$

$$= \frac{3}{2}\mathrm{e}^{\mathrm{j}(2t+1)}\frac{1}{1+\mathrm{j}2} + \frac{3}{2}\mathrm{e}^{-\mathrm{j}(2t+1)}\frac{1}{1-\mathrm{j}2}$$

$$= \frac{3}{2}\mathrm{e}^{\mathrm{j}(2t+1)}\frac{1}{\sqrt{5}}\mathrm{e}^{-\mathrm{j}\arctan 2} + \frac{3}{2}\mathrm{e}^{-\mathrm{j}(2t+1)}\frac{1}{\sqrt{5}}\mathrm{e}^{\mathrm{j}\arctan 2}$$

$$= \frac{3}{2\sqrt{5}} e^{j(2t+1-\arctan 2)} + \frac{3}{2\sqrt{5}} e^{-j(2t+1-\arctan 2)}$$

$$= \frac{3}{\sqrt{5}} \cos(2t+1-\arctan 2)$$

当一个正弦信号或者余弦信号通过 LTI 系统时，若已知系统的频率特性为 $H(j\omega) = |H(j\omega)| \angle \varphi(\omega)$，则输出稳态响应的幅值将增大为原来的 $|H(j\omega)|$ 倍，相位将增加 $\angle \varphi(\omega)$ 角度。

3.3　拉普拉斯变换

3.3.1　拉普拉斯变换的定义及收敛域

1. 从傅里叶变换到拉普拉斯变换

（1）拉普拉斯变换

信号 $x(t)$ 乘以衰减因子 $e^{-\sigma t}$（σ 为任意实数）后容易满足绝对可积条件，依傅里叶变换定义有

$$X(j\omega) = \mathscr{F}\{x(t) \cdot e^{-\sigma t}\} = \int_{-\infty}^{+\infty} [x(t) e^{-\sigma t}] e^{-j\omega t} dt$$

$$= \int_{-\infty}^{+\infty} x(t) e^{-(\sigma + j\omega)t} dt = X(\sigma + j\omega) \tag{3.20}$$

令 $\sigma + j\omega = s$，s 具有频率的量纲，称为复频率，则

$$X(s) = \int_{-\infty}^{\infty} x(t) e^{-st} dt \tag{3.21}$$

式（3.21）称为拉普拉斯变换，它将时域信号 $x(t)$ 变换为 s 域信号 $X(s)$。

（2）拉普拉斯反变换

对于 $x(t) e^{-\sigma t}$ 是 $X(\sigma + j\omega)$ 的傅里叶反变换，有

$$x(t) e^{-\sigma t} = \frac{1}{2\pi} \int_{-\infty}^{\infty} X(\sigma + j\omega) e^{j\omega t} d\omega \tag{3.22}$$

两边同时乘以 $e^{\sigma t}$ 有

$$x(t) = \frac{1}{2\pi} \int_{-\infty}^{\infty} X(\sigma + j\omega) e^{(\sigma + j\omega)t} d\omega \tag{3.23}$$

由于 $s = \sigma + j\omega$，若 σ 取常数，则 $ds = jd\omega$，分析并确定积分限，对 $\omega : \int_{-\infty}^{\infty} \Rightarrow$ 对 $s : \int_{\sigma - j\infty}^{\sigma + j\infty}$，所以得到

$$x(t) = \frac{1}{2\pi j} \int_{\sigma - j\infty}^{\sigma + j\infty} X(s) e^{st} ds \tag{3.24}$$

式（3.24）称为拉普拉斯反变换，它将 s 域信号 $X(s)$ 变换为时域信号 $x(t)$。

（3）拉普拉斯变换对

将式（3.21）和式（3.24）组合在一起就构成了拉普拉斯变换对，即

$$\begin{cases} X(s) = \mathscr{L}\{x(t)\} = \int_{-\infty}^{\infty} x(t) e^{-st} dt & \text{正变换} \\ x(t) = \mathscr{L}^{-1}\{X(s)\} = \dfrac{1}{2\pi j} \int_{\sigma-j\infty}^{\sigma+j\infty} X(s) e^{st} ds & \text{逆变换} \end{cases}$$

记作 $x(t) \overset{\mathscr{L}}{\longleftrightarrow} X(s)$，$x(t)$ 称为原函数，$X(s)$ 称为象函数。

考虑到实际信号都是因果信号，所以

$$X(j\omega) = \int_0^\infty x(t) e^{-j\omega t} dt$$

采用 0^- 系统，相应的单边拉普拉斯变换为

$$\begin{cases} X(s) = \mathscr{L}\{x(t)\} = \int_{0^-}^{\infty} x(t) e^{-st} dt \\ x(t) = \mathscr{L}^{-1}\{X(s)\} = \dfrac{1}{2\pi j} \int_{\sigma-j\infty}^{\sigma+j\infty} X(s) e^{st} ds \end{cases} \tag{3.25}$$

一般来讲，实际存在的信号都有起始作用时间，因此如不特别指出，一般提到求信号或系统的拉普拉斯变换均指单边拉普拉斯变换，而且都采用 0^- 系统。

2. 拉普拉斯变换的收敛域

使 $X(s)$ 存在的 s 的区域称为收敛域（Region Of Convergence，ROC），如图 3.5 所示。收敛域实际上就是拉普拉斯变换存在的条件，即

$$\lim_{t \to \infty} x(t) e^{-\sigma t} = 0, \quad \sigma > \sigma_0$$

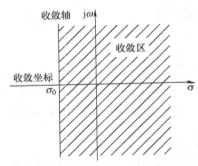

图 3.5 拉普拉斯变换的收敛域

3. 一些常用函数的拉普拉斯变换

（1）阶跃函数

$$\mathscr{L}\{u(t)\} = \int_0^\infty 1 \cdot e^{-st} dt = \frac{1}{-s} e^{-st} \Big|_0^\infty = \frac{1}{s}$$

（2）指数函数

$$\mathscr{L}\{e^{-\alpha t}\} = \int_0^\infty e^{-\alpha t} e^{-st} dt = \frac{e^{-(\alpha+s)t}}{-(\alpha+s)} \Big|_0^\infty = \frac{1}{\alpha+s}$$

（3）单位冲激信号

$$\mathscr{L}\{\delta(t)\} = \int_0^\infty \delta(t) \cdot e^{-st} dt = 1, \text{全 } s \text{ 域平面收敛}$$

$$\mathscr{L}\{\delta(t-t_0)\} = \int_0^\infty \delta(t-t_0) \cdot e^{-st} dt = e^{-st_0}$$

（4）正弦信号 $\sin(\omega t)$，$t \geq 0$

$$\mathscr{L}\{\sin(\omega t)\} = \int_0^\infty \sin(\omega t) e^{-st} dt = \frac{1}{2j} \int_0^\infty (e^{j\omega t} - e^{-j\omega t}) e^{-st} dt$$

$$= \frac{1}{2j} \int_0^\infty [e^{-(s-j\omega)t} - e^{-(s+j\omega)t}] dt = \frac{1}{2j} \left(\frac{1}{s-j\omega} - \frac{1}{s+j\omega} \right)$$

$$= \frac{\omega}{s^2 + \omega^2}$$

（5）余弦信号 $\cos(\omega t)$，$t \geqslant 0$

$$\mathcal{L}\{\cos(\omega t)\} = \int_0^\infty \cos(\omega t) \mathrm{e}^{-st}\mathrm{d}t = \frac{1}{2}\int_0^\infty (\mathrm{e}^{\mathrm{j}\omega t} + \mathrm{e}^{-\mathrm{j}\omega t})\mathrm{e}^{-st}\mathrm{d}t$$

$$= \frac{1}{2}\int_0^\infty [\mathrm{e}^{-(s-\mathrm{j}\omega)t} + \mathrm{e}^{-(s+\mathrm{j}\omega)t}]\mathrm{d}t = \frac{1}{2}\left(\frac{1}{s-\mathrm{j}\omega} + \frac{1}{s+\mathrm{j}\omega}\right)$$

$$= \frac{s}{s^2 + \omega^2}$$

3.3.2 拉普拉斯变换的性质

拉普拉斯变换的性质，反映了时域和复频域的关系，掌握这些性质对于掌握复频域分析方法十分重要。学习它们时，要注意与傅里叶变换的性质进行对比，比较相同点和不同点。

1. 时移（延时）特性

若 $x(t) \overset{\mathcal{L}}{\longleftrightarrow} X(s)$，$\mathrm{Re}[s] > \sigma_c$，则

$$x(t-t_0)u(t-t_0) \overset{\mathcal{L}}{\longleftrightarrow} X(s)\mathrm{e}^{-st_0}，\mathrm{Re}[s] > \sigma_c \tag{3.26}$$

式中，$t_0 > 0$。

【例3.9】 求矩形脉冲信号 $x(t) = G_\tau\left(t-\frac{\tau}{2}\right) = \begin{cases} 1, & 0 < t < \tau \\ 0, & 其余 \end{cases}$ 的拉普拉斯变换。

解： 由于 $x(t) = G_\tau\left(t-\frac{\tau}{2}\right) = u(t) - u(t-\tau)$

利用拉普拉斯变换对 $u(t) \overset{\mathcal{L}}{\longleftrightarrow} \frac{1}{s}$，再根据时移特性，得

$$u(t-\tau) \overset{\mathcal{L}}{\longleftrightarrow} \frac{1}{s}\mathrm{e}^{-s\tau}$$

所以

$$G_\tau\left(t-\frac{\tau}{2}\right) = u(t) - u(t-\tau) \overset{\mathcal{L}}{\longleftrightarrow} \frac{1-\mathrm{e}^{-s\tau}}{s}$$

2. 复频移特性

若 $x(t) \overset{\mathcal{L}}{\longleftrightarrow} X(s)$，$\mathrm{Re}[s] > \sigma_c$，则

$$x(t)\mathrm{e}^{s_0 t} \overset{\mathcal{L}}{\longleftrightarrow} X(s-s_0)，\mathrm{Re}[s] > \sigma_c + \sigma_0 \tag{3.27}$$

式中，$s_0 = \sigma_0 + \mathrm{j}\omega_0$ 为常数。

【例3.10】 求 $\mathrm{e}^{at}\sin(\omega_0 t)u(t)$ 的拉普拉斯变换。

解： 利用拉普拉斯变换对

$$\sin(\omega_0 t)u(t) \overset{\mathcal{L}}{\longleftrightarrow} \frac{\omega_0}{s^2 + \omega_0^2}，\mathrm{Re}[s] > 0 \tag{3.28}$$

所以

$$\mathrm{e}^{at}\sin(\omega_0 t)u(t) \overset{\mathcal{L}}{\longleftrightarrow} \frac{\omega_0}{(s-a)^2 + \omega_0^2}，\mathrm{Re}[s] > a \tag{3.29}$$

同理可得

$$\mathrm{e}^{at}\cos(\omega_0 t)u(t) \overset{\mathcal{L}}{\longleftrightarrow} \frac{s-a}{(s-a)^2 + \omega_0^2}，\mathrm{Re}[s] > a \tag{3.30}$$

3. 展缩特性

若 $x(t) \xleftarrow{\mathscr{L}} X(s)$，$\text{Re}[s] > \sigma_c$，则

$$x(at) \xleftarrow{\mathscr{L}} \frac{1}{a} X\left(\frac{s}{a}\right), \text{Re}[s] > a\sigma_c \tag{3.31}$$

式中，$a > 0$ 为实常数。

如果时域既时移又变换时间尺度，可以得到

$$x(at+b)u(at+b) \xleftarrow{\mathscr{L}} \frac{1}{a} e^{\frac{b}{a}s} X\left(\frac{s}{a}\right), \text{Re}[s] > a\sigma_c \tag{3.32}$$

4. 时域微分特性

若 $x(t) \xleftarrow{\mathscr{L}} X(s)$，$\text{Re}[s] > \sigma_c$，则

$$x'(t) \xleftarrow{\mathscr{L}} sX(s) - x(0^-), \text{Re}[s] > \sigma_c \tag{3.33}$$

若反复应用式(3.33)，可以得到 $x(t)$ 高阶导数的拉普拉斯变换。例如，

$$x''(t) \xleftarrow{\mathscr{L}} s[sX(s) - x(0^-)] - x'(0^-) \tag{3.34}$$

$$= s^2 X(s) - sx(0^-) - x'(0^-)$$

$$x^{(n)}(t) \xleftarrow{\mathscr{L}} s^n X(s) - s^{n-1}x(0^-) - s^{n-2}x'(0^-) - \cdots - x^{(n-1)}(0^-) \tag{3.35}$$

式中，$x^{(n-1)}(0^-)$ 是指 $\dfrac{d^{n-1}}{dt^{n-1}}x(t)$ 在 $t = 0^-$ 时刻的取值。

显然，当 $x(t)$ 为因果信号时，微分特性有更简洁的形式如下：

$$x^{(n)}(t) \xleftarrow{\mathscr{L}} s^n X(s) \tag{3.36}$$

5. 时域卷积定理

若 $x_1(t)$、$x_2(t)$ 为因果信号，且 $x_1(t) \xleftarrow{\mathscr{L}} X_1(s)$，$x_2(t) \xleftarrow{\mathscr{L}} X_2(s)$，则

$$x_1(t) * x_2(t) \xleftarrow{\mathscr{L}} X_1(s) \cdot X_2(s) \tag{3.37}$$

收敛域至少为二者的公共部分。

【例 3.11】 已知某 LTI 系统的单位冲激响应 $h(t) = e^{-2t}u(t)$，求输入 $x(t) = u(t)$ 时的零状态响应 $y_{zs}(t)$。

解：由于系统的零状态响应 $y_{zs}(t) = x(t) * h(t)$，根据卷积定理有

$$Y_{zs}(s) = X(s)H(s)$$

因为

$$x(t) = u(t) \xleftarrow{\mathscr{L}} X(s) = \frac{1}{s}$$

$$h(t) = e^{-2t}u(t) \xleftarrow{\mathscr{L}} H(s) = \frac{1}{s+2}$$

所以

$$Y_{zs}(s) = X(s)H(s) = \frac{1}{s(s+2)} = \frac{1}{2s} - \frac{1}{2(s+2)}$$

$$y_{zs}(t) = \frac{1}{2}u(t) - \frac{1}{2}e^{-2t}u(t)$$

上面介绍了拉普拉斯变换的几个主要性质，更多的单边拉普拉斯变换性质见表 3.3。

表 3.3　拉普拉斯变换的性质

性 质 名 称	表 达 式
线性	$ax(t) + by(t) \xleftrightarrow{\mathscr{L}} aX(s) + bY(s)$
时移特性	$x(t-t_0)u(t-t_0) \xleftrightarrow{\mathscr{L}} X(s)\mathrm{e}^{-st_0}$
时域展缩特性	$x(at) \xleftrightarrow{\mathscr{L}} \dfrac{1}{a}X\left(\dfrac{s}{a}\right),\ \mathrm{Re}[s] > a\sigma_c$
复频移特性	$x(t)\mathrm{e}^{s_0 t} \xleftrightarrow{\mathscr{L}} X(s-s_0),\ \mathrm{Re}[s] > \sigma_c + \sigma_0$
时域微分特性	$x'(t) \xleftrightarrow{\mathscr{L}} sX(s) - x(0^-)$ $x''(t) \xleftrightarrow{\mathscr{L}} s^2 X(s) - sx(0^-) - x'(0^-)$ $x^{(n)}(t) \xleftrightarrow{\mathscr{L}} s^n X(s) - s^{n-1}x(0^-) - s^{n-2}x'(0^-) - \cdots - x^{(n-1)}(0^-)$
时域积分特性	$\displaystyle\int_{-\infty}^{t} x(\tau)\mathrm{d}\tau \xleftrightarrow{\mathscr{L}} \dfrac{X(s)}{s} + \dfrac{1}{s}x^{(-1)}(0^-),\ x^{(-1)}(0^-) = \int_{-\infty}^{0^-} x(\tau)\mathrm{d}\tau$
复频域微分	$-tx(t) \xleftrightarrow{\mathscr{L}} \dfrac{\mathrm{d}}{\mathrm{d}s}X(s)$
复频域积分	$\dfrac{x(t)}{t} \xleftrightarrow{\mathscr{L}} \displaystyle\int_{s}^{\infty} X(s)\mathrm{d}s$
卷积特性	$x_1(t) * x_2(t) \xleftrightarrow{\mathscr{L}} X_1(s) \cdot X_2(s)$ $x_1(t) \cdot x_2(t) \xleftrightarrow{\mathscr{L}} \dfrac{1}{2\pi\mathrm{j}}X_1(s) * X_2(s)$
初值定理	若 $x(t)$ 在 $t=0$ 处不包含冲激信号及其各阶导数，则 $x(0^+) = \lim\limits_{t \to 0^+} x(t) = \lim\limits_{s \to \infty} sX(s)$
终值定理	若 $sX(s)$ 的收敛域包含虚轴，则 $\lim\limits_{t \to \infty} x(t) = \lim\limits_{s \to 0} sX(s)$

利用拉普拉斯变换的性质，可以推导出更多的拉普拉斯变换对，见表 3.4。

表 3.4　常用拉普拉斯变换对

$x(t)$	$X(s)$	ROC	$x(t)$	$X(s)$	ROC
$\delta(t)$	1	全部 s	$\mathrm{e}^{-at}u(t)$	$\dfrac{1}{s+a}$	$\mathrm{Re}[s] > -a$
$\delta(t-t_0),\ t_0 > 0$	e^{-st_0}	全部 s	$t\mathrm{e}^{-at}u(t)$	$\dfrac{1}{(s+a)^2}$	$\mathrm{Re}[s] > -a$
$\delta^{(n)}(t)$	s^n	全部 s	$\dfrac{1}{n!}t^n\mathrm{e}^{-at}u(t)$	$\dfrac{1}{(s+a)^{n+1}}$	$\mathrm{Re}[s] > -a$
$u(t)$	$\dfrac{1}{s}$	$\mathrm{Re}[s] > 0$	$\sin(\omega_0 t)u(t)$	$\dfrac{\omega_0}{s^2 + \omega_0^2}$	$\mathrm{Re}[s] > 0$
$u(t-t_0),\ t_0 > 0$	$\dfrac{1}{s}\mathrm{e}^{-st_0}$	$\mathrm{Re}[s] > 0$	$\cos(\omega_0 t)u(t)$	$\dfrac{s}{s^2 + \omega_0^2}$	$\mathrm{Re}[s] > 0$
$tu(t)$	$\dfrac{1}{s^2}$	$\mathrm{Re}[s] > 0$	$\mathrm{e}^{-at}\sin(\omega_0 t)u(t)$	$\dfrac{\omega_0}{(s+a)^2 + \omega_0^2}$	$\mathrm{Re}[s] > -a$
$t^n u(t)$	$\dfrac{n!}{s^{n+1}}$	$\mathrm{Re}[s] > 0$	$\mathrm{e}^{-at}\cos(\omega_0 t)u(t)$	$\dfrac{s+a}{(s+a)^2 + \omega_0^2}$	$\mathrm{Re}[s] > -a$

3.3.3 拉普拉斯反变换

对于单边拉普拉斯变换，由式（3.25）可知，象函数 $X(s)$ 的拉普拉斯反变换为

$$x(t) = \frac{1}{2\pi j} \int_{\sigma-j\infty}^{\sigma+j\infty} X(s) e^{st} ds, \quad t > 0^- \tag{3.38}$$

上述积分可以用复变函数积分中的留数定理求得，在这里不详细介绍这种方法。下面介绍更为简便的求拉普拉斯反变换的方法。

1. 利用拉普拉斯变换性质求解

如果象函数 $X(s)$ 是一些比较简单的函数，可以利用常用的拉普拉斯变换对，并借助拉普拉斯变换的性质，求出 $x(t)$。

【例 3.12】 已知 $X(s) = 2 + \dfrac{s+2}{(s+2)^2+4}$，求其拉普拉斯反变换 $x(t)$。

解： 由于

$$\delta(t) \overset{\mathscr{L}}{\longleftrightarrow} 1$$

$$\cos(2t)u(t) \overset{\mathscr{L}}{\longleftrightarrow} \frac{s}{s^2+2^2}$$

根据复频移特性有

$$e^{-2t}\cos(2t)u(t) \overset{\mathscr{L}}{\longleftrightarrow} \frac{s+2}{(s+2)^2+2^2}$$

所以

$$x(t) = 2\delta(t) + e^{-2t}\cos(2t)u(t)$$

【例 3.13】 求 $X(s) = \dfrac{1}{s^3}(1 - e^{-st_0})$ 的拉普拉斯反变换 $x(t)$，$t_0 > 0$。

解：

$$X(s) = \frac{1}{s^3}(1 - e^{-st_0}) = \frac{1}{s^3} - \frac{1}{s^3}e^{-st_0}$$

由于

$$\frac{1}{2}t^2 u(t) \overset{\mathscr{L}}{\longleftrightarrow} \frac{1}{s^3}$$

利用复频移特性有

$$\frac{1}{2}(t-t_0)^2 u(t-t_0) \overset{\mathscr{L}}{\longleftrightarrow} \frac{1}{s^3}e^{st_0}$$

所以

$$x(t) = \frac{1}{2}t^2 u(t) - \frac{1}{2}(t-t_0)^2 u(t-t_0)$$

2. 部分分式展开法

如果象函数 $X(s)$ 是 s 的有理分式，不妨设为

$$X(s) = \frac{B(s)}{A(s)} = \frac{b_m s^m + b_{m-1}s^{m-1} + \cdots + b_1 s + b_0}{a_n s^n + a_{n-1}s^{n-1} + \cdots + a_1 s + a_0} \tag{3.39}$$

若 $m < n$，即 $X(s)$ 为有理真分式，其分母多项式 $A(s)$ 称为 $X(s)$ 的特征多项式，方程 $A(s) = 0$ 称为特征方程，它的根 $\lambda_i (i = 1, 2, \cdots, n)$ 称为特征根（或极点），也称为 $X(s)$ 的固有频率（或自然频率）。

对 $X(s)$ 进行部分分式展开，展成若干项 $\dfrac{1}{s - \lambda_i}$ 或 $\dfrac{1}{(s - \lambda_i)^k}$ 的线性组合，再利用常用的拉普拉斯变换对求出 $x(t)$。

【例3.14】　求 $X(s) = \dfrac{3s^3 + 8s^2 + 7s + 1}{s^2 + 3s + 2}$ 的拉普拉斯反变换。

解：因为 $X(s)$ 不是真分式，应先将其化为真分式，即

$$X(s) = 3s - 1 + \frac{4s + 3}{s^2 + 3s + 2} = 3s - 1 + X_1(s)$$

$$X_1(s) = \frac{4s + 3}{s^2 + 3s + 2} = \frac{4s + 3}{(s + 2)(s + 1)} = \frac{K_1}{s + 2} + \frac{K_2}{s + 1}$$

$$K_1 = (s + 2)X_1(s) \big|_{s = -2} = 5$$

$$K_2 = (s + 1)X_1(s) \big|_{s = -1} = -1$$

则

$$X(s) = 3s - 1 + \frac{5}{s + 2} - \frac{1}{s + 1}$$

所以

$$x(t) = 3\delta'(t) - \delta(t) + 5e^{-2t}u(t) - e^{-t}u(t)$$

【例3.15】　求 $X(s) = \dfrac{2s^2 + 3s + 3}{(s + 1)(s + 3)^3}$ 的拉普拉斯反变换。

解：

$$X(s) = \frac{A}{s + 1} + \frac{B}{(s + 3)^3} + \frac{C}{(s + 3)^2} + \frac{D}{s + 3}$$

其中，

$$A = (s + 1)X(s) \big|_{s = -1} = \frac{1}{4}$$

$$B = (s + 3)^3 X(s) \big|_{s = -3} = -6$$

$$C = \frac{d}{ds}[(s + 3)^3 X(s)] \bigg|_{s = -3} = \frac{3}{2}$$

$$D = \frac{1}{2!}\frac{d^2}{ds^2}[(s + 3)^3 X(s)] \bigg|_{s = -3} = -\frac{1}{4}$$

则

$$X(s) = \frac{1/4}{s + 1} + \frac{-6}{(s + 3)^3} + \frac{3/2}{(s + 3)^2} + \frac{-1/4}{s + 3}$$

所以

$$x(t) = \frac{1}{4}e^{-t}u(t) + \left(-3t^2 + \frac{3}{2}t - \frac{1}{4}\right)e^{-3t}u(t)$$

【例 3.16】 求 $X(s) = \dfrac{3s+5}{s^2+2s+2}$ 的拉普拉斯反变换。

解：

$$X(s) = \frac{3s+5}{s^2+2s+2} = \frac{3(s+1)+2}{(s+1)^2+1} = \frac{3(s+1)}{(s+1)^2+1} + \frac{2}{(s+1)^2+1}$$

利用式(3.29) 和式(3.30) 可得

$$x(t) = (3\cos t + 2\sin t)\,e^{-t}u(t)$$

3.4 系统的复频域分析

拉普拉斯变换是分析 LTI 连续时间系统的有力数学工具，本节讨论运用拉普拉斯变换求解系统响应的一些问题。

3.4.1 微分方程的复频域求解

如前所述，描述 LTI 连续时间系统的是常系数线性微分方程，其一般形式如下：

$$a_n \frac{\mathrm{d}^n}{\mathrm{d}t^n}y(t) + a_{n-1}\frac{\mathrm{d}^{n-1}}{\mathrm{d}t^{n-1}}y(t) + \cdots + a_1 \frac{\mathrm{d}}{\mathrm{d}t}y(t) + a_0 y(t)$$

$$= b_m \frac{\mathrm{d}^m}{\mathrm{d}t^m}x(t) + b_{m-1}\frac{\mathrm{d}^{m-1}}{\mathrm{d}t^{m-1}}x(t) + \cdots + b_1 \frac{\mathrm{d}}{\mathrm{d}t}x(t) + b_0 x(t) \tag{3.40}$$

式中，各系数均为实数，设系统的初始状态为 $y(0^-)$，$y'(0^-)$，$\cdots$，$y^{(n-1)}(0^-)$。

求解系统响应的计算过程就是求解此微分方程。下面学习用拉普拉斯变换的方法求解微分方程。

令 $x(t) \xleftrightarrow{\mathscr{L}} X(s)$，$y(t) \xleftrightarrow{\mathscr{L}} Y(s)$，根据拉普拉斯变换的时域微分特性有

$$x^{(n)}(t) \xleftrightarrow{\mathscr{L}} s^n X(s) - s^{n-1}x(0^-) - s^{n-2}x'(0^-) - \cdots - x^{(n-1)}(0^-) \tag{3.41}$$

$$y^{(n)}(t) \xleftrightarrow{\mathscr{L}} s^n Y(s) - s^{n-1}y(0^-) - s^{n-2}y'(0^-) - \cdots - y^{(n-1)}(0^-) \tag{3.42}$$

若输入信号 $x(t)$ 为因果信号，则 $t = 0^-$ 时刻 $x(t)$ 及其各阶导数为零，所以

$$x^{(n)}(t) \xleftrightarrow{\mathscr{L}} s^n X(s) \tag{3.43}$$

这样，将式(3.40) 等号两边取拉普拉斯变换，就可以将描述 $y(t)$ 和 $x(t)$ 之间关系的微分方程变换为描述 $Y(s)$ 和 $X(s)$ 之间关系的代数方程，并且初始状态已自然地包含在其中，可直接得出系统的全响应解，求解步骤简明且有规律。

【例 3.17】 某 LTI 系统 $y''(t) + 3y'(t) + 2y(t) = 2x'(t) + x(t)$，输入信号 $x(t) = e^{-3t}u(t)$，初始状态 $y(0^-) = 1$，$y'(0^-) = 1$，求全响应。

解： 对原微分方程两边取拉普拉斯变换，可得

$$s^2 Y(s) - sy(0^-) - y'(0^-) + 3[sY(s) - y(0^-)] + 2Y(s) = 2sX(s) + X(s)$$

现将 $y(0^-) = 1$，$y'(0^-) = 1$，$X(s) = \dfrac{1}{s+3}$ 代入上式，得

$$(s^2 + 3s + 2)Y(s) - s - 4 = \frac{2s+1}{s+3}$$

$$Y(s) = \frac{s^2 + 9s + 13}{(s+1)(s+2)(s+3)} = \frac{5/2}{s+1} + \frac{1}{s+2} - \frac{5/2}{s+3}$$

求反变换得

$$y(t) = \frac{5}{2}e^{-t}u(t) + e^{-2t}u(t) - \frac{5}{2}e^{-3t}u(t)$$

这里，从 s 域的角度来研究全响应中的零输入响应与零状态响应、自然响应与强迫响应的问题。从系统原微分方程的拉普拉斯变换式可以得到

$$Y(s) = \frac{2s+1}{s^2+3s+2}X(s) + \frac{sy(0^-) + y'(0^-) + 3y(0^-)}{s^2+3s+2}$$

$$= \frac{2s+1}{s^2+3s+2}\frac{1}{s+3} + \frac{s+4}{s^2+3s+2}$$

$$= \underbrace{\frac{-1/2}{s+1} + \frac{3}{s+2} + \frac{-5/2}{s+3}}_{\text{零状态响应}Y_{zs}(s)} + \underbrace{\frac{3}{s+1} + \frac{-2}{s+2}}_{\text{零输入响应}Y_{zi}(s)}$$

$$= \underbrace{\frac{5/2}{s+1} + \frac{1}{s+2}}_{\text{自然响应}Y_n(s)} + \underbrace{\frac{-5/2}{s+3}}_{\text{强迫响应}Y_f(s)}$$

相应地

$$y(t) = \underbrace{-\frac{1}{2}e^{-t}u(t) + 3e^{-2t}u(t) - \frac{5}{2}e^{-3t}u(t)}_{\text{零状态响应}y_{zs}(t)} + \underbrace{3e^{-t}u(t) - 2e^{-2t}u(t)}_{\text{零输入响应}y_{zi}(t)}$$

$$= \underbrace{\frac{5}{2}e^{-t}u(t) + e^{-2t}u(t)}_{\text{自然响应}y_n(t)} - \underbrace{\frac{5}{2}e^{-3t}u(t)}_{\text{强迫响应}y_f(t)}$$

可见，$Y(s)$ 的极点由两部分组成，一部分是系统特征根形成的极点 -1、-2（称为自然频率或固有频率），构成系统自然响应 $y_n(t)$，另一部分是激励信号的象函数 $X(s)$ 的极点 -3，构成强迫响应 $y_f(t)$。所以说，自然响应 $y_n(t)$ 的函数形式由系统的特征根决定，强迫响应 $y_f(t)$ 的函数形式由激励信号决定。

3.4.2 系统函数

一个 LTI 连续时间系统的系统函数定义为系统的零状态响应的拉普拉斯变换与激励的拉普拉斯变换之比，它是该系统单位冲激响应的拉普拉斯变换。单位冲激响应 $h(t)$ 的含义是输入为 $\delta(t)$ 情况下的零状态响应，它反映了系统的固有性质，而 $H(s)$ 是从复频域的角度反映了系统的固有性质，与外界的输入无关。所以，谈及系统的性质时，就必须谈到 $H(s)$，$H(s)$ 是系统特性的完全描述。

$H(s)$ 的主要特征需由 $H(s)$ 的零极点和收敛域来决定。

如前所述，描述 LTI 连续时间系统的是常系数线性微分方程，其一般形式如下：

$$a_n \frac{\mathrm{d}^n}{\mathrm{d}t^n}y(t) + a_{n-1}\frac{\mathrm{d}^{n-1}}{\mathrm{d}t^{n-1}}y(t) + \cdots + a_1\frac{\mathrm{d}}{\mathrm{d}t}y(t) + a_0 y(t)$$

$$= b_m\frac{\mathrm{d}^m}{\mathrm{d}t^m}x(t) + b_{m-1}\frac{\mathrm{d}^{m-1}}{\mathrm{d}t^{m-1}}x(t) + \cdots + b_1\frac{\mathrm{d}}{\mathrm{d}t}x(t) + b_0 x(t)$$

(3.44)

设系统的初始状态为零，输入 $x(t)$ 的象函数为 $X(s)$，零状态响应 $y_{zs}(t)$ 的象函数为 $Y_{zs}(s)$，式（3.44）取拉普拉斯变换，得

$$Y_{zs}(s)\sum_{k=0}^{n}a_k s^k = X(s)\sum_{r=0}^{m}b_r s^r$$

令 $A(s) = \displaystyle\sum_{k=0}^{n}a_k s^k$，$B(s) = \displaystyle\sum_{r=0}^{m}b_r s^r$，得到

$$Y_{zs}(s) = X(s)\frac{B(s)}{A(s)}$$

令

$$H(s) = \frac{Y_{zs}(s)}{X(s)} = \frac{B(s)}{A(s)} = \frac{b_m s^m + b_{m-1}s^{m-1} + \cdots + b_1 s + b_0}{a_n s^n + a_{n-1}s^{n-1} + \cdots + a_1 s + a_0}$$

(3.45)

$H(s)$ 称为系统函数。可见，根据描述系统的微分方程可以写出系统函数 $H(s)$；反之亦然。系统函数只取决于系统本身，而与激励无关，与系统内部的初始状态也无关。

因此，零状态响应的象函数可写成

$$Y_{zs}(s) = X(s)H(s)$$

(3.46)

式（3.45）和式（3.46）中的 $H(s)$ 是否就是单位冲激响应 $h(t)$ 的拉普拉斯变换呢？下面进行分析。当输入为单位冲激信号时，即 $x(t) = \delta(t)$ 时，$X(s) = 1$，此时的零状态响应即为 $h(t)$，根据式（3.46），其象函数为

$$\mathcal{L}\{h(t)\} = X(s)H(s) = H(s)$$

上式说明，单位冲激响应 $h(t)$ 与系统函数 $H(s)$ 是一对拉普拉斯变换对。

对式（3.46）取拉普拉斯反变换，并利用卷积定理，得到

$$y_{zs}(t) = \mathcal{L}^{-1}\{X(s)H(s)\} = \mathcal{L}^{-1}\{X(s)\} * \mathcal{L}^{-1}\{H(s)\} = x(t) * h(t)$$

这与时域分析中得到的结论是完全一致的。可见，拉普拉斯变换把时域中的卷积运算转变为 s 域中的乘积运算。

3.4.3 零极点图及系统特性分析

式（3.45）因式分解后得到

$$H(s) = \frac{B(s)}{A(s)} = K\frac{\displaystyle\prod_{r=1}^{m}(s - z_r)}{\displaystyle\prod_{k=1}^{n}(s - p_k)}$$

(3.47)

式中，K 为常数，分母多项式 $A(s) = 0$ 的根为 $p_k(k = 1, 2, \cdots, n)$，称为极点（特征根），分子多项式 $B(s) = 0$ 的根为 $z_r(r = 1, 2, \cdots, m)$，称为零点。极点和零点可能为实数或复数。只要 $H(s)$ 表示一个实系统，则 $A(s)$、$B(s)$ 的系数都为实数，那么其复数零点或极点必成对出现。显然，如果不考虑常数 K，由系统的零点和极点可以得到系统函数 $H(s)$。

在 s 平面上标出 $H(s)$ 的极点、零点位置，极点用×表示，零点用○表示，若为 n 重零点或极点，可在旁注以"(n)"，就得到系统函数的零极点图。零极点图可以表示一个系统，常用来分析系统特性。

【例 3.18】　已知系统函数，求极点和零点，并画出零极点图。

$$H(s) = \frac{(s-2)^2}{\left(s+\dfrac{3}{2}\right)^2\left(s^2+s+\dfrac{5}{4}\right)}$$

解：$H(s)$ 有一个二阶零点：$z_1 = 2$；有一个二阶极点：$p_1 = -\dfrac{3}{2}$；另有两个共轭极点：$p_2 = -\dfrac{1}{2}+j$，$p_3 = -\dfrac{1}{2}-j$。画出零极点图如图 3.6 所示。

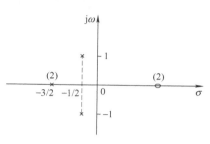

图 3.6　【例 3.18】零极点图

表 3.5 中列出了常用信号的拉普拉斯变换及其极点。

表 3.5　常用信号的拉普拉斯变换及其极点

$x(t)$	$X(s)$	极点
$u(t)$	$\dfrac{1}{s}$	$p_1 = 0$
$e^{at}u(t)$	$\dfrac{1}{s-a}$	$p_1 = a$
$\sin(\omega_0 t)u(t)$	$\dfrac{\omega_0}{s^2+\omega_0{}^2}$	$p_{1,2} = \pm j\omega_0$
$\cos(\omega_0 t)u(t)$	$\dfrac{s}{s^2+\omega_0{}^2}$	$p_{1,2} = \pm j\omega_0$
$e^{at}\sin(\omega_0 t)u(t)$	$\dfrac{\omega_0}{(s-a)^2+\omega_0{}^2}$	$p_{1,2} = a \pm j\omega_0$
$e^{at}\cos(\omega_0 t)u(t)$	$\dfrac{s-a}{(s-a)^2+\omega_0{}^2}$	$p_{1,2} = a \pm j\omega_0$

下面来分析极点在 s 平面上的位置与单位冲激响应之间的关系。已经知道，系统函数 $H(s)$ 一般是关于 s 的有理多项式，通过因式分解和部分分式展开，如果只含有一阶极点，可以将其分解成表 3.5 中各式的线性组合。也就是说，根据系统函数 $H(s)$ 的极点，可以得出时域 $h(t)$ 的函数形式。

下面以一阶极点为例进行分析，不难得出如图 3.7 所示的对应关系。当极点位于原点，响应则为常数；当极点位于负实轴，响应则为单调衰减函数；当极点位于正实轴，响应则为单调增长函数；当极点位于虚轴，响应则为等幅振荡函数；当极点位于左半平面，响应则为衰减振荡函数；当极点位于右半平面，响应则为增长振荡函数。这样，对于 LTI 系统，根据 $H(s)$ 极点在 s 平面上的位置就容易得出单位冲激响应 $h(t)$ 的组合函数形式了。

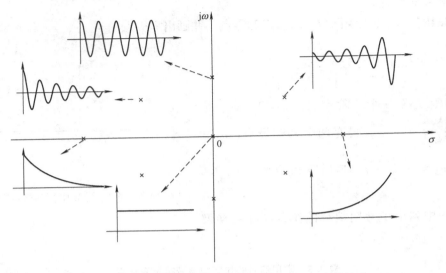

图 3.7 　一阶系统 $H(s)$ 的极点分布与对应的波形关系

综合以上分析可以得出以下结论：

对于因果系统，$H(s)$ 在左半开平面的极点所对应的特征模式衰减（或振荡衰减），当 $t \to \infty$ 时，这部分响应趋于零；在虚轴上的一阶极点对应的特征模式不随时间变化（或等幅振荡）；在右半开平面的极点对应的特征模式增长（或振荡增长）。应该注意到，这里的 $H(s)$ 是单边拉普拉斯变换，相应的单位冲激响应 $h(t)$ 为因果序列，即仅针对因果系统给出的上述分析。

对于因果 LTI 系统，单位冲激响应 $h(t)$ 应该是右边的，且满足 $h(t)=0$，$t<0$，为此，$H(s)$ 的收敛域应该是最右边极点以右；如果系统是非因果的，则系统的单位冲激响应 $h(t)$ 应该是左边的，即 $h(t) \neq 0$，$t<0$，则 $H(s)$ 的收敛域应该是最左边极点以左。还有一种情况是，如果系统的单位冲激响应 $h(t)$ 是右边的，但并不满足 $h(t)=0$，$t<0$，这样的系统则是非因果系统。

对于一个稳定的 LTI 系统，单位冲激响应 $h(t)$ 应该是绝对可积的，即

$$\int_{-\infty}^{\infty} |h(t)| \, \mathrm{d}t < \infty$$

这也是 $h(t)$ 傅里叶变换 $H(\mathrm{j}\omega)$ 存在的条件之一。如果系统稳定，则必须要求系统的单位冲激响应 $h(t)$ 的傅里叶变换 $H(\mathrm{j}\omega)$ 存在。傅里叶变换 $H(\mathrm{j}\omega)$ 即为系统函数 $H(s)$ 当 $s=\mathrm{j}\omega$ 的情况，所以 $H(s)$ 的收敛域必须包含虚轴。

总之，稳定性是系统自身的属性，与输入激励无关。系统稳定性的情况可分为以下三种：稳定、不稳定、临界稳定。当 $H(s)$ 的极点全都位于 s 域的左半平面，系统稳定；当 $H(s)$ 有极点位于 s 域的右半平面，系统不稳定；当 $H(s)$ 有极点位于 s 域的虚轴上，系统临界稳定。

3.5　MATLAB 编程及上机实践

3.5.1　与本章有关的 MATLAB 函数举例

1. conv

功能：求卷积。

格式及说明：

conv(a,b)

用于求矢量 a 和 b 的卷积。例如，当 a = [1 2 3]，b = [4 5 6] 时，则 c = conv(a，b) 的运行结果是 c = [13　28　27　18]。

2. freqs

功能：计算连续时间系统的频率响应。

格式及说明：

[H,w] = freqs(b,a)

b 和 a 是所定义的 LTI 连续时间系统的微分方程右边的和左边的系数向量，返回的频率响应为各频率点的样点值（复数），存放在 H 中，系统默认的样点数目为 200 点。

H = freqs(b,a,w)

在指定的频率范围内计算系统的频率响应特性。在使用这种形式的 freqs 函数时，要在前面先指定频率变量 w 的范围。例如在语句 H = freqs(b,a,w) 之前加上语句：w = 0:2 * pi/256:2 * pi。

3.5.2　上机实践举例

【例 3.19】　连续时间信号卷积运算的 MATLAB 实现。

解： 连续信号的卷积计算可以通过信号分段求和来实现，即

$$x(t) = x_1(t) * x_2(t) = \int_{-\infty}^{\infty} x_1(\tau)x_2(t-\tau)\mathrm{d}\tau = \lim_{\Delta \to 0} \sum_{k=-\infty}^{\infty} x_1(k\Delta) \cdot x_2(t-k\Delta) \cdot \Delta$$

如果只求当 $t = n\Delta$（n 为整数）时 $x(t)$ 的值 $x(n\Delta)$，则由上式可得

$$x(n\Delta) = \sum_{k=-\infty}^{\infty} x_1(k\Delta) \cdot x_2(n\Delta - k\Delta) \cdot \Delta = \Delta \cdot \sum_{k=-\infty}^{\infty} x_1(k\Delta) \cdot x_2[(n-k)\Delta]$$

式中的 $\sum_{k=-\infty}^{\infty} x_1(k\Delta) \cdot x_2[(n-k)\Delta]$ 实际上就是连续信号 $x_1(t)$ 和 $x_2(t)$ 经等时间间隔 Δ 均匀抽样的离散序列 $x_1(k\Delta)$ 和 $x_2(k\Delta)$ 的卷积和。当 Δ 足够小时，$x(n\Delta) \to x(t)$。

```
% 计算连续时间信号的卷积
% 编写 sconv 计算函数
function[x,k] = sconv(x1,x2,k1,k2,p)
x = conv(x1,x2);
x = x* p;
k0 = k1(1) + k2(1);
```

```
k3 = length (x1) + length (x2) - 2;
k = k0:p:k3* p;
subplot (2,2,1);
plot(k1,x1);
title('x1(t)');
xlabel('t');ylabel('x1(t)');
subplot (2,2,2);
plot(k2,x2);
title('x2(t)');xlabel('t');ylabel('x2(t)');
subplot (2,2,3);
plot(k,x);
h = get(gca,'position');% 获取上一幅图的位置信息,h 值为左边距,底边距,宽,高
h(3) = 2.5* h(3);
set(gca,'position',h);% 设置上一幅图的位置信息
title('x(t) = x1(t)* x2(t)');xlabel('t');ylabel('x(t)');
% 编写函数结束
% 求解 x(t) = cost* sint
p = 0.1;
k1 = 0:p:6;
x1 = cos(k1);
k2 = k1;
x2 = sin(k2);
[x,k] = sconv(x1,x2,k1,k2,p);
```

运行结果如图 3.8 所示。

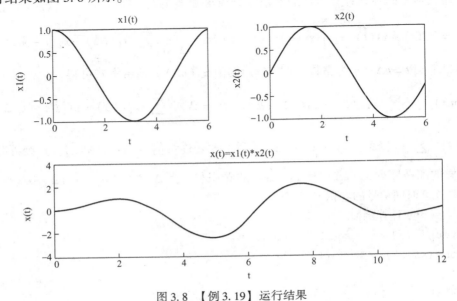

图 3.8 【例 3.19】运行结果

【例3.20】 LTI 连续时间系统 MATLAB 分析：设一 LTI 系统的数学模型为

$$\frac{d^2y(t)}{dt^2} + 3\frac{dy(t)}{dt} + 2y(t) = x(t)$$

编写 MATLAB 程序，绘制该系统的幅频响应、相频响应、频率响应的实部和虚部的图形。

解： 由原系统方程求拉普拉斯变换得

$$H(s) = \frac{Y(s)}{X(s)} = \frac{1}{s^2 + 3s + 2}$$

得极点为 $s_1 = -1$ 和 $s_2 = -2$，则可判断极点位于左半平面，于是可得到此 LTI 系统是稳定的，则可求其频率响应的实部与虚部。

$$H(j\omega) = H(s)\bigg|_{s=j\omega} = \frac{1}{s^2 + 3s + 2}\bigg|_{s=j\omega} = \frac{(2-\omega^2) - j(3\omega)}{4 + 5\omega^2 + \omega^4}$$

所以，$Re[H(j\omega)] = \dfrac{(2-\omega^2)}{4 + 5\omega^2 + \omega^4}$，$Im[H(j\omega)] = \dfrac{-j(3\omega)}{4 + 5\omega^2 + \omega^4}$。

```
% 求解连续时间系统的频率响应并作图
b = [1];                    % 系统函数分子系数
a = [1 3 2];                % 系统函数分母系数
[H,w] = freqs(b,a);         % 计算频率响应 H
Hm = abs(H);                % 计算幅频响应 Hm
phai = angle(H);            % 计算相频响应 phai
subplot(221);
plot(w,Hm, 'linewidth', 2);grid on;
title('幅频响应');xlabel(' \omega/(rad/s)');
subplot(223);
plot(w,phai, 'linewidth', 2);grid on;
title('相频响应');xlabel(' \omega/(rad/s)');
subplot(222);
plot(w,real(H) , 'linewidth', 2);grid on;
title('频率响应的实部');xlabel(' \omega/(rad/s)');
subplot(224);
plot(w,imag(H) , 'linewidth', 2);grid on;
title('频率响应的虚部');xlabel(' \omega/(rad/s)');
```

运行结果如图 3.9 所示。

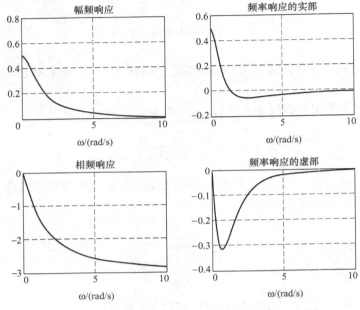

图 3.9 【例 3.20】运行结果

习 题 三

3.1 已知系统微分方程为 $y''(t) + 5y'(t) + 6y(t) = 6x(t)$，当输入信号为 $x(t) = (1 + e^{-t})u(t)$，初始条件为 $y(0^-) = 1$、$y'(0^-) = 0$ 时，试求系统的全响应、零输入响应、零状态响应、自然响应和强迫响应。

3.2 系统的微分方程如下，试求其单位冲激响应：

(1) $\dfrac{d}{dt}y(t) + 2y(t) = x(t)$

(2) $\dfrac{d}{dt}y(t) + 2y(t) = 2\dfrac{d}{dt}x(t)$

(3) $\dfrac{d}{dt}y(t) + 2y(t) = 2\dfrac{d^2}{dt^2}x(t) + 3\dfrac{d}{dt}x(t) + 3x(t)$

3.3 某系统如图 3.10 所示，已知 $h_1(t) = \delta(t-1)$, $h_2(t) = u(t)$。

(1) 试求该系统的单位冲激响应 $h(t)$。

(2) 若输入 $x(t) = e^{-2t}u(t)$，求其零状态响应 $y_{zs}(t)$。

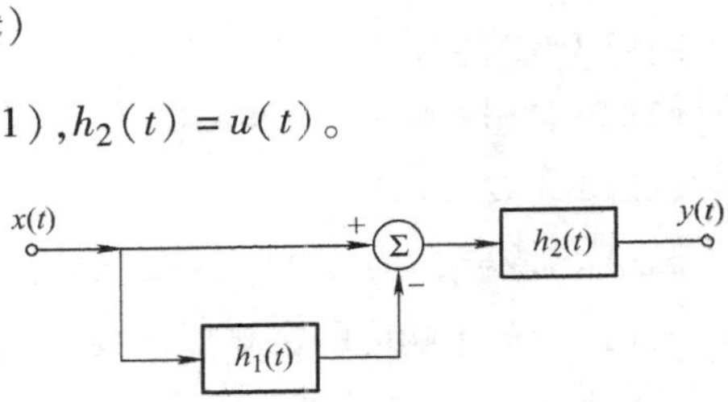

3.4 某系统微分方程为

$$y''(t) + 3y'(t) + 2y(t) = x'(t) + 3x(t)$$

当输入为 $x(t) = e^{-4t}u(t)$ 时，系统的全响应为

$$y(t) = \frac{14}{3}e^{-t} - \frac{7}{2}e^{-2t} - \frac{1}{6}e^{-4t}, \quad t \geqslant 0$$

图 3.10 题 3.3 图

试确定系统的零输入响应和零状态响应，自然响应和强迫响应，瞬态响应和稳态响应。

3.5　计算卷积积分 $x_1(t) * x_2(t)$：

（1）$x_1(t) = u(t)$，$x_2(t) = e^{-at}u(t)$

（2）$x_1(t) = \delta(t)$，$x_2(t) = \cos(\omega t + 45°)$

（3）$x_1(t) = u(t+1) - u(t-1)$，$x_2(t) = \sin(2t)u(t)$

（4）$x_1(t) = 2e^{-t}[u(t) - u(t-2)]$，$x_2(t) = 4[u(t) - u(t-2)]$

3.6　已知系统的频率响应为 $H(j\omega) = \dfrac{1}{1 + j\omega}$，当以图 3.11 所示的周期信号作为输入激励时，求输出响应。

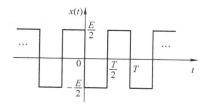

图 3.11　题 3.6 图

3.7　已知 LTI 系统的频率响应为

$$H(j\omega) = \frac{j4\omega}{(j\omega)^2 + j6\omega + 8}$$

试求描述该系统的微分方程；并计算当输入 $x(t) = \cos(3t)u(t)$ 时系统的稳态响应。

3.8　用拉普拉斯变换求解系统的零输入响应和零状态响应。设

$$y''(t) + 5y'(t) + 6y(t) = 3x(t)$$

（1）$x(t) = u(t)$，$y(0^-) = 1$，$y'(0^-) = -1$　　（2）$x(t) = e^{-t}u(t)$，$y(0^-) = 0$，$y'(0^-) = 1$

3.9　电路如图 3.12 所示，已知电容 C_1 上的初始电压为 3V，当 $t=0$ 时开关闭合，求全响应电流 $i(t)$。

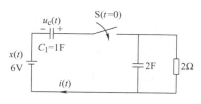

图 3.12　题 3.9 图

3.10　若系统的单位阶跃响应为 $s(t) = (1 - e^{-2t})u(t)$，求输入信号 $x(t)$，使输出零状态响应为 $y_{zs}(t) = (1 - e^{-2t} + te^{-2t})u(t)$。

第 4 章　离散时间信号分析

内容提要

本章讲述对离散时间信号进行傅里叶分析的方法。首先介绍离散周期信号的离散时间傅里叶级数（Discrete Time Fourier Series，DTFS）原理及性质，然后讨论离散非周期信号的离散时间傅里叶变换（Discrete Time Fourier Transform，DTFT）。在此基础上进行离散信号的频谱分析，阐述离散信号的时域与频域对应关系。随后介绍重要的奈奎斯特抽样定理，它是连续与离散联系的唯一纽带，是信号与系统分析的关键要素。最后介绍部分 MATLAB 函数及实例。

4.1　离散时间傅里叶级数

4.1.1　周期信号的离散时间傅里叶级数表示

由第 1 章对周期信号的定义，离散周期信号 $\tilde{x}(n)$ 满足等式 $x(n)=x(n+mN)$，基波周期是满足条件的最小正整数 N，基波频率为 $\Omega_0=\dfrac{2\pi}{N}$。与连续周期信号类似，$\tilde{x}(n)$ 可以表示成虚指数信号 $\phi_k(n)=\mathrm{e}^{\mathrm{j}k\frac{2\pi}{N}n}$（$k$ 为整数）的线性组合，结果不改变信号的周期性，即

$$\tilde{x}(n)=\sum_k \tilde{X}(k)\mathrm{e}^{\mathrm{j}k\frac{2\pi}{N}n} \tag{4.1}$$

式中，离散虚指数信号 $\mathrm{e}^{\mathrm{j}k\frac{2\pi}{N}n}$ 对任意 k 值都是周期的，周期为 N/k，频率是 $\dfrac{2\pi}{N}$ 的整数倍，彼此成谐波关系。实际上，由于虚指数序列具有周期性，其值在频率相差 2π 的整数倍时都相同，因此，信号集 $\{\phi_k(n)\}$ 中只有 N 个信号是不同的，即

$$\begin{cases}\phi_0(n)=\phi_N(n)\\ \phi_1(n)=\phi_{1+N}(n)\\ \quad\vdots\\ \phi_k(n)=\phi_{k+N}(n)\end{cases} \tag{4.2}$$

也就是说，k 每变化一个 N 的整数倍，$\phi_k(n)$ 都呈现出一个完全一样的序列。因此式（4.1）中的求和仅需包含连续的 N 项，就能代表集合 $\{\phi_k(n)\}$ 中的所有子项。这一点与连续时间信号的情况不同，在那里信号 $\phi_k(t)=\mathrm{e}^{\mathrm{j}k\omega_0 t}$ 全都是不相同的。以 $k=<N>$ 表示任意 k 值开始的 N 个连续整数，式（4.1）可以重写为

$$\tilde{x}(n)=\sum_{k=<N>}\tilde{X}(k)\mathrm{e}^{\mathrm{j}k\Omega_0 n}=\sum_{k=<N>}\tilde{X}(k)\mathrm{e}^{\mathrm{j}k\frac{2\pi}{N}n} \tag{4.3}$$

式（4.3）称为周期信号的离散时间傅里叶级数（DTFS），$\tilde{X}(k)$ 则称为傅里叶级数的系

数，求和起点对等式的成立没有影响，从式(4.3) 出发可求解傅里叶级数系数 $\tilde{X}(k)$ 的闭合解。

在式(4.3) 两边同时乘以 $e^{-jr\frac{2\pi}{N}n}$，再对变量 n 在 N 项上求和，得到

$$\sum_{n=<N>} \tilde{x}(n)e^{-jr\frac{2\pi}{N}n} = \sum_{n=<N>} \sum_{k=<N>} \tilde{X}(k)e^{-j(r-k)\frac{2\pi}{N}n}$$

交换上式右边的求和次序得

$$\sum_{n=<N>} \tilde{x}(n)e^{-jr\frac{2\pi}{N}n} = \sum_{k=<N>} \tilde{X}(k) \sum_{n=<N>} e^{-j(r-k)\frac{2\pi}{N}n}$$

由于求和起点对结果没有影响，可以认为变量 n 和变量 k 的求和区间相同，此时，上式右侧内层求和结果在 $k=r$ 时为 N；在 $k \neq r$ 时为零。因此，上式变为

$$\sum_{n=<N>} \tilde{x}(n)e^{-jr\frac{2\pi}{N}n} = \tilde{X}(r)N \tag{4.4}$$

于是有

$$\tilde{X}(r) = \frac{1}{N}\sum_{n=<N>} \tilde{x}(n)e^{-jr\frac{2\pi}{N}n} \tag{4.5}$$

在此基础上，周期信号 $\tilde{x}(n)$ 的离散时间傅里叶级数对可以写成

$$\tilde{x}(n) = \sum_{k=<N>} \tilde{X}(k)e^{jk\Omega_0 n} = \sum_{k=<N>} \tilde{X}(k)e^{jk\frac{2\pi}{N}n} \tag{4.6}$$

$$\tilde{X}(k) = \frac{1}{N}\sum_{n=<N>} \tilde{x}(n)e^{-jk\Omega_0 n} = \frac{1}{N}\sum_{n=<N>} \tilde{x}(n)e^{-jk\frac{2\pi}{N}n} \tag{4.7}$$

式(4.6) 和式(4.7) 分别称为周期信号的离散时间傅里叶级数表示与傅里叶级数系数。和连续时间情况一样，离散时间傅里叶级数系数 $\tilde{X}(k)$ 也称为 $\tilde{x}(n)$ 的频谱系数，说明离散周期信号 $\tilde{x}(n)$ 可以分解为 N 个成谐波关系的复指数信号之和。

若式(4.6) 中的 N 项求和从 k 到 $k+N-1$ 范围内进行，有

$$\tilde{x}(n) = \tilde{X}(k)\phi_k(n) + \tilde{X}(k+1)\phi_{k+1}(n) + \cdots + \tilde{X}(k+N-1)\phi_{k+N-1}(n) \tag{4.8}$$

类似地，若从 $k+1$ 到 $k+N$ 范围内取 k，则有

$$\tilde{x}(n) = \tilde{X}(k+1)\phi_{k+1}(n) + \tilde{X}(k+2)\phi_{k+2}(n) + \cdots + \tilde{X}(k+N)\phi_{k+N}(n) \tag{4.9}$$

比较式(4.8) 和式(4.9)，有 $\tilde{X}(k)\phi_k(n) = \tilde{X}(k+N)\phi_{k+N}(n)$，再由式(4.2) $\phi_k(n) = \phi_{k+N}(n)$，可知

$$\tilde{X}(k) = \tilde{X}(k+N) \tag{4.10}$$

式(4.10) 说明，假如考虑的傅里叶级数项数多于 N 个的话，那么 $\tilde{X}(k)$ 的值必定以 N 为周期，周期性重复。

$\phi_k(n)$ 的周期性使得离散时间傅里叶级数表示式是一个 N 项的有限级数，且式(4.6) 的级数求和可以在任意 N 个顺序 k 值上进行。由此，也可以将同样以 N 为周期重复变化的 $\tilde{X}(k)$ 看作是定义在全部 k 值上的一个序列，傅里叶级数系数式(4.7) 仅利用该序列相应的一组 N 个连续序列值。

4.1.2　离散时间周期信号的频谱

与连续周期信号相同，离散周期信号的傅里叶级数表示也给出了周期序列 $\tilde{x}(n)$ 与其频

谱 $\tilde{X}(k)$ 的一一对应关系。可以利用 $\tilde{x}(n)$ 或 $\tilde{X}(k)$ 从不同的域来描述离散周期信号，其中 $\tilde{x}(n)$ 是周期序列的时域描述，$\tilde{X}(k)$ 是周期序列的频域描述。

【例 4.1】 求周期序列 $\tilde{x}(n) = \cos\left(\dfrac{\pi n}{6}\right)$ 的频谱 $\tilde{X}(k)$。

解：该周期序列 $\tilde{x}(n)$ 的周期 $N = 12$。由欧拉（Euler）公式，得

$$\tilde{x}(n) = \frac{1}{2}\mathrm{e}^{\mathrm{j}\frac{2\pi}{12}n} + \frac{1}{2}\mathrm{e}^{-\mathrm{j}\frac{2\pi}{12}n}$$

根据式（4.6）可知，$\tilde{x}(n)$ 的傅里叶级数系数在一个周期内有两项非零值，因此其在区间 $-5 \leqslant k \leqslant 6$ 上的频谱为

$$\tilde{X}(k) = \begin{cases} \dfrac{1}{2}, & k = \pm 1 \\ 0, & k \neq \pm 1, \ -5 \leqslant k \leqslant 6 \end{cases}$$

由于序列 $\tilde{x}(n)$ 周期 $N = 12$，因此其频谱 $\tilde{X}(k)$ 也以 12 为周期重复延拓，在区间 $0 \leqslant k \leqslant 11$ 上的表示变为

$$\tilde{X}(k) = \begin{cases} \dfrac{1}{2}, & k = 1, \ 11 \\ 0, & k = 0, \ 2 \leqslant k \leqslant 10 \end{cases}$$

图 4.1 画出了该周期序列的时域波形及其频谱。

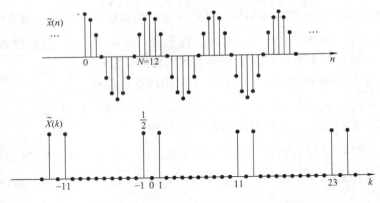

图 4.1 周期余弦序列的时域波形与频谱

从例 4.1 可以看出，周期序列的频谱可以灵活运用离散时间傅里叶级数的正、反变换公式求解，并且离散周期信号的频谱也是离散的、周期的，且周期与时域序列相同。

【例 4.2】 求图 4.2 所示周期单位抽样序列 $\tilde{\delta}(n)$ 的频谱。

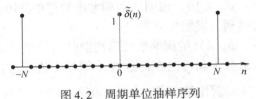

图 4.2 周期单位抽样序列

解：由式（4.7），序列 $\tilde{\delta}(n)$ 的频谱在一个周期内的表达式为

$$\tilde{X}(k) = \frac{1}{N}\sum_{n=0}^{N-1}\tilde{\delta}(n)\mathrm{e}^{-\mathrm{j}k\frac{2\pi}{N}n} = \frac{1}{N}, \quad k = 0, 1, 2, \cdots, N-1$$

即

$$\tilde{X}(k) = \frac{1}{N}\tilde{R}_N(k)$$

周期单位抽样序列的频谱是具有相同周期的频域矩形序列。

4.1.3　离散时间傅里叶级数的性质

离散时间傅里叶级数的性质与 2.1.3 节的连续时间傅里叶级数性质很相似，然而，周期序列傅里叶级数系数 $\tilde{X}(k)$ 的周期性又致使其与连续的情况有一些差别。这里仍然用一种简单的符号来表示一个离散周期信号 $\tilde{x}(n)$ 和它的傅里叶级数系数 $\tilde{X}(k)$ 之间的对应关系，即

$$\tilde{x}(n) \xleftarrow{\text{DTFS}} \tilde{X}(k)$$

可以将离散时间傅里叶级数的基本性质分别列举如下。

1. 线性

若 $\tilde{x}(n)$ 和 $\tilde{y}(n)$ 都是周期为 N 的周期序列，且有

$$\tilde{x}(n) \xleftarrow{\text{DTFS}} \tilde{X}(k), \quad \tilde{y}(n) \xleftarrow{\text{DTFS}} \tilde{Y}(k)$$

则

$$a\tilde{x}(n) + b\tilde{y}(n) \xleftarrow{\text{DTFS}} a\tilde{X}(k) + b\tilde{Y}(k) \tag{4.11}$$

式中，a、b 是与 n 无关的常数。式（4.11）中所有序列的周期均为 N。这一线性性质可由 DTFS 的定义直接得出。

2. 时域位移特性

一个周期序列向左或向右位移 n_0 个样本时，在一个周期之内移出的样本，将由相邻周期的样本移入加以补充。如果只画出周期序列一个周期内的样本，那么移出本周期的样本将循环从另一端绕回到本周期，如图 4.3 所示。

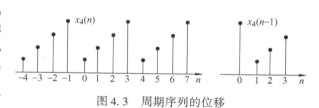

图 4.3　周期序列的位移

显然，如果序列的位移量 n_0 大于周期 N，其移位后的结果与位移量为 n_0/N 的余数时相同，两种情况在时域中不能区分。

周期序列的时域位移特性表述为

若

$$\tilde{x}(n) \xleftarrow{\text{DTFS}} \tilde{X}(k)$$

则

$$\tilde{x}(n - n_0) \xleftarrow{\text{DTFS}} e^{-jk\frac{2\pi}{N}n_0}\tilde{X}(k) \tag{4.12}$$

上述关系可由 DTFS 的定义证明。

3. 频域位移特性

若

$$\tilde{x}(n) \xleftarrow{\text{DTFS}} \tilde{X}(k)$$

则

$$e^{-jr\frac{2\pi}{N}n}\tilde{x}(n) \xleftarrow{\text{DTFS}} \tilde{X}(k+r) \tag{4.13}$$

式中，r 为一个整数。

从式(4.12) 和式(4.13) 可以看出，周期序列的时域位移对应于频域相移，而频域位移则对应于时域相移，时域与频域之间表现出明显的对偶关系。实际上，离散时间傅里叶级数表示式在时域、频域之间存在的严格对偶关系在许多性质当中都有体现。

4. 共轭对称性

根据傅里叶级数及其系数的定义，可以得出离散时间傅里叶级数的某些共轭对称性。

若

$$\tilde{x}(n) \xrightarrow{\text{DTFS}} \tilde{X}(k)$$

则

$$\tilde{x}^*(n) \xleftarrow{\text{DTFS}} \tilde{X}^*(-k) \tag{4.14}$$

$$\tilde{x}^*(-n) \xleftarrow{\text{DTFS}} \tilde{X}^*(k) \tag{4.15}$$

当 $\tilde{x}(n)$ 是实序列时，由式(4.14) 有

$$\tilde{X}(k) = \tilde{X}^*(-k) \tag{4.16}$$

表明实序列的 DTFS 系数是共轭偶对称的。式(4.16) 可以等价地表示成

$$|\tilde{X}(k)| = |\tilde{X}(-k)|, \angle \tilde{X}(k) = -\angle \tilde{X}(-k) \tag{4.17}$$

或者

$$\text{Re}\{\tilde{X}(k)\} = \text{Re}\{\tilde{X}(-k)\}, \text{Im}\{\tilde{X}(k)\} = -\text{Im}\{\tilde{X}(-k)\} \tag{4.18}$$

式(4.17) 和式(4.18) 表明，实周期序列的幅度频谱偶对称，相位频谱奇对称；其频谱函数的实部偶对称，虚部奇对称。

5. 时间反转特性

若 $\tilde{x}(n) \xleftarrow{\text{DTFS}} \tilde{X}(k)$

则 $\tilde{x}(-n) \xleftarrow{\text{DTFS}} \tilde{X}(-k)$ (4.19)

6. 周期卷积特性

假设 $\tilde{x}(n)$、$\tilde{y}(n)$ 是两个周期为 N 的序列，则它们的周期卷积定义为

$$\tilde{x}(n) \circledast \tilde{y}(n) = \sum_{l=\langle N \rangle} \tilde{x}(l)\tilde{y}(n-l)$$

$$\tag{4.20}$$

卷积结果与求和起点无关，且仍是一个周期为 N 的序列。周期卷积要求参与卷积的两个信号都是周期的，且周期必须相同。其与线性卷积的主要区别在于前者的求和只在一个周期内进行，而后者的求和则在正负无穷的范围内进行。

图 4.4 举例说明了两个周期序列（周期同为 N）的周期卷积过程。在进行这种卷积的过程中，当一个周期移出计算区间时，下一个相邻周期就移入了计算区间（$0 \sim N$ 为例）。

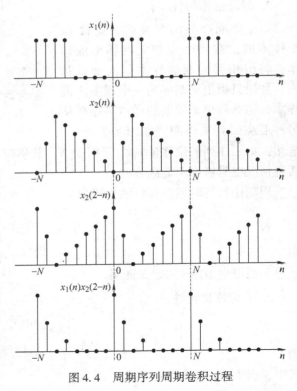

图 4.4　周期序列周期卷积过程

由周期卷积的定义及离散时间傅里叶级数的表达式(4.6)，可以得出

若 $\qquad \tilde{x}(n) \xleftrightarrow{\text{DTFS}} \tilde{X}(k), \quad \tilde{y}(n) \xleftrightarrow{\text{DTFS}} \tilde{Y}(k)$

则 $\qquad\qquad \tilde{x}(n) \circledast \tilde{y}(n) \xrightarrow{\text{DTFS}} N\tilde{X}(k)\tilde{Y}(k)$ (4.21)

即序列时域的周期卷积对应于其各自傅里叶级数系数的频域乘积。

证明：由离散傅里叶级数系数定义式(4.7) 及周期卷积定义式(4.20) 有

$$\text{DTFS}\{\tilde{x}(n) \circledast \tilde{y}(n)\} = \frac{1}{N}\sum_{n=<N>} \tilde{x}(n) \circledast \tilde{y}(n) \mathrm{e}^{-jk\Omega_0 n} = \frac{1}{N}\sum_{n=<N>}\sum_{l=<N>} \tilde{x}(l)\tilde{y}(n-l)\mathrm{e}^{-jk\Omega_0 n}$$

交换上式的求和次序，有

$$\begin{aligned}
\text{DTFS}\{\tilde{x}(n) \circledast \tilde{y}(n)\} &= \frac{1}{N}\sum_{l=<N>} \tilde{x}(l)\mathrm{e}^{-jk\Omega_0 l} \sum_{n=<N>}\tilde{y}(n-l)\mathrm{e}^{-jk\Omega_0 n}\mathrm{e}^{jk\Omega_0 l} \\
&= \tilde{X}(k)\sum_{n=<N>}\tilde{y}(n-l)\mathrm{e}^{-jk\Omega_0(n-l)} \\
&= N\tilde{X}(k)\left\{\frac{1}{N}\sum_{n-l=<N>}\tilde{y}(n-l)\mathrm{e}^{-jk\Omega_0(n-l)}\right\} = N\tilde{X}(k)\tilde{Y}(k)
\end{aligned}$$

上述离散时间傅里叶级数的性质不论是表述还是导出都与对应的连续时间傅里叶级数性质非常类似。下面将讨论几个与连续时间情况相比有明显差别的性质。

7. 乘积特性

将周期卷积特性中时间和频率的位置交换一下，就会得到一个与卷积特性相似的结果。这就是说，若周期为 N 的序列 $\tilde{x}(n)$、$\tilde{y}(n)$ 满足

$$\tilde{x}(n) \xleftrightarrow{\text{DTFS}} \tilde{X}(k), \quad \tilde{y}(n) \xleftrightarrow{\text{DTFS}} \tilde{Y}(k)$$

则 $\tilde{x}(n)\tilde{y}(n)$ 也是周期为 N 的周期序列，且其离散时间傅里叶级数的系数为

$$\text{DTFS}\{\tilde{x}(n)\tilde{y}(n)\} = \sum_{l=<N>} \tilde{X}(l)\tilde{Y}(k-l) = \tilde{X}(k) \circledast \tilde{Y}(k)$$

即 $\qquad \tilde{x}(n)\tilde{y}(n) \xleftarrow{\text{DTFS}} \tilde{X}(k) \circledast \tilde{Y}(k) = \sum_{l=<N>} \tilde{X}(l)\tilde{Y}(k-l)$ (4.22)

乘积特性的证明过程与周期卷积特性类似。

证明：由离散傅里叶级数系数定义式(4.6) 及周期卷积定义式(4.20) 有

$$\text{IDTFS}\{\tilde{X}(k) \circledast \tilde{Y}(k)\} = \sum_{k=<N>} \tilde{X}(k) \circledast \tilde{Y}(k)\mathrm{e}^{jk\Omega_0 n} = \sum_{k=<N>}\sum_{l=<N>} \tilde{X}(l)\tilde{Y}(k-l)\mathrm{e}^{jk\Omega_0 n}$$

交换上式的求和次序，有

$$\begin{aligned}
\text{IDTFS}\{\tilde{X}(k) \circledast \tilde{Y}(k)\} &= \sum_{l=<N>} \tilde{X}(l)\sum_{k=<N>}\tilde{Y}(k-l)\mathrm{e}^{j(k-l)\Omega_0 n}\mathrm{e}^{jl\Omega_0 n} \\
&= \sum_{l=<N>} \tilde{X}(l)\mathrm{e}^{jl\Omega_0 n}\sum_{k=<N>}\tilde{Y}(k-l)\mathrm{e}^{j(k-l)\Omega_0 n} \\
&= \tilde{x}(n)\sum_{k-l=<N>}\tilde{Y}(k-l)\mathrm{e}^{j(k-l)\Omega_0 n} \\
&= \tilde{x}(n)\tilde{y}(n)
\end{aligned}$$

离散时间傅里叶级数周期卷积特性和乘积特性的导出分别利用了时域序列 $\tilde{x}(n)$、$\tilde{y}(n)$ 和频域系数 $\tilde{X}(k)$、$\tilde{Y}(k)$ 的周期性，因而一个周期内的求和结果与求和起点无关。

连续时间傅里叶级数与离散时间傅里叶级数的乘积特性有所差别。由第 2 章表 2.1 可知，两个连续周期信号乘积的傅里叶级数系数是这两个信号傅里叶级数系数序列的卷积和，求和区间为 $-\infty \sim \infty$，即线性卷积。而两个离散周期序列乘积的傅里叶级数系数虽然也是这两个序列各自傅里叶级数系数序列的卷积和，但求和区间被限制在一个周期内，是周期卷积。

8. 差分特性

与连续时间傅里叶级数微分性质相并列的是离散时间傅里叶级数的差分特性，但二者有明显不同。离散时间序列的一次差分运算定义为 $x(n) - x(n-1)$，若 $\tilde{x}(n)$ 是周期的，且周期为 N，那么其差分结果也是周期的，周期为 N。利用离散时间傅里叶级数的线性特性与时域位移特性可知，若 $\tilde{x}(n) \xleftarrow{\text{DTFS}} \tilde{X}(k)$，则

$$\tilde{x}(n) - \tilde{x}(n-1) \xleftarrow{\text{DTFS}} (1 - e^{-jk\frac{2\pi}{N}}) \tilde{X}(k) \tag{4.23}$$

9. 帕塞瓦尔定理

由离散时间傅里叶级数的正反变换式(4.6) 和式(4.7)，可以得到离散时间周期信号的帕塞瓦尔定理是

$$\sum_{n=\langle N \rangle} |\tilde{x}(n)|^2 = N \sum_{k=\langle N \rangle} |\tilde{X}(k)|^2 \tag{4.24}$$

式中，$\tilde{X}(k)$ 是 $\tilde{x}(n)$ 的傅里叶级数系数；N 为周期。帕塞瓦尔定理表明：一个周期信号的平均功率等于它的所有谐波分量的平均功率之和。与连续时间情况不同，离散周期序列只有 N 个不同的谐波分量，因此式(4.24) 右侧的求和只在一个周期 N 内进行，且求和起点不影响结果。

离散时间傅里叶级数的性质可总结为表 4.1。

表 4.1 离散时间傅里叶级数的性质

性　质	周 期 信 号	傅里叶级数系数/频谱
线性	$a\tilde{x}(n) + b\tilde{y}(n)$	$a\tilde{X}(k) + b\tilde{X}(k)$
时移	$\tilde{x}(n - n_0)$	$e^{-jk\frac{2\pi}{N}n_0}\tilde{X}(k)$
频移	$e^{-jr\frac{2\pi}{N}n}\tilde{x}(n)$	$\tilde{X}(k + r)$
时间反转	$\tilde{x}(-n)$	$\tilde{X}(-k)$
共轭	$\tilde{x}^*(n)$	$\tilde{X}^*(-k)$
共轭对称	$\tilde{x}^*(-n)$	$\tilde{X}^*(k)$
周期卷积	$\tilde{x}(n) \circledast \tilde{y}(n) = \sum_{l=\langle N \rangle} \tilde{x}(l)\tilde{y}(n-l)$	$N\tilde{X}(k)\tilde{Y}(k)$
乘积	$\tilde{x}(n)\tilde{y}(n)$	$\sum_{l=\langle N \rangle} X(l)Y(k-l) = \tilde{X}(k) \circledast \tilde{Y}(k)$
差分	$\tilde{x}(n) - \tilde{x}(n-1)$	$(1 - e^{-jk\frac{2\pi}{N}})\tilde{X}(k)$

4.2　离散时间傅里叶变换

4.2.1　离散非周期信号的傅里叶变换

由第 2 章式(2.22)和图 2.8 看到，一个连续时间周期方波的傅里叶级数可以看作是一个包络函数的抽样值，并且随着方波周期的增大，这些样本变得越来越密。利用这一性质，通过构造一个连续周期信号 $x_T(t)$，就可以在周期 T 趋于无限大时，使得 $x_T(t)$ 等于 $x(t)$，这样 $x_T(t)$ 的傅里叶级数表示也就收敛于 $x(t)$ 的傅里叶变换表示。这一节，将采用与连续时间情况完全类似的步骤，对离散时间非周期序列建立傅里叶变换表示。

考虑某一有限长的离散序列 $x(n)$，其值在 $-N_1 \leqslant n \leqslant N_2$ 以外恒等于零。由这个非周期信号可以构成一个周期序列 $\tilde{x}(n)$，使得对 $\tilde{x}(n)$ 来说，$x(n)$ 恰好是它的一个周期。当 $N \to \infty$ 时，对任意有限 n 值来说，有 $\tilde{x}(n) = x(n)$。由式(4.6)和式(4.7)，有

$$\tilde{x}(n) = \sum_{k=\langle N \rangle} \tilde{X}(k) e^{jk\frac{2\pi}{N}n} \tag{4.25}$$

$$\tilde{X}(k) = \frac{1}{N} \sum_{n=\langle N \rangle} \tilde{x}(n) e^{-jk\frac{2\pi}{N}n} \tag{4.26}$$

若求和区间选择 $-N_1 \leqslant n \leqslant N_2$ 的一个周期，式(4.26)的求和就可以用 $x(n)$ 代替 $\tilde{x}(n)$，从而得到

$$\tilde{X}(k) = \frac{1}{N} \sum_{n=-N_1}^{N_2} x(n) e^{-jk\frac{2\pi}{N}n} \tag{4.27}$$

定义函数

$$X(e^{j\Omega}) = \sum_{n=-\infty}^{\infty} x(n) e^{-j\Omega n} \tag{4.28}$$

则系数 $\tilde{X}(k)$ 正比于 $X(e^{j\Omega})$ 的各样本值，即

$$\tilde{X}(k) = \frac{1}{N} X(e^{jk\Omega_0}) = \frac{1}{N} \sum_{n=-\infty}^{\infty} x(n) e^{-jk\Omega_0 n} \tag{4.29}$$

式中，$\Omega_0 = \frac{2\pi}{N}$，表示频域中的样本间隔。将式(4.29)代入式(4.25)后得到

$$\tilde{x}(n) = \frac{1}{N} \sum_{k=\langle N \rangle} X(e^{jk\Omega_0}) e^{jk\frac{2\pi}{N}n} \tag{4.30}$$

由于 $\Omega_0 = \frac{2\pi}{N}$，即 $\frac{1}{N} = \frac{\Omega_0}{2\pi}$，所以式(4.30)又可写成

$$\tilde{x}(n) = \frac{1}{2\pi} \sum_{k=\langle N \rangle} X(e^{jk\Omega_0}) e^{jk\frac{2\pi}{N}n} \Omega_0 \tag{4.31}$$

与式(2.27)相同，随着 N 增加，Ω_0 减小，一旦 $N \to \infty$，式(4.31)就过渡为一个积分。

$$x(n) = \frac{1}{2\pi} \int_{<2\pi>} X(e^{j\Omega}) e^{j\Omega n} d\Omega \tag{4.32}$$

$$X(e^{j\Omega}) = \sum_{n=-\infty}^{\infty} x(n) e^{-j\Omega n} \tag{4.33}$$

式（4.32）和式（4.33）是离散时间傅里叶变换对，$X(e^{j\Omega})$ 称为离散时间傅里叶变换（DTFT）。和连续信号的情况类似，式（4.32）表明一个非周期序列 $x(n)$ 可以表示成复指数序列 $e^{jn\Omega}$ 的线性组合，这些复指数序列在频率上是无限靠近的，它们的幅度是 $X(e^{j\Omega}) d\Omega/2\pi$。为此，像连续时间情况一样，傅里叶变换 $X(e^{j\Omega})$ 往往被称为 $x(n)$ 的频谱，因为它表明了 $x(n)$ 是由一些不同频率的复指数序列组合而成的。

值得注意的是，离散时间傅里叶变换 $X(e^{j\Omega})$ 与离散时间傅里叶级数 $\tilde{X}(k)$ 一样是周期的，这是因为在频率上相差 2π 的离散时间复指数信号是完全一样的。恰恰是这一周期性，使得傅里叶反变换的式（4.32）只涉及一个频率区间内的积分，这个频率区间就是复指数信号重复出现的频率间隔 2π。

以上的讨论中，式（4.32）和式（4.33）是在有限长序列的情况下得到的结论，但是它们对极为广泛的一类无限长序列（如【例4.3】中的单边指数信号）也是成立的。在信号为无限长的情况下，还必须分析式（4.33）中无穷项求和的收敛问题。保证这个和式收敛而对 $x(n)$ 所加的条件是与连续时间傅里叶变换的收敛条件直接相对应的，如果 $x(n)$ 绝对可和或能量有限，即满足 $\sum_{n=-\infty}^{\infty} |x(n)| < \infty$ 或 $\sum_{n=-\infty}^{\infty} |x(n)|^2 < \infty$，那么式（4.33）就一定收敛。

【例4.3】 试求解信号 $x(n) = a^n u(n)$，$|a| < 1$ 的频谱。

解：由式（4.33），可得信号的 $x(n)$ 频谱为

$$X(e^{j\Omega}) = \sum_{n=-\infty}^{\infty} a^n u(n) e^{-j\Omega n}$$

$$= \sum_{n=0}^{\infty} (a e^{-j\Omega})^n = \frac{1}{1 - a e^{-j\Omega}}$$

图 4.5 分别给出了当 $a = 0.5$ 和 $a = -0.5$ 时，信号 $x(n)$ 的幅度谱和相位谱，显然，它们都是以 2π 为周期的函数。

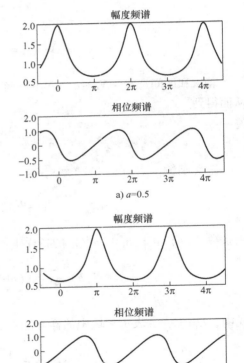

a) $a=0.5$

b) $a=-0.5$

图 4.5 【例4.3】信号的幅度谱与相位谱

由离散时间傅里叶变换的定义，可以求出许多符合条件的离散时间序列的傅里叶变换。表 4.2 给出了一些常见离散时间序列的基本傅里叶变换对。

表 4.2　离散时间序列基本傅里叶变换对

信　　号	傅里叶变换	傅里叶级数系数（若为周期信号）
$\delta(n)$	1	—
$\delta(n-n_0)$	$e^{-j\Omega n_0}$	—
1	$2\pi \sum\limits_{l=-\infty}^{\infty} \delta(\Omega - 2\pi l)$	$\tilde{X}(k) = \begin{cases} 1, k=0, \pm N, \pm 2N, \cdots \\ 0, k\neq 0, \pm N, \pm 2N, \cdots \end{cases}$
$u(n)$	$\sum\limits_{l=-\infty}^{\infty} \pi\delta(\Omega - 2\pi l) + \dfrac{1}{1-e^{-j\Omega}}$	—
$a^n u(n), \|a\|<1$	$\dfrac{1}{1-ae^{-j\Omega}}$	—
$(n+1)a^n u(n), \|a\|<1$	$\dfrac{1}{(1-ae^{-j\Omega})^2}$	—
$e^{j\Omega_0 n}$	$2\pi \sum\limits_{l=-\infty}^{\infty} \delta(\Omega - \Omega_0 - 2\pi l)$	① $\Omega_0 = \dfrac{2\pi m}{N}$ $\tilde{X}(k) = \begin{cases} 1, k=m, m\pm N, m\pm 2N, \cdots \\ 0, k\neq m, m\pm N, m\pm 2N, \cdots \end{cases}$ ② $\dfrac{\Omega_0}{2\pi}$ 是无理数，信号非周期
$\cos(\Omega_0 n)$	$\pi \sum\limits_{l=-\infty}^{\infty} \{\delta(\Omega - \Omega_0 - 2\pi l) + \delta(\Omega + \Omega_0 - 2\pi l)\}$	① $\Omega_0 = \dfrac{2\pi m}{N}$ $\tilde{X}(k) = \begin{cases} \dfrac{1}{2}, k=m, m\pm N, m\pm 2N, \cdots \\ 0, k\neq m, m\pm N, m\pm 2N, \cdots \end{cases}$ ② $\dfrac{\Omega_0}{2\pi}$ 是无理数，信号非周期
$\sin(\Omega_0 n)$	$\dfrac{\pi}{j} \sum\limits_{l=-\infty}^{\infty} \{\delta(\Omega - \Omega_0 - 2\pi l) - \delta(\Omega + \Omega_0 - 2\pi l)\}$	① $\Omega_0 = \dfrac{2\pi r}{N}$ $\tilde{X}(k) = \begin{cases} \dfrac{1}{2j}, k=r, r\pm N, r\pm 2N, \cdots \\ -\dfrac{1}{2j}, k=-r, -r\pm N, -r\pm 2N, \cdots \\ 0, k\neq \pm r, \pm r\pm N, \pm r\pm 2N, \cdots \end{cases}$ ② $\dfrac{\Omega_0}{2\pi}$ 是无理数，信号非周期
$\sum\limits_{k=\langle N\rangle} \tilde{X}(k) e^{jk\frac{2\pi}{N}n}$	$2\pi \sum\limits_{k=-\infty}^{\infty} \tilde{X}(k)\delta\left(\Omega - \dfrac{2\pi k}{N}\right)$	$\tilde{X}(k)$
$\sum\limits_{m=-\infty}^{\infty} \delta(n-mN)$	$\dfrac{2\pi}{N} \sum\limits_{m=-\infty}^{\infty} \delta\left(\Omega - \dfrac{2\pi m}{N}\right)$	$\tilde{X}(k) = \dfrac{1}{N}$

　　表 4.2 中也给出了离散时间周期信号的傅里叶级数系数。和连续时间情况相同，采用将一个周期信号的变换表示成频域中的冲激串的办法，可以把离散时间周期信号归并到离散时间傅里叶变换的范畴中去。因此，一个周期信号的傅里叶变换可以直接从它的傅里叶级数系数得到。

【**例 4.4**】 试求周期冲激串序列 $x(n) = \sum\limits_{m=-\infty}^{\infty} \delta(n-mN)$ 的 DTFT。

解：周期冲激串序列如图 4.6 所示，其傅里叶系数可由式(4.7)直接计算出来

$$\tilde{X}(k) = \frac{1}{N}\sum_{n=\langle N\rangle}\tilde{x}(n)\mathrm{e}^{-jk\frac{2\pi}{N}n} = \frac{1}{N}\sum_{n=\langle N\rangle}\sum_{m=-\infty}^{\infty}\delta(n-mN)\mathrm{e}^{-jk\frac{2\pi}{N}n}$$

由于求和只在 n 的一个周期内进行，区间内只包含冲激串的一个非零值，出现在 $n = mN$ 处，此时 $\mathrm{e}^{-jk\frac{2\pi}{N}n} = \mathrm{e}^{-jk2\pi m} = 1$，因此

$$\tilde{X}(k) = \frac{1}{N}$$

再根据一般周期序列的傅里叶变换与傅里叶级数的关系式

$$\mathscr{F}\{\tilde{x}(n)\} = 2\pi\sum_{k=-\infty}^{+\infty}\tilde{X}(k)\delta\left(\Omega - \frac{2\pi k}{N}\right) \tag{4.34}$$

可得

$$\mathscr{F}\left\{\sum_{m=-\infty}^{\infty}\delta(n-mN)\right\} = \frac{2\pi}{N}\sum_{m=-\infty}^{+\infty}\delta\left(\Omega - \frac{2\pi m}{N}\right)$$

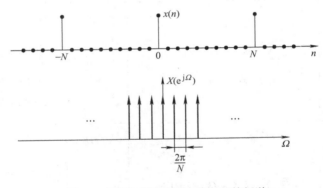

图 4.6 离散时间周期冲激串及其频谱

4.2.2 离散时间傅里叶变换的性质

与连续时间傅里叶变换一样，离散时间傅里叶变换的各种性质也对进一步了解变换的本质提供了很大帮助。这一节将介绍这些性质，着重讨论其相比连续时间傅里叶变换性质所直接呈现出的差别，并在表 4.3 中统一列出。讨论中采用如下符号来表明一个离散时间信号与其傅里叶变换的对应关系：

$$X(\mathrm{e}^{j\Omega}) = \mathscr{F}\{x(n)\}$$
$$x(n) = \mathscr{F}^{-1}\{X(\mathrm{e}^{j\Omega})\}$$

即

$$x(n) \xleftrightarrow{\text{DTFT}} X(\mathrm{e}^{j\Omega}) \tag{4.35}$$

1. 周期性

离散时间傅里叶变换对 Ω 来说总是周期的，其周期为 2π，即

$$X[\mathrm{e}^{\mathrm{j}(\Omega+2\pi)}] = X(\mathrm{e}^{\mathrm{j}\Omega}) \tag{4.36}$$

2. 线性

若

$$x(n)\xleftrightarrow{\text{DTFT}}X(\mathrm{e}^{\mathrm{j}\Omega}), \quad y(n)\xleftrightarrow{\text{DTFT}}Y(\mathrm{e}^{\mathrm{j}\Omega})$$

则

$$ax(n)+by(n)\xleftrightarrow{\text{DTFT}}aX(\mathrm{e}^{\mathrm{j}\Omega})+bY(\mathrm{e}^{\mathrm{j}\Omega}) \tag{4.37}$$

3. 时移与频移特性

若

$$x(n)\xleftrightarrow{\text{DTFT}}X(\mathrm{e}^{\mathrm{j}\Omega})$$

则

$$x(n-n_0)\xleftrightarrow{\text{DTFT}}\mathrm{e}^{-\mathrm{j}n_0\Omega}X(\mathrm{e}^{\mathrm{j}\Omega}) \tag{4.38}$$

$$\mathrm{e}^{\mathrm{j}n\Omega_0}x(n)\xleftrightarrow{\text{DTFT}}X(\mathrm{e}^{\mathrm{j}(\Omega-\Omega_0)}) \tag{4.39}$$

式（4.38）和式（4.39）分别反映了信号的时域和频域发生平移时，其对应的频域和时域所产生的相位变化，可以由离散时间傅里叶变换的定义式（4.32）与式（4.33）得到。

4. 共轭对称性

若

$$x(n)\xleftrightarrow{\text{DTFT}}X(\mathrm{e}^{\mathrm{j}\Omega})$$

则

$$x^*(n)\xleftrightarrow{\text{DTFT}}X^*(\mathrm{e}^{-\mathrm{j}\Omega}) \tag{4.40}$$

当 $x(n)$ 为实信号时有

$$X(\mathrm{e}^{\mathrm{j}\Omega}) = X^*(\mathrm{e}^{-\mathrm{j}\Omega}) \tag{4.41}$$

进一步有

$$\mathrm{Re}\{X(\mathrm{e}^{\mathrm{j}\Omega})\} = \mathrm{Re}\{X^*(\mathrm{e}^{-\mathrm{j}\Omega})\} = \mathrm{Re}\{X(\mathrm{e}^{-\mathrm{j}\Omega})\} \tag{4.42}$$

$$\mathrm{Im}\{X(\mathrm{e}^{\mathrm{j}\Omega})\} = \mathrm{Im}\{X^*(\mathrm{e}^{-\mathrm{j}\Omega})\} = -\mathrm{Im}\{X(\mathrm{e}^{-\mathrm{j}\Omega})\} \tag{4.43}$$

$$|X(\mathrm{e}^{\mathrm{j}\Omega})| = |X^*(\mathrm{e}^{-\mathrm{j}\Omega})| = |X(\mathrm{e}^{-\mathrm{j}\Omega})| \tag{4.44}$$

$$\angle X(\mathrm{e}^{\mathrm{j}\Omega}) = \angle X^*(\mathrm{e}^{-\mathrm{j}\Omega}) = -\angle X(\mathrm{e}^{-\mathrm{j}\Omega}) \tag{4.45}$$

式（4.42）~式（4.45）表明，实信号的频谱实部偶对称，虚部奇对称；幅度谱偶对称，相位谱奇对称。

5. 差分与求和特性

离散时间序列的差分与求和相应于连续时间信号的微分与积分。若信号 $x(n)$ 的离散时间傅里叶变换为 $X(\mathrm{e}^{\mathrm{j}\Omega})$，根据线性和时移性质，一次差分信号 $x(n)-x(n-1)$ 的傅里叶变换可以表示为

$$x(n)-x(n-1)\xleftrightarrow{\text{DTFT}}(1-\mathrm{e}^{-\mathrm{j}\Omega})X(\mathrm{e}^{\mathrm{j}\Omega}) \tag{4.46}$$

在考虑信号

$$y(n) = \sum_{m=-\infty}^{n} x(m)$$

的傅里叶变换时，与连续时间信号的傅里叶变换类似，若简单认为 $y(n)-y(n-1)=x(n)$，而得出 $y(n)$ 的傅里叶变换为 $x(n)$ 的傅里叶变换被 $(1-\mathrm{e}^{-\mathrm{j}\Omega})$ 所除，就会丢失信号的直流或平均特性。其更为精确的关系应该是

$$\sum_{m=-\infty}^{n} x(m) \xleftrightarrow{\text{DTFT}} \frac{1}{1-e^{-j\Omega}}X(e^{j\Omega}) + \pi X(e^{j0}) \sum_{l=-\infty}^{\infty} \delta(\Omega-2\pi l) \qquad (4.47)$$

式中，右边的冲激串反映了求和过程中可能出现的直流或平均值。

【例4.5】 计算单位阶跃序列 $x(n)=u(n)$ 的傅里叶变换 $X(e^{j\Omega})$。

解： 已知

$$g(n) = \delta(n) \xleftrightarrow{\text{DTFT}} G(e^{j\Omega}) = 1$$

因此，单位阶跃序列

$$x(n) = u(n) = \sum_{m=-\infty}^{n} g(m)$$

的傅里叶变换就可以由式(4.47) 的求和特性计算得到

$$X(e^{j\Omega}) = \frac{1}{1-e^{-j\Omega}}G(e^{j\Omega}) + \pi G(e^{j0}) \sum_{l=-\infty}^{\infty} \delta(\Omega-2\pi l) = \frac{1}{1-e^{-j\Omega}} + \pi \sum_{l=-\infty}^{\infty} \delta(\Omega-2\pi l)$$

6. 时间反转特性

若

$$x(n) \xleftrightarrow{\text{DTFT}} X(e^{j\Omega})$$

则

$$
\begin{aligned}
x(-n) \xleftrightarrow{\text{DTFT}} \mathscr{F}\{x(-n)\} &= \sum_{n=-\infty}^{+\infty} x(-n)e^{-j\Omega n} \\
&= \sum_{m=-\infty}^{+\infty} x(m)e^{j\Omega m} = \sum_{m=-\infty}^{+\infty} x(m)e^{-j(-\Omega)m} = X(e^{-j\Omega})
\end{aligned}
$$

即

$$x(-n) \xleftrightarrow{\text{DTFT}} X(e^{-j\Omega}) \qquad (4.48)$$

7. 时域扩展特性

离散时间信号在时间上的离散性，导致其时间和频率的尺度变换特性与连续时间信号相比有所不同。对于连续信号，在2.2.3节曾导出连续时间傅里叶变换的尺度变换特性如下：

$$x(at) \xleftrightarrow{\mathscr{F}} \frac{1}{|a|}X\left(\frac{j\omega}{a}\right), \quad a \neq 0 \qquad (4.49)$$

式中，若取 $|a|>1$，则对应于信号时域的压缩，在频域表现为频谱的展宽；若取 $0<|a|<1$，则对应于信号时域的扩展，在频域表现为频谱的压缩。然而，若要定义一个离散信号 $x(an)$，则 a 必须是正整数，对应于时域序列抽取，此时信号由 $x(n)$ 的等间隔样本所组成，其频谱由傅里叶变换定义式(4.33) 可得

$$X(e^{j\Omega}) = \sum_{n=-\infty}^{\infty} x(an)e^{-j\Omega n}$$

若令 k 是一个正整数，则离散序列 $x(n)$ 的时域扩展可以表示为

$$x_k(n) = \begin{cases} x(n/k), & n/k \in \mathbf{Z} \\ 0, & n/k \notin \mathbf{Z} \end{cases} \qquad (4.50)$$

式中，$\mathbf{Z}$ 代表整数集合。式(4.50) 表明，$x_k(n)$ 是在 $x(n)$ 的连续值之间插入 $k-1$ 个零值构成，因此，仅在 n 为 k 的整数倍，即 $n=rk$ 时，$x_k(rk)=x(r)$，其他时刻 $x_k(n)=0$。由式(4.33) 可以得到序列 $x(n)$ 时域扩展后信号的频谱为

$$X_k(e^{j\Omega}) = \mathscr{F}\{x_k(n)\}$$

$$= \sum_{n=-\infty}^{+\infty} x_k(n)e^{-j\Omega n}$$

$$= \sum_{r=-\infty}^{+\infty} x_k(rk)e^{-j\Omega rk} = \sum_{r=-\infty}^{+\infty} x(r)e^{-j(k\Omega)r} = X(e^{jk\Omega})$$

亦即

$$x_k(n) \xleftarrow{\quad DTFT \quad} X(e^{jk\Omega}) \tag{4.51}$$

式(4.51) 即为离散时间傅里叶变换的时域扩展特性。当正整数 $k > 1$ 时，该离散信号在时间上被拉开了，表现为时间上的减慢，如图4.7所示，它的频谱则受到压缩。

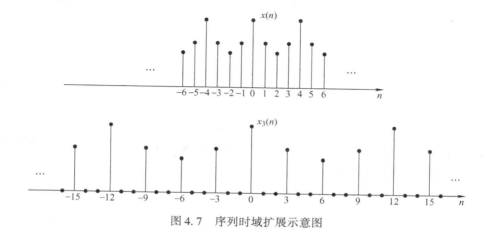

图4.7　序列时域扩展示意图

8. 频域微分

若

$$x(n) \xleftarrow{\quad DTFT \quad} X(e^{j\Omega})$$

则

$$nx(n) \xleftarrow{\quad DTFT \quad} j\frac{dX(e^{j\Omega})}{d\Omega} \tag{4.52}$$

上述结果可以通过对傅里叶变换定义式(4.33) 两边微分得到，即

$$\frac{dX(e^{j\Omega})}{d\Omega} = \sum_{n=-\infty}^{+\infty} -jnx(n)e^{-j\Omega n} = -j\sum_{n=-\infty}^{+\infty} nx(n)e^{-j\Omega n} = -j\mathscr{F}\{nx(n)\} \tag{4.53}$$

式(4.53) 两边同时乘以 j，就得到

$$\mathscr{F}\{nx(n)\} = j\frac{dX(e^{j\Omega})}{d\Omega}$$

9. 卷积特性

卷积特性在分析 LTI 系统中有重要价值。假设 $x(n)$、$h(n)$ 和 $y(n)$ 分别为 LTI 系统的输入激励、单位脉冲响应和零状态响应，则有

$$y(n) = x(n) * h(n) \tag{4.54}$$

那么

$$Y(e^{j\Omega}) = X(e^{j\Omega})H(e^{j\Omega}) \tag{4.55}$$

式(4.55) 的导出与连续时间傅里叶变换的卷积特性一样。式中，$X(e^{j\Omega})$、$Y(e^{j\Omega})$ 和 $H(e^{j\Omega})$ 分别为 $x(n)$、$y(n)$ 和 $h(n)$ 的傅里叶变换，表示输入信号的频谱、输出信号的频谱和 LTI 系统的频率响应特性。

与连续时间情况一样，式(4.55) 将两个信号的卷积转化为它们的傅里叶变换代数相乘运算，这一点非常有助于理解一个 LTI 系统对施加于它的输入信号的响应。从式(4.55) 可见，系统的频率响应 $H(e^{j\Omega})$ 控制了输入信号频谱在每一频率 Ω 上复振幅的变化。

【例 4.6】 假设一 LTI 系统的单位脉冲响应为 $h(n) = \delta(n - n_0)$，试分析信号 $x(n)$ 经过系统的响应。

解：LTI 系统的频率响应为

$$H(e^{j\Omega}) = \sum_{n=-\infty}^{\infty} \delta(n - n_0) e^{-j\Omega n} = e^{-j\Omega n_0}$$

因此，对于傅里叶变换为 $X(e^{j\Omega})$ 的任意输入 $x(n)$，输出响应的傅里叶变换为

$$Y(e^{j\Omega}) = e^{-j\Omega n_0} X(e^{j\Omega}) \tag{4.56}$$

即

$$y(n) = x(n - n_0)$$

该系统只对输入信号产生时间平移，是个纯时移系统，在频域上则表现为一个附加相位的引入，且相移与频率呈线性关系，即 $-\Omega n_0$。

10. 乘积特性

若 $x(n) \xleftrightarrow{\text{DTFT}} X(e^{j\Omega})$，$y(n) \xleftrightarrow{\text{DTFT}} Y(e^{j\Omega})$，则根据傅里叶变换的定义公式，有

$$\mathscr{F}\{x(n)y(n)\} = \sum_{n=-\infty}^{+\infty} x(n)y(n) e^{-j\Omega n} \tag{4.57}$$

由于

$$x(n) = \frac{1}{2\pi} \int_{<2\pi>} X(e^{j\theta}) e^{j\theta n} d\theta \tag{4.58}$$

于是有

$$\mathscr{F}\{x(n)y(n)\} = \sum_{n=-\infty}^{+\infty} x(n)y(n) e^{-j\Omega n} = \sum_{n=-\infty}^{+\infty} y(n) \left[\frac{1}{2\pi} \int_{<2\pi>} X(e^{j\theta}) e^{j\theta n} d\theta \right] e^{-j\Omega n}$$
$$\tag{4.59}$$

变换求和与积分次序，可得

$$\mathscr{F}\{x(n)y(n)\} = \frac{1}{2\pi} \int_{<2\pi>} X(e^{j\theta}) \left[\sum_{n=-\infty}^{+\infty} y(n) e^{-j(\Omega-\theta)n} \right] d\theta \tag{4.60}$$

式(4.60) 方括号内的和就是 $Y(e^{j(\Omega-\theta)})$ 的结果，式(4.60) 就变成

$$\mathscr{F}\{x(n)y(n)\} = \frac{1}{2\pi} \int_{<2\pi>} X(e^{j\theta}) Y[e^{j(\Omega-\theta)}] d\theta \tag{4.61}$$

式(4.61) 相应于 $X(e^{j\Omega})$、$Y(e^{j\Omega})$ 的周期卷积，并且积分区间可以是任意起点的 2π 长度范围。

11. 帕塞瓦尔定理

若
$$x(n) \xleftarrow{\text{DTFT}} X(e^{j\Omega})$$
则

$$\sum_{n=-\infty}^{\infty} |x(n)|^2 = \frac{1}{2\pi} \int_{<2\pi>} |X(e^{j\Omega})|^2 d\Omega \qquad (4.62)$$

这个关系类似于式(2.59)，推导过程也很相似，式中等号左边的求和代表信号 $x(n)$ 中的总能量。帕塞瓦尔定理表明，信号的总能量可以在离散时间频率的 2π 区间上对每单位频率上的能量积分再乘以 $\frac{1}{2\pi}$ 来获得。$|X(e^{j\Omega})|^2$ 称为信号 $x(n)$ 的能量密度谱。

表4.3 列出了离散时间傅里叶变换的基本性质，这些性质与连续时间傅里叶变换及周期序列傅里叶级数的性质有很多相似之处，都建立了信号的时域与频域之间的一一对应关系，实现了信号从时域到频域的映射，拓展了信号表达的空间，为信号与系统的频域分析奠定了理论基础。

表4.3 离散时间傅里叶变换性质

性 质	信 号	傅里叶变换
	$x(n), y(n)$	$X(e^{j\Omega}), Y(e^{j\Omega})$
线性	$ax(n) + by(n)$	$aX(e^{j\Omega}) + bY(e^{j\Omega})$
时移	$x(n - n_0)$	$e^{-j\Omega n_0} X(e^{j\Omega})$
频移	$e^{j\Omega n_0} x(n)$	$X[e^{j(\Omega - \Omega_0)}]$
时间反转	$x(-n)$	$X(e^{-j\Omega})$
共轭	$x^*(n)$	$X^*(e^{-j\Omega})$
共轭对称	$x^*(-n)$	$X^*(e^{j\Omega})$
卷积特性	$x(n) * y(n) = \sum_{l=\infty}^{\infty} x(l) y(n-l)$	$X(e^{j\Omega}) Y(e^{j\Omega})$
乘积特性	$x(n) y(n)$	$\frac{1}{2\pi} \int_{<2\pi>} X(e^{j\theta}) Y(e^{j(\Omega-\theta)}) d\theta$
频域微分	$n x(n)$	$j \frac{d}{d\Omega} X(e^{j\Omega})$
时域扩展	$x_k(n) = \begin{cases} x(n/k), & n/k \in \mathbf{Z} \\ 0, & n/k \notin \mathbf{Z} \end{cases}$	$X(e^{jk\Omega})$
差分	$x(n) - x(n-1)$	$(1 - e^{-j\Omega}) X(e^{j\Omega})$
求和	$\sum_{m=-\infty}^{n} x(m)$	$\frac{1}{1 - e^{-j\Omega}} X(e^{j\Omega}) + \pi X(e^{j0}) \sum_{l=-\infty}^{\infty} \delta(\Omega - 2\pi l)$
帕塞瓦尔定理	$\sum_{n=-\infty}^{\infty} |x(n)|^2 = \frac{1}{2\pi} \int_{<2\pi>} |X(e^{j\Omega})|^2 d\Omega$	

4.3 奈奎斯特抽样定理

在当今时代，由于数字技术已得到飞速发展，在很多情况下，离散时间信号的处理要比连续时间信号的处理更加灵活方便。由此产生了大量数字信号处理设备，如智能手机、数码相机、3D 影院及其他仪器与系统等。

连续时间信号和离散时间信号有着密切的关联，同样，连续时间系统和离散时间系统也不是完全分割开来的。连续时间信号和离散时间信号之间的联系纽带就是抽样定理。连续时间信号必须经过抽样和 A - D 转换，变成数字信号后才能由计算机处理。但这也并不是说，所有的离散时间信号都必须从连续时间信号抽样得到，有些离散时间信号可以由软件程序、硬件设备、系统等直接产生，例如图 4.8 所示的气温信号，是由系统定时定点对空气直接检测而得。

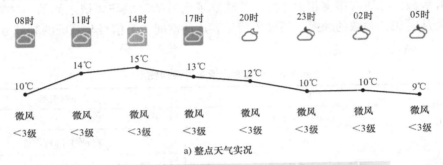

a) 整点天气实况

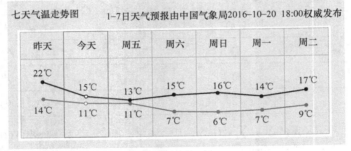

b) 七天气温走势

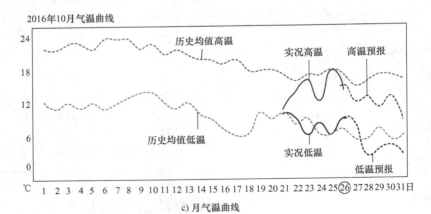

c) 月气温曲线

图 4.8　不同时点的气温信号

如果一个连续时间信号可以用其等效的离散时间信号（序列）来代替，即离散时间信号中包含了连续时间信号中的全部信息，那么，就不一定非要传输和处理连续时间信号，而只要传输和处理离散时间信号就够了。例如，在取得足够多的实验数据后，就可以在坐标纸上把这些点连接起来构成一条光滑的曲线。抽样定理实际上表达了这种思想，即对于连续时间信号，并不需要无限多个连续的时间点上的瞬时值来决定其变化规律，而只需要各个等间隔点上有限多个离散的抽样值就行了。

抽样、采样、取样的英文对应的是同一个词，即 Sampling，在本书中统一使用"抽样"这个词。抽样过程所应遵循的规律，又称抽样定理。抽样定理说明抽样频率与信号频谱之间的关系，是连续信号离散化的基本依据。抽样定理是在 1928 年由美国电信工程师 H. 奈奎斯特首先提出来的，因此又称为奈奎斯特（Nyquist）抽样定理。1933 年，苏联工程师科捷利尼科夫首次用公式严格地表述了这一定理，因此在文献中也有称为科捷利尼科夫抽样定理的。1948 年信息论的创始人 C. E. 香农对这一定理加以明确地说明并正式作为定理引用，因此在许多文献中又称为香农抽样定理。抽样定理有许多表述形式，但最基本的表述方式是时域抽样定理和频域抽样定理。限于篇幅，本书仅对时域抽样定理做详细的讲解。

4.3.1　理想抽样的数学模型

在某些离散的时间点上提取连续时间信号值的过程称为抽样。以电路系统为例，抽样器可理解为一个开关，它每隔 T 就短暂地闭合一次，输出一个连续时间信号的幅度值，完成对连续时间信号进行一次抽样。

如图 4.9 所示，设 $x(t)$ 为被抽样的连续信号，$p_T(t)$ 为抽样序列，$x_s(t)$ 为已抽样的信号，则有

$$x_s(t) = x(t) \cdot p_T(t) \tag{4.63}$$

在理想抽样情况下，抽样序列为周期冲激串信号，即

$$p_T(t) = \delta_T(t) = \sum_{n=-\infty}^{\infty} \delta(t - nT) \tag{4.64}$$

式中，T 称为抽样间隔或者抽样周期，那么相应地，$f = 1/T$ 叫作抽样频率，$\omega = 2\pi/T$ 为抽样角频率。有时，为了区别于信号的周期，常常将抽样周期写为 T_s。可得

$$\begin{aligned} x_s(t) &= x(t) \cdot p_T(t) = x(t) \cdot \delta_T(t) \\ &= x(t) \sum_{n=-\infty}^{\infty} \delta(t - nT) = \sum_{n=-\infty}^{\infty} x(nT)\delta(t - nT) \end{aligned} \tag{4.65}$$

一般来讲，以抽样间隔 T 为任意值从 $x(t)$ 抽取的样本 $x(nT)$，并不一定能唯一地表示原信号，例如在图 4.10 中，由于 T 选得过宽，三个不同的连续时间信号在 T 的整数倍时刻点上全部有相同的值，即

$$x_1(kT) = x_2(kT) = x_3(kT)$$

如果连续时间信号的频带是有限的，并且它的样本取得足够密（相对于信号的最高频

率来说），那么这些样本值就能唯一地表示该信号，并且能从这些样本值中把原始信号完全恢复出来。这就是抽样定理要解决的问题。

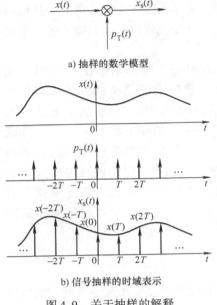

a) 抽样的数学模型

b) 信号抽样的时域表示

图 4.9　关于抽样的解释

图 4.10　一个抽样信号可能代表不同的连续时间信号

4.3.2　奈奎斯特抽样定理

奈奎斯特抽样定理说明抽样频率与信号频谱之间的关系，是连续信号离散化的基本依据。学习抽样定理时，可重点关注连续时间信号和离散时间信号是如何相互关联的，才能理解抽样的真正意义。抽样定理一般有两种表述方式，即时域抽样定理和频域抽样定理，二者都符合抽样信号能够恢复出原信号的基本原则。在本书中，着重学习奈奎斯特时域抽样定理。

在很多应用中，抽样的目的不仅仅是为了得到原信号的一系列样本值，而是为了在进行某些信号处理过程（存储、传输、变换）后，仍然可以通过离散的样本值来恢复原信号，例如数字声音采集系统的声音回放、数码影像的播放等。利用离散系统处理连续时间信号的一般过程可参见图 4.11。这些信号处理过程对抽样过程是有一定要求的，并不是说任何信号都可以由它的离散时间抽样值来表示。

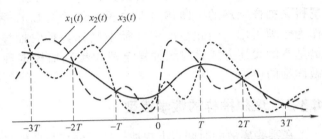

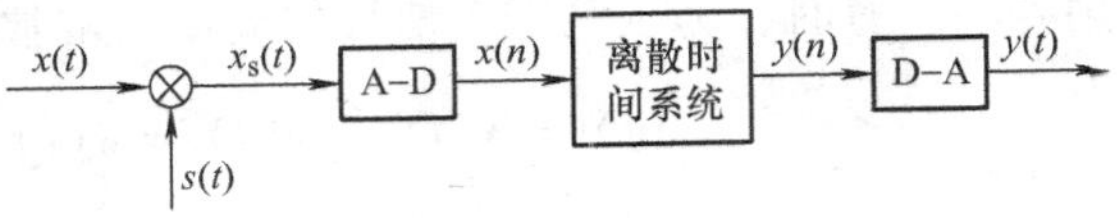

图 4.11　对连续时间信号数字化处理的过程

1. 奈奎斯特抽样定理的表述

奈奎斯特抽样定理的表述如下：若 $x(t)$ 为一个频带限制时间信号函数，其最高频率为 f_m，即对于 $|f| > f_m$，其频谱密度函数为 $X(j\omega) = 0$，那么 $x(t)$ 能够唯一由它的样本 $x(n) = x(nT)$，$n = 0$，± 1，± 2，$\cdots$所决定的条件是抽样频率 $f_s > 2f_m$。

频率 $2f_m$ 又称为奈奎斯特速率（Nyquist Rate），这个术语常常用在通信系统中。根据 $\omega_m = 2\pi f_m = 2\pi/T_m$ 可知，$x(t)$ 的值可由一系列抽样间隔小于 T_m 的抽样值来确定，即抽样点的重复频率应满足 $f > 2f_m$ 或者抽样间隔必须满足 $T < \dfrac{1}{2f_m}$。

若对信号抽样的实际抽样频率被记为 f_s，那么抽样频率的选取必须满足抽样定理，即 $f_s > 2f_m$，抽样频率的一半记为奈奎斯特频率（Nyquist Frequency）或者折叠频率。

2. 几个常用术语

在实际的抽样应用中，常常把一些典型的频率点给予特定的名称，以方便使用，表 4.4 中列出了典型频率点以及它们之间的关系。

表 4.4　奈奎斯特频率和奈奎斯特速率

名　称	符　号	关　系　式	角频率表示
带限信号的最高频率	f_m	—	$\omega_m = 2\pi f_m$
奈奎斯特速率	f_{NR}	$f_{NR} = 2f_m$	$\omega_{NR} = 2\pi f_{NR} = 4\pi f_m$
奈奎斯特抽样间隔	T_{NR}	$T_{NR} = \dfrac{1}{f_{NR}} = \dfrac{1}{2f_m}$	$T_{NR} = \dfrac{2\pi}{\omega_{NR}} = \dfrac{1}{2f_m}$
实际抽样频率	f_s	—	$\omega_s = 2\pi f_s$
折叠频率（奈奎斯特频率）	f_N	$f_N = f_s/2$	$\omega_N = 2\pi f_N = \pi f_s$
抽样周期	T_s	$T_s = \dfrac{1}{f_s}$	$T_s = \dfrac{2\pi}{\omega_s} = \dfrac{1}{f_s}$

由于时域抽样定理规定了信号频率与抽样频率之间存在 2 倍的频率关系，那么，信号的最高频率与奈奎斯特速率对应，二者为一组参数；实际抽样频率和折叠频率是另一组参数。如果实际抽样频率正好等于奈奎斯特速率，那么折叠频率就正好等于信号的最高频率了。

【例 4.7】　找出信号 $x(t) = 25\cos(5\pi t)$ 的奈奎斯特速率和奈奎斯特抽样间隔。

解：

信号最高频率是：$\omega_m = 5\pi\,\text{rad/s}$ 或者 $f_m = 2.5\,\text{Hz}$；

所以奈奎斯特速率为 $\omega_{NR} = 2\omega_m = 10\pi\,\text{rad/s}$ 或者 $f_{NR} = 2f_m = 5\,\text{Hz}$；

奈奎斯特抽样间隔为 $T_{NR} = 0.2\,\text{s}$。

总之，掌握时域抽样定理要从两个方面去理解和应用，即：

1）若带限信号 $x(t)$ 的最高频率为 ω_m，则信号 $x(t)$ 可以用等间隔的抽样值唯一地表示。

2）抽样频率 ω_s 应大于 $2\omega_m$，即抽样间隔 T_s 应小于 π/ω_m。

根据抽样频率 f_s 是否满足抽样定理，可以把抽样过程分为以下三种，即：过抽样，$f_s > 2f_m$，如图 4.12 所示；临界抽样，$f_s = 2f_m$，如图 4.13 所示；欠抽样，$f_s < 2f_m$，如图 4.14 所示。实际信号处理过程中，抽样频率通常取原始信号最高频率的 3～5 倍，以保证能够真实地恢复原信号。

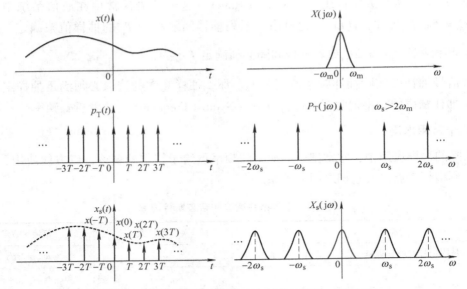

图 4.12　抽样频率大于 2 倍最高频率的情况（过抽样）

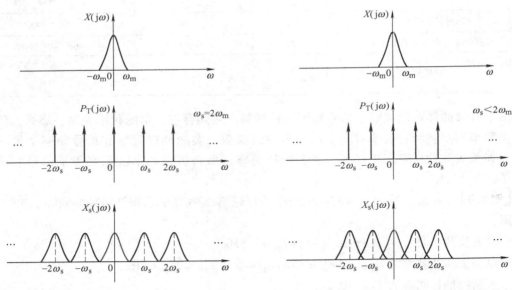

图 4.13　抽样频率等于 2 倍最高频率的
　　　　情况（临界抽样）

图 4.14　抽样频率小于 2 倍最高频率的
　　　　情况（欠抽样）

【例 4.8】　已知实信号 $x(t)$ 的最高频率为 f_m(Hz)，试计算对各信号 $x(2t)$、$x(t)*x(2t)$、$x(t) \cdot x(2t)$ 抽样不混叠的最小抽样频率。

解： 根据傅里叶变换的性质及抽样定理得：

$x(t) \xleftrightarrow{\mathscr{F}} X(j\omega)$，对信号 $x(t)$ 的最小抽样频率为 $2f_m$；

$x(2t) \xleftrightarrow{\mathscr{F}} \dfrac{1}{2}X\left(j\dfrac{\omega}{2}\right)$，对信号 $x(2t)$ 的最小抽样频率为 $4f_m$；

$$x(t) * x(2t) \xleftarrow{\mathscr{F}} \frac{1}{2} X(j\omega) X\left(j\frac{\omega}{2}\right), \text{对信号 } x(t) * x(2t) \text{ 的最小抽样频率为 } 2f_m;$$

$$x(t) \cdot x(2t) \xleftarrow{\mathscr{F}} \frac{1}{2\pi} X(j\omega) * X\left(j\frac{\omega}{2}\right), \text{对信号 } x(t) \cdot x(2t) \text{ 的最小抽样频率为 } 6f_m.$$

请读者思考：

1）根据奈奎斯特抽样定理，对连续时间信号进行抽样时，只需抽样频率 $f_s > 2f_m$，就可以从样本中恢复原信号。在工程应用中，抽样频率常设为 $f_s \geqslant (3 \sim 5)f_m$，为什么？

线索：因为抽样频率高，抽样点数多，所以得到的谱线数目多，频谱图形更完整。

2）若连续时间信号 $x(t)$ 的最高频率 f_m 未知，如何确定抽样间隔 T？

线索：信号频率的大致范围一般是事先知道的。先经过抗混叠预滤波电路处理，使之成为带限信号，即知 f_m，然后可确定抽样频率 f_s 及抽样间隔 T。

4.3.3　抽样信号的重建

如果要从连续时间信号的离散时间样本 $x(nT)$ 不失真地恢复出原来的连续时间信号 $x(t)$，可将其样本值序列通过一个低通滤波器实现，该理想滤波器的截止频率 ω_c 必须满足条件

$$\omega_m < \omega_c < \frac{\omega_s}{2} \tag{4.66}$$

若该理想滤波器频率特性 $H_r(j\omega)$ 的通带幅度为 T，一种方便而常用的选择是 $\omega_c = \frac{\omega_s}{2} = \frac{\pi}{T}$，则有

$$H_r(j\omega) = \begin{cases} T, & |\omega| < \omega_s/2 \\ 0, & |\omega| > \omega_s/2 \end{cases}$$

$$h_r(t) = \mathscr{F}^{-1}\{H_r(j\omega)\} = \mathrm{Sa}(\omega_c t)$$

该理想低通滤波器的频域和时域波形如图 4.15 所示。

抽样信号的时域重建过程可由图 4.16 表示，信号传递的数学表示可写出下面一组公式：

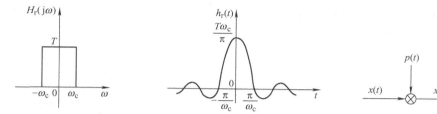

图 4.15　理想低通滤波器及其时域波形　　　　　图 4.16　抽样信号的恢复模型

$$p(t) = \sum_{n=-\infty}^{\infty} \delta(t - nT)$$

$$x_s(t) = \sum_{n=-\infty}^{\infty} x(nT)\delta(t - nT)$$

$$h_r(t) = \text{Sa}(\omega_c t)$$

$$x_r(t) = x_s(t) * h_r(t)$$

$$x_r(t) = x(t)$$

所以
$$x(t) = x_s(t) * h_r(t) = \sum_{n=-\infty}^{+\infty} x(nT) \cdot h_r(t - nT) \tag{4.67}$$

式(4.67)即为典型的插值公式，进一步可写成式(4.68)，也就是说，$x(t)$ 可以看成是无穷多个抽样函数按照一定规则叠加而成。

$$x(t) = x_s(t) * h_r(t) = \sum_{n=-\infty}^{+\infty} x(nT) \cdot \text{Sa}[\omega_c(t - nT)] \tag{4.68}$$

假设理想低通滤波器的截止频率为 ω_c，通带幅度为 A，可写出关于 $x(t)$ 的插值公式如式(4.69)，其插值过程如图4.17所示。

$$x(t) = x_r(t) = x_s(t) * h_r(t) = \frac{\omega_c A}{\pi} \sum_{n=-\infty}^{+\infty} x(nT) \cdot \text{Sa}[\omega_c(t - nT)] \tag{4.69}$$

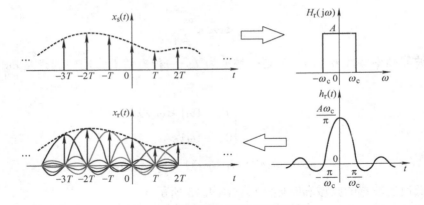

图 4.17　信号恢复的时域插值过程

信号重建在频域可解释如下：原始信号在抽样后其频谱发生周期延拓，若满足奈奎斯特抽样定理的条件，则延拓频谱不混叠，此信号通过低通滤波器 $H_r(j\omega)$ 后仅剩下主频谱周期，而主频谱的傅里叶反变换即为原信号的逼近信号，如图4.18所示。

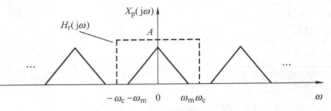

图 4.18　信号恢复的频域解释

4.3.4　实际抽样过程

实际的抽样过程是由窄脉冲串来完成的。设 $s(t)$ 为周期性的脉冲串，$x(t)$ 为输入信号，$x_s(t)$ 为输出信号，则抽样所得信号为一个窄脉冲序列，如图4.19所示。实际的模拟信号数字化过程如图4.20所示。

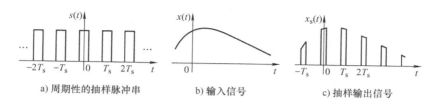

图 4.19　实际的信号抽样过程

实现抽样的一个实际电路如图 4.21 所示。在控制信号抽样时钟脉冲到来时，该电路会在输出端再生出输入电压作为响应，并保持该响应电压，直到下一个时钟脉冲到来。该输出信号再经 A - D 转换后得到量化的数字信号，可参见图 4.20，此信号可以提供给数字信号处理器进行处理。

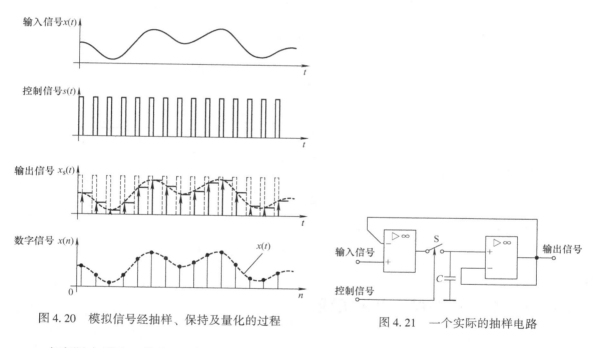

图 4.20　模拟信号经抽样、保持及量化的过程

图 4.21　一个实际的抽样电路

在实际应用中，常常用到一些 A - D 转换芯片，这些芯片里面集成了抽样保持电路。例如，MAX197 是 Maxim 公司推出的 8 通道、12 位的高速 A - D 转换芯片。芯片采用单一电源 5V 供电，单次转换时间仅为 6μs，抽样速率可达 100kSa/s，如图 4.22 所示。

模拟信号的数字处理要求在处理之前使用模拟信号到数字信号的转换器（Analog to Digital Converter，ADC）来采集模拟信号，还要求利用数字信号到模拟信号的转换器（Digital to Analog Converter，DAC）将处理过的数字信号再转换回模拟形式。具体过程如下：

模拟输入信号经过放大和防混叠低通滤波后，送到 A - D 转换器转换成数字信号，再将数字信号送到数字信号处理器（Digital Signal Processor，DSP）中进行必要的算法处理，待处理完成之后，可根据任务需要将处理结果转换成模拟信号，同时，D - A 转换器的输出还需经过重构、滤波和放大后，才能得到最终的所要求的模拟输出信号。

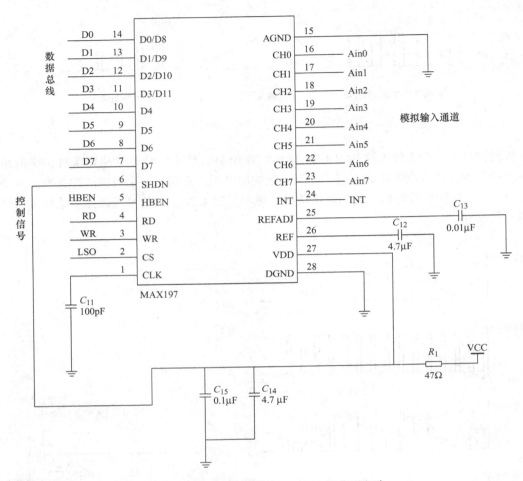

图 4.22   A－D 转换芯片 MAX197 及典型电路

4.4   MATLAB 编程及上机实践

4.4.1   与本章有关的 MATLAB 函数举例

1. fft

功能：实现一维快速傅里叶变换（FFT）。

格式及说明：

$y = \mathrm{fft}(x)$；

利用 FFT 算法计算矢量 x 的离散傅里叶变换，当 x 为矩阵时，y 为矩阵 x 每一列的 FFT。

$y = \mathrm{fft}(x, n)$；

采用 n 点 FFT。当 x 长度小于 n 时，fft 函数自动在 x 尾部补零，以构成 n 点数据；当 x 的长度大于 n 时，fft 截取 x 的前面 n 点数据进行 FFT。

fft 可用来计算 DTFS 系数。信号的周期 n 由函数中序列 x 的长度确定，返回的序列 y 给出的是 0≤m≤n−1 时的 DTFS 系数。

2. ifft

功能：一维快速傅里叶反变换（IFFT）。与 FFT 的计算程序思路类似。
格式及说明：
y = ifft(x)；
y = ifft(x,n)；

函数 fft 与 ifft 均来自离散傅里叶变换（Discrete Fourier Transform，DFT）的快速算法（Fast Fourier Transform，FFT），利用这个函数可以快速计算连续或离散信号的傅里叶变换与傅里叶级数。另外，对离散序列傅里叶变换的频谱进一步分析时，也需要像连续情况一样计算幅度谱和相位谱，采用的 MATLAB 函数是 abs 与 angle。

3. fftshift

功能：将 fft 的计算结果的零频位置移到频谱中心。
格式及说明：
fftshift(x)；

对向量而言，fftshift(x) 调换 x 的左右两半部分。对矩阵而言，fftshift(x) 将第 I 象限与第 III 象限调换，将第 II 象限与第 IV 象限调换。对 N 维数组，fftshift(x) 沿着每一维调换 x 的两半部分。

fftshift(x,DIM)；

对 DIM 指定维数的向量进行 fftshift 操作。

4.4.2　上机实践举例

【**例 4.9**】　求两个离散时间序列的卷积。
解：
% 求两个离散时间序列的卷积,程序运行结果如图 4.23 所示。

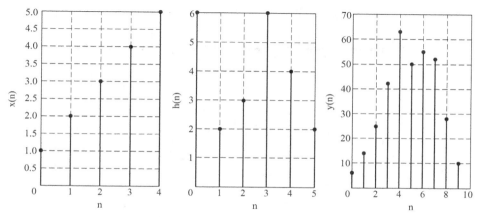

图 4.23　【例 4.9】的运行结果

```
N = 5;
M = 6;
L = N + M - 1;
x = [1,2,3,4,5];
nx = 0:N - 1;
h = [6,2,3,6,4,2];nh = 0:M - 1;
y = conv(x,h);
ny = 0:L - 1;
subplot(231);stem(nx,x,'. ');xlabel('n');ylabel('x(n)');grid on;
subplot(232);stem(nh,h,'. ');xlabel('n');ylabel('h(n)');grid on;
subplot(233);stem(ny,y,'. ');xlabel('n');ylabel('y(n)');grid on;
```

【例 4.10】 已知一个周期序列 $x(n) = \sin\left(\dfrac{\pi}{16}n + \dfrac{\pi}{6}\right) + 0.5\cos\left(\dfrac{7\pi}{16}n\right)$，用 fft 函数计算其频谱。

解：

程序运行结果如图 4.24 所示，程序代码如下：

```
% 用 fft 函数计算周期序列的频谱
N = 32;n = 0:N - 1;
x = sin(pi* n/16 + pi/6) + 0.5* cos(7* pi* n/16);
xk = fft(x,N);
subplot(2,1,1);stem(n - N/2,abs(fftshift(xk)));
axis([ - 16,16,0,18]);xlabel('k∧omega0'); ylabel('幅度');
subplot(2,1,2);stem(n - N/2,angle(fftshift(xk)));
axis([ - 16,16, - 4,4]);xlabel('k∧omega0'); ylabel('相位');
```

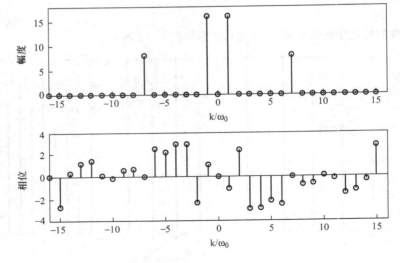

图 4.24 【例 4.10】的运行结果

【例 4.11】　采用 fft 对给定信号进行频谱分析，并学习 fftshift 函数的使用。

解：

```
% fftshift 的主要功能是处理 fft 函数的结果,将零频位置移到频谱中心。
t_s = 0.01;
t_start = 0.5; t_end = 5;
t = t_start:t_s:t_end;
y = 0.5* sin(2* pi* 15* t) +2* sin(2* pi* 40* t);
y_f = fft(y);
subplot(3,1,1);
plot(t,y); title('original signal');
Duration = t_end - t_start;
Sampling_points = Duration/t_s +1;
f_s =1/t_s;
f_x =0:f_s/(Sampling_points -1):f_s;
subplot(3,1,2);
plot(f_x,abs(y_f)); title('fft trans-
form');
subplot(3,1,3);
plot(f_x - f_s/2,abs(fftshift(y_f)));
title('shift fft transform');
% 程序运行结果如图 4.25 所示。
```

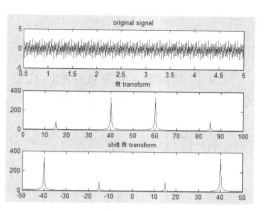

图 4.25　【例 4.11】的运行结果

习　题　四

4.1　试确定下列周期为 4 的序列的 DTFS 系数。

（1）$x(n) = [1,2,0,2]_0$　　　　　　（2）$h(n) = [0,1,0,-1]_0$

4.2　试计算下列周期为 4 的序列的周期卷积 $y(n) = x(n) \tilde{*} h(n)$。

$x(n) = [0,1,0,2]_0, h(n) = [2,0,1,0]_0$

4.3　试确定下列周期序列的周期及 DTFS 系数。

（1）$x_1(n) = \sin(\pi n/4)$　　　　　　（2）$x_2(n) = 2\sin(\pi n/4) + \cos(\pi n/3)$

4.4　已知周期序列 $x(n)$ 的 DTFS 系数为 $\tilde{X}(k)$，试确定周期序列 $x(n)$。

（1）$\tilde{X}(k) = 1 + \dfrac{1}{2}\cos\dfrac{\pi k}{2} + 2\cos\dfrac{\pi k}{4}$　　　（2）$\tilde{X}(k) = \begin{cases} 1, & 0 \leqslant k \leqslant 3 \\ 0, & 4 \leqslant k \leqslant 7 \end{cases}$

（3）$\tilde{X}(k) = e^{j\pi k/4}, 0 \leqslant k \leqslant 7$　　　　（4）$\tilde{X}(k) = [1,\ 0,\ -1,\ 0,\ 1]_0$

4.5　已知周期序列 $x(n)$ 的 DTFS 系数为 $\tilde{X}(k)$，试确定以下序列的 DTFS 系数。

（1）$x(n) = x(-n)$　　　　　　（2）$(-1)^n x(n)$

（3）$y(n) = \begin{cases} x(n), & n \text{ 为偶} \\ 0, & n \text{ 为奇} \end{cases}$　　　（4）$y(n) = \begin{cases} x(n), & n \text{ 为奇} \\ 0, & n \text{ 为偶} \end{cases}$

4.6 试求出下列序列的 DTFT。

(1) $x_1(n) = a^n u(n)$, $|a| < 1$

(2) $x_2(n) = a^n u(-n)$, $|a| > 1$

(3) $x_3(n) = \begin{cases} a^n, & |n| < M \\ 0, & \text{其他} \end{cases}$

(4) $x_4(n) = a^n u(n+3)$, $|a| < 1$

(5) $x_5(n) = \sum_{l=0}^{\infty} (1/4)^n \delta(n - 3l)$

(6) $x_6(n) = \left[\dfrac{\sin\left(\dfrac{\pi n}{3}\right)}{\pi n}\right]\left[\dfrac{\sin\left(\dfrac{\pi n}{4}\right)}{\pi n}\right]$

4.7 计算下列函数的 IDTFT。

(1) $X_1(e^{j\Omega}) = \sum_{n=-\infty}^{\infty} \delta(\Omega + 2\pi n)$

(2) $X_2(e^{j\Omega}) = \dfrac{1 - e^{j\Omega(N+1)}}{1 - e^{-j\Omega}}$

(3) $X_3(e^{j\Omega}) = 1 + 2\sum_{n=1}^{N} \cos(\Omega n)$

(4) $X_4(e^{j\Omega}) = \dfrac{j\alpha e^{j\Omega}}{(1 - \alpha e^{-j\Omega})^2}$, $|\alpha| < 1$

4.8 $x(n)$ 为一有限长序列，且 $x(n) = [2, 1, -1, 0, 3, 2, 0, -3, -4]_0$，不计算 $x(n)$ 的 IDTFT，试确定下列表达式的值。

(1) $X(e^{j0})$

(2) $X(e^{j\pi})$

(3) $\int_{-\pi}^{\pi} X(e^{j\Omega}) \mathrm{d}\Omega$

(4) $\int_{-\pi}^{\pi} \left|\dfrac{\mathrm{d}X(e^{j\Omega})}{\mathrm{d}\Omega}\right|^2 \mathrm{d}\Omega$

4.9 已知 $g_1(n)$ 的 DTFT 为 $G_1(e^{j\Omega})$，试用 $G_1(e^{j\Omega})$ 表示图 4.26 所示其他序列的 DTFT。

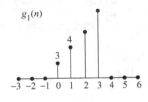
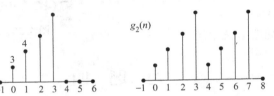
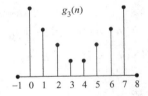
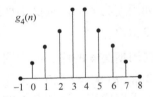

图 4.26 题 4.9 图

4.10 求出下面两个信号的奈奎斯特速率。

(1) $x(t) = \cos(1000\pi t) \times \sin(800\pi t)$

(2) $x(t) = \cos(1200\pi t) + \sin(600\pi t)$

4.11 求出下列信号的奈奎斯特速率和奈奎斯特抽样间隔。

(1) $x(t) = 25\cos(5\pi t)$

(2) $x(t) = 15G_2(t)$

(3) $x(t) = 2\mathrm{Sa}(5\pi t)\sin(120\pi t)$

第5章　离散时间系统分析

内容提要

本章介绍离散时间系统的三种分析方法。首先介绍时域分析方法,通过求解系统的差分方程获得系统对于特定信号的响应,引入反映系统本质特征的单位脉冲响应;其次介绍频域分析方法,通过频率响应来分析和确定线性时不变(LTI)系统输入信号的响应;然后介绍复频域分析方法,讲解 z 变换的定义、性质及求法,通过 z 变换工具求取系统的全响应,并引入离散系统函数概念。最后介绍部分 MATLAB 函数以及实例。

5.1　离散时间系统的时域分析

与连续时间信号与系统类似,离散时间信号与系统的分析方法也分为时域分析方法、频域分析方法和复频域分析方法。连续时间系统与离散时间系统的基本特征比较如图 5.1 所示。

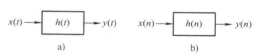

图 5.1　连续时间系统和离散时间系统基本特征比较

连续时间系统的基本特征是:

1)用常系数线性微分方程描述 $x(t)$ 和 $y(t)$ 的关系。

2)全响应为 $y(t) = y_{zi}(t) + y_{zs}(t)$,零状态响应为 $y_{zs}(t) = x(t) * h(t)$。

3)系统函数为 $H(s) = \dfrac{Y(s)}{X(s)}$,拉普拉斯变换为其主要分析工具。

离散时间系统的基本特征是:

1)用常系数线性差分方程描述 $x(n)$ 和 $y(n)$ 的关系。

2)全响应 $y(n) = y_{zi}(n) + y_{zs}(n)$,零状态响应 $y_{zs}(n) = x(n) * h(n)$。

3)系统函数为 $H(z) = \dfrac{Y(z)}{X(z)}$,$z$ 变换为其主要分析工具。

5.1.1　差分方程的建立与求解

1. 前向差分与后向差分

先介绍差分的概念。离散时间信号的一阶、二阶、三阶前向差分列写如下:

一阶前向差分:$\Delta x(n) = x(n+1) - x(n)$

二阶前向差分:$\Delta^2 x(n) = \Delta[\Delta x(n)] = x(n+2) - 2x(n+1) + x(n)$

三阶前向差分:$\Delta^3 x(n) = \Delta[x(n+2) - 2x(n+1) + x(n)] = x(n+3) - 3x(n+2) + 3x(n+1) - x(n)$

离散时间信号的一阶、二阶、三阶后向差分列写如下:

一阶后向差分:$\nabla x(n) = x(n) - x(n-1)$

二阶后向差分：$\nabla^2 x(n) = \nabla[\nabla x(n)] = x(n) - 2x(n-1) + x(n-2)$

三阶后向差分：$\nabla^3 x(n) = \nabla[x(n) - 2x(n-1) + x(n-2)] = x(n) - 3x(n-1) + 3x(n-2) - x(n-3)$

高阶差分的数学表达式可以按照递推关系写出。

前向差分与后向差分的关系可以表示为

$$\nabla x(n) = \Delta x(n-1)$$

2. 描述 LTI 离散系统的常系数差分方程

描述 LTI 离散系统的常系数差分方程既可以采用前向差分形式，也可以采用后向差分形式，本书采用后向差分形式。

$$a_0 y(n) + a_1 y(n-1) + \cdots + a_{N-1} y(n-N+1) + a_N y(n-N)$$
$$= b_0 x(n) + b_1 x(n-1) + \cdots + b_{M-1} x(n-M+1) + b_M x(n-M) \tag{5.1}$$

首项归一化后，变成以下形式：

$$y(n) + a_1 y(n-1) + \cdots + a_{N-1} y(n-N+1) + a_N y(n-N)$$
$$= b_0 x(n) + b_1 x(n-1) + \cdots + b_{M-1} x(n-M+1) + b_M x(n-M) \tag{5.2}$$

按照上述差分方程画出系统结构框图如图 5.2 所示，其中，方框 D 表示信号有一个抽样周期时间间隔的延迟，又称为单位延迟。

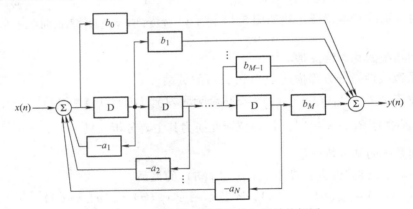

图 5.2　LTI 离散时间系统的一般结构框图

在实际应用中，许多离散时间信号由连续时间信号抽样得来，最终的表现形式是一个离散时间序列。离散时间系统是为处理离散时间信号而建立的硬件或软件，最常见的表现形式是大规模集成芯片、电路或程序代码。图 5.3 是一个基于集成电路芯片的一阶离散时间系统，其差分方程为 $y(n) - ay(n-1) = x(n)$，其中 a 为实常数。27512 是可编程 EPROM 芯片，通过微处理器或计算机对它进行编程来完成乘以实常数以及加

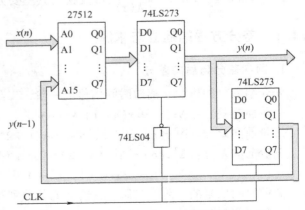

图 5.3　一个一阶离散时间系统的电路实现

法运算；74LS273 是 D 触发器芯片，中间的一片 74LS273 起锁存器作用，将 $y(n)$ 缓存后同步输出，右下角的一片 74LS273 起延迟器作用，将 $y(n)$ 延迟一个时钟周期后输出；74LS04是反相器，可以增强锁存器的驱动能力，使输出 $y(n)$ 稳定可靠。

3. 差分方程的求解方法

（1）迭代法

差分方程是具有递推关系的代数方程，当已知初始条件和激励时可以利用迭代法求得差分方程的数值解，尤其是当差分方程阶次较低时可方便使用。

【例 5.1】　若描述某离散系统的差分方程为 $y(n)+3y(n-1)+2y(n-2)=x(n)$，结构框图如图 5.4 所示。已知初始条件 $y(0)=0$，$y(1)=2$，激励 $x(n)=2^n u(n)$，求 $y(n)$。

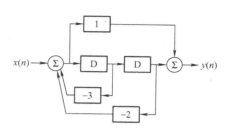

图 5.4　【例 5.1】的结构框图

解： 将原差分方程中除 $y(n)$ 以外的各项都移到等号右端

$$y(n)=-3y(n-1)-2y(n-2)+x(n)$$

对 $n=2$，将已知初始值 $y(0)=0$，$y(1)=2$ 代入上式，得

$$y(2)=-3y(1)-2y(0)+x(2)=-2$$

依次迭代可得

$$y(3)=-3y(2)-2y(1)+x(3)=10$$
$$y(4)=-3y(3)-2y(2)+x(4)=-10$$
$$\cdots$$

迭代法的特点是：概念明确，便于用计算机求解，但一般只能得出数值解，而不能直接得出解析解。

（2）经典法

与求解微分方程类似，利用经典法对差分方程进行求解时，分别求出齐次解和特解，然后根据初始条件求出齐次解中的待定系数，从而求得系统的全解。若将全解视为全响应，则齐次解代表自然响应，特解代表强迫响应。

$$x(n) \longrightarrow \boxed{\text{LTI系统}} \longrightarrow y(n)$$

图 5.5　LTI 离散时间系统的简单框图

LTI 离散时间系统的简单框图如图 5.5 所示。

$$y(n)+a_1 y(n-1)+\cdots+a_{N-1}y(n-N+1)+a_N y(n-N)$$
$$=b_0 x(n)+b_1 x(n-1)+\cdots+b_{M-1}x(n-M+1)+b_M x(n-M)$$

完全解由齐次解和特解两部分组成，即

$$y(n)=y_n(n)+y_f(n) \tag{5.3}$$

一般差分方程对应的齐次方程为

$$y(n)+a_1 y(n-1)+\cdots+a_{N-1}y(n-N+1)+a_N y(n-N)=0 \tag{5.4}$$

可写出该差分方程的特征方程为

$$\lambda^N + a_1\lambda^{N-1} + \cdots + a_{N-1}\lambda + a_N = 0 \tag{5.5}$$

它的 N 个根 $\lambda_i (i = 1, 2, \cdots, N)$ 称为差分方程的特征根。N 个特征根可以是不同的单根，也可以是重根；可以是实根，也可以是复根。齐次解的形式可表示为

$$y_n(n) = \underbrace{\sum_{i=1}^{N-r} C_i (\lambda_i)^n}_{N-r \text{个单根}} + \underbrace{\sum_{i=N-r+1}^{N} C_i n^{N-i} (\lambda_0)^n}_{r \text{个重根}} \tag{5.6}$$

在齐次解中，待定系数 C_i 需要根据边界条件决定。对于 N 阶差分方程，应给定 N 个边界条件，如 $y(0)$，$y(1)$，$y(2)$，$\cdots$，$y(N-1)$。若激励在 $n = 0$ 时加入系统，这组边界条件就表示系统的初始条件。对于因果系统，常用 $y(-1)$，$y(-2)$，$\cdots$，$y(-N)$ 表示边界条件，这时可称为起始条件。

求特解时，特解的函数形式取决于外加信号的形式，需要根据差分方程的右端项选择合适的特解形式，代入方程后求出待定系数。表 5.1 列出了几种典型输入信号及其所对应的特解。

表 5.1 典型激励函数对应的特解

激励函数 $x(n)$	特征根情况	响应函数 $y(n)$ 的特解
n^m	所有特征根不等于 1	$A_m n^m + A_{m-1} n^{m-1} + \cdots + A_1 n + A_0$
	有 r 重特征根等于 1	$n^r \left[A_m n^m + A_{m-1} n^{m-1} + \cdots + A_1 n + A_0 \right]$
α^n	当 α 不等于特征根时	$A\alpha^n$
	当 α 为特征单根时	$A_1 n\alpha^n + A_0 \alpha^n$
	当 α 为 r 重特征根时	$A_r n^r \alpha^n + A_{r-1} n^{r-1} \alpha^n + \cdots + A_1 n\alpha^n + A_0 \alpha^n$
$\sin(\beta n)$ 或 $\cos(\beta n)$	不考虑	$A\cos(\beta n) + B\sin(\beta n)$

选定特解后代入原差分方程，求出待定系数 A_i、B_i 后就得出方程的特解。在求出齐次解和特解后，可写出完全解为

$$\begin{aligned} y(n) &= y_n(n) + y_f(n) \\ &= \sum_{i=1}^{N-r} C_i (\lambda_i)^n + \sum_{i=N-r+1}^{N} C_i n^{N-i} (\lambda_0)^n + y_f(n) \end{aligned} \tag{5.7}$$

代入初始条件求出待定系数 C_i，于是得到完全解的闭式。这里注意，起始条件对应 0^- 态，初始条件对应 0^+ 态。

根据以上分析，线性常系数差分方程解中的齐次解和特解分别与线性常系数微分方程解中的齐次解和特解具有类似的特性，即齐次解只决定于系统本身的性质，特解取决于外加信号。因此，差分方程的齐次解也称为自然响应，特解称为强迫响应，即 LTI 离散系统的响应可分解为自然响应和强迫响应之和。

【例 5.2】 若描述某系统的差分方程为 $y(n) + 4y(n-1) + 4y(n-2) = x(n)$，已知初始条件 $y(0) = 0$，$y(1) = -1$，激励 $x(n) = 2^n$，$n \geq 0$，求方程的全解。

解：差分方程的特征方程为

$$\lambda^2 + 4\lambda + 4 = 0$$

特征根为 $\lambda_1 = \lambda_2 = -2$，为 2 阶重根，齐次解为

$$y_n(n) = C_1 n(-2)^n + C_2(-2)^n$$

由题意，设特解为

$$y_f(n) = A \cdot 2^n, \quad n \geqslant 0$$

将 $y_f(n)$ 代入到原方程，得

$$A \cdot 2^n + 4A \cdot 2^{n-1} + 4A \cdot 2^{n-2} = x(n) = 2^n$$

得

$$A = \frac{1}{4}$$

全解为

$$y(n) = y_n(n) + y_f(n) = C_1 n(-2)^n + C_2(-2)^n + \frac{1}{4} \cdot 2^n, \quad n \geqslant 0$$

将已知初始条件代入，得 $C_1 = 1$，　$C_2 = -1/4$

$$\underbrace{y(n) = n(-2)^n - \frac{1}{4}(-2)^n}_{\text{前2项自然响应}} + \underbrace{\frac{1}{4} \cdot 2^n}_{\text{第3项强迫响应}}, \quad n \geqslant 0$$

5.1.2 零输入响应和零状态响应

1. 零输入响应和零状态响应构成全响应

系统响应的完全解可分解为零输入响应 $y_{zi}(n)$ 和零状态响应 $y_{zs}(n)$ 两部分，因此完全解一般形式又可写为

$$y(n) = y_{zi}(n) + y_{zs}(n) \tag{5.8}$$

零输入响应 $y_{zi}(n)$ 是系统在激励为零时的响应，零状态响应 $y_{zs}(n)$ 是系统仅由激励引起的那部分响应，它们的表达式为

$$y_{zi}(n) = \sum_{i=1}^{N-r} c_i(\lambda_i)^n + \sum_{i=N-r+1}^{N} c_i n^{N-i}(\lambda_0)^n \tag{5.9}$$

$$y_{zs}(n) = \sum_{i=1}^{N-r} d_i(\lambda_i)^n + \sum_{i=N-r+1}^{N} d_i n^{N-i}(\lambda_0)^n + y_f(n) \tag{5.10}$$

$$y(n) = \underbrace{\sum_{i=1}^{N-r} c_i(\lambda_i)^n + \sum_{i=N-r+1}^{N} c_i n^{N-i}(\lambda_0)^n}_{\text{零输入响应}} + \underbrace{\sum_{i=1}^{N-r} d_i(\lambda_i)^n + \sum_{i=N-r+1}^{N} d_i n^{N-i}(\lambda_0)^n + y_f(n)}_{\text{零状态响应}}$$

$$\tag{5.11}$$

$$= \underbrace{\sum_{i=1}^{N-r} C_i(\lambda_i)^n + \sum_{i=N-r+1}^{N} C_i n^{N-i}(\lambda_0)^n}_{\text{自然响应}} + \underbrace{y_f(n)}_{\text{强迫响应}}$$

2. 初始条件值的确定

求解差分方程的起始条件和初始条件值见表 5.2。

表 5.2　求解差分方程的起始条件和初始条件值

	起始条件	初始条件值
全响应	$y(-1),y(-2),y(-3),\cdots$	$y(0),y(1),y(2),\cdots,y(n-1)$由完全态差分方程推出
零输入响应	$y_{zi}(-1)=y(-1),$ $y_{zi}(-2)=y(-2),$ $y_{zi}(-3)=y(-3),$ $\cdots$	$y_{zi}(0),y_{zi}(1),y_{zi}(2),\cdots,y_{zi}(n-1)$由零输入差分方程推出
零状态响应	$y_{zs}(-1)=y_{zs}(-2)=\cdots$ $=y_{zs}(-n)=0$	$y_{zs}(0),y_{zs}(1),y_{zs}(2),\cdots,y_{zs}(n-1)$由零状态差分方程推出

【例 5.3】　若描述某离散系统的差分方程为

$$y(n)+3y(n-1)+2y(n-2)=x(n)$$

已知 $x(n)=0$，$n>0$，起始状态为 $y(-1)=0$，$y(-2)=1/2$，求零输入响应。

解：零输入响应满足下列方程：

$$y_{zi}(n)+3y_{zi}(n-1)+2y_{zi}(n-2)=0$$

特征方程为：$\lambda^2+3\lambda+2=0$

解得：$\lambda_1=-1$，$\lambda_2=-2$

齐次解为：$y_{zi}(n)=C_1(-1)^n+C_2(-2)^n$

下面求初始条件值。

起始状态为

$$y_{zi}(-1)=y(-1)=0；y_{zi}(-2)=y(-2)=\frac{1}{2}$$

$$y_{zi}(n)=-3y_{zi}(n-1)-2y_{zi}(n-2)$$

解得初始条件为

$$y_{zi}(0)=-3y_{zi}(-1)-2y_{zi}(-2)=-1$$
$$y_{zi}(1)=-3y_{zi}(0)-2y_{zi}(-1)=3$$

将初始条件值代入得

$$y_{zi}(0)=C_1+C_2=-1$$
$$y_{zi}(1)=-C_1-2C_2=3$$

解得系数为：$C_1=1$，$C_2=-2$

所以

$$y_{zi}(n)=(-1)^n-2(-2)^n$$

3. 单位脉冲响应的特性

1）当 LTI 离散系统的激励为单位抽样信号 $\delta(n)$ 时，系统的零状态响应为单位脉冲响应，用 $h(n)$ 表示。这和连续系统的 $h(t)$ 定义相类似。

2）求 $h(n)$ 的方法：解差分方程；z 变换法。

3）由于 $\delta(n)$ 仅在 $n=0$ 时等于 1，而在 $n>0$ 时为零，因而在 $n>0$ 时，系统的零状态响应 $h(n)$ 和系统的零输入响应的函数形式相同。

4）求 $h(n)$ 的问题转化为求差分方程的齐次解的问题，而 $h(0)$ 可按零状态的条件由差分方程确定。

可见，连续系统的单位冲激响应 $h(t)$ 和离散系统的单位脉冲响应 $h(n)$ 都反映了系统的特性，同时也是利用卷积积分和卷积和进行系统时域分析的重要基础。利用差分方程具体求解单位脉冲响应 $h(n)$ 的方法主要有两种：递推法和平衡法。由于 $\delta(n)$ 只在 $n=0$ 时取值，所以利用递推法是非常方便的。递推法的缺点是并不一定能得到 $h(n)$ 的闭合解。因此，对于高阶系统，多采用平衡法。而用递推法求出 $h(n)$ 的某些值对用平衡法求闭合解也是十分有用的。

【例5.4】　设因果离散系统的差分方程为 $y(n)-0.6y(n-1)-0.16y(n-2)=5x(n)$，试求其单位脉冲响应 $h(n)$。

解：当 $n>0$ 时，系统的差分方程变成齐次差分方程，即

$$h(n)-0.6h(n-1)-0.16h(n-2)=0$$

该系统的特征方程为

$$\lambda^2-0.6\lambda-0.16=0$$

特征根为 -0.2 和 0.8，对应的特征模式为 $(-0.2)^n$ 和 $(0.8)^n$。得其单位脉冲响应 $h(n)$ 为

$$h(n)=C_1(-0.2)^n+C_2(0.8)^n \quad n>0$$

$h(n)$ 是零状态响应，所以起始状态为

$$h(-1)=h(-2)=h(-3)=\cdots=0$$

由系统的原差分方程，得

$$h(0)=0.6h(-1)+0.16h(-2)+5\delta(0)=5$$
$$h(1)=0.6h(0)+0.16h(-1)=3$$

用平衡法求取系数，得

$$h(0)=C_1+C_2=5$$
$$h(1)=C_1(-0.2)+C_2(0.8)=3$$

解得：$C_1=1$，$C_2=4$。因此单位脉冲响应 $h(n)$ 为

$$h(n)=(-0.2)^n+4(0.8)^n \quad n\geq0$$

或写成

$$h(n)=\left[(-0.2)^n+4(0.8)^n\right]u(n)$$

5.1.3　卷积和

求解离散系统的零状态响应，可采用与连续系统卷积积分相似的方法。但与连续系统卷积积分相比较，存在两点不同：一是由于离散信号本身就是一个不连续序列，因此将外加信号进行分解就很容易实现；二是由于系统对每个抽样值的响应也是一个离散时间序列，而离散序列的求和过程无须进行积分，因此离散系统的零状态响应表现为一个卷积和的过程。

1. 零状态响应与卷积和

在 LTI 连续时间系统中，输入单位冲激信号 $\delta(t)$ 将输出单位冲激响应 $h(t)$，系统的零状态响应则为 $y_{zs}(t)=h(t)*x(t)$，如图 5.6a 所示。LTI 离散时间系统的情况与之相似，如图 5.6b 所示。

根据单位抽样信号的定义，可将 $x(n)$ 分解如下：

$n = -2$, $\quad x(-2) \cdot \delta(n+2)$

$n = -1$, $\quad x(-1) \cdot \delta(n+1)$

$n = 0$, $\quad x(0) \cdot \delta(n)$

$n = 1$, $\quad x(1) \cdot \delta(n-1)$

$\vdots \qquad\qquad \vdots$

$n = k$, $\quad x(k) \cdot \delta(n-k)$

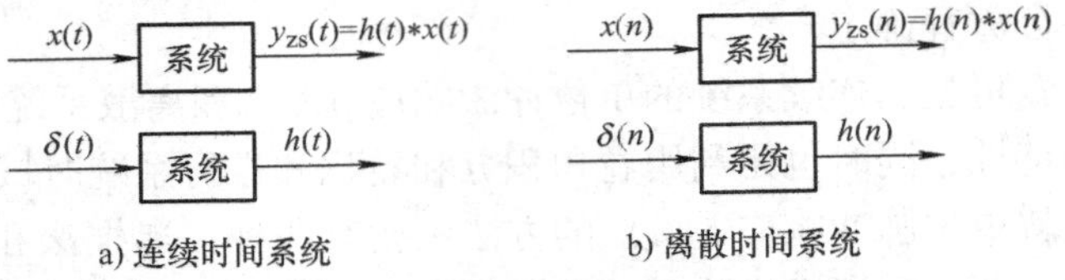

a) 连续时间系统　　　　b) 离散时间系统

图 5.6　单位冲激信号和单位抽样信号通过 LTI 系统的情况

所以

$$x(n) = \sum_{k=-\infty}^{\infty} x(k)\delta(n-k)$$

$$= \cdots + x(-1)\delta(n+1) + x(0)\delta(n) + x(1)\delta(n-1) + \cdots$$

设 $T\{x(n)\}$ 为信号 $x(n)$ 通过系统所进行的变换，则

$$y_{zs}(n) = T\{x(n)\} = T\left\{ \sum_{k=-\infty}^{\infty} x(k)\delta(n-k) \right\}$$

$$= \sum_{k=-\infty}^{\infty} x(k) T\{\delta(n-k)\}$$

$$= \sum_{k=-\infty}^{\infty} x(k) h(n-k)$$

$$= x(n) * h(n)$$

因此，对 LTI 离散时间系统的零状态响应一般定义如下：

$$y_{zs}(n) = x(n) * h(n) = \sum_{k=-\infty}^{\infty} x(k) h(n-k) \tag{5.12}$$

定义式(5.12) 说明 LTI 系统对任意外加信号 $x(n)$ 的零状态响应 $y_{zs}(n)$ 等于外加信号 $x(n)$ 和系统单位脉冲响应 $h(n)$ 的卷积和。

物理可实现的系统都是因果的，即其单位脉冲响应应满足

$$h(n) = 0, \quad n < 0$$

因此，因果系统的零状态响应为

$$y_{zs}(n) = \sum_{k=-\infty}^{\infty} x(k) h(n-k) u(n-k) = \sum_{k=-\infty}^{n} x(k) h(n-k)$$

通常系统输入都是在 $n = 0$ 时加入的，而将 $n = 0$ 以前的输入响应折算为系统的初始条件，即输入信号满足 $x(n) = 0$，$n < 0$ 时为因果序列。这样，因果系统对输入为因果序列的零状态响应为

$$y_{zs}(n) = \sum_{k=0}^{n} x(k) h(n-k) \tag{5.13}$$

2. 卷积和的性质

离散卷积和的性质与连续卷积的性质有较大的不同，在此列出它的几个典型性质。

(1) 卷积代数

交换律：$x_1(n) * x_2(n) = x_2(n) * x_1(n)$

结合律：$[x_1(n) * x_2(n)] * x_3(n) = x_1(n) * [x_2(n) * x_3(n)]$

分配律：$x_1(n) * [x_2(n) + x_3(n)] = x_1(n) * x_2(n) + x_1(n) * x_3(n)$

（2）离散卷积和的单位元是 $\delta(n)$

任意序列 $x(n)$ 与 $\delta(n)$ 的卷积和仍为序列自身。

$$x(n) * \delta(n) = x(n)$$

进一步推广，还有

$$x(n) * \delta(n-k) = x(n-k)$$

$$x(n-k_1) * \delta(n-k_2) = x(n-k_1-k_2)$$

（3）$u(n)$ 是数字积分器

$$x(n) * u(n) = \sum_{k=-\infty}^{n} x(k)$$

3. 卷积和的计算

卷积和的计算方法较多，这里列出三种方法，包括直接按定义或性质计算、图解法计算、竖式法计算。这些方法通常是作理论分析时常用的方法。在工程实际中，离散卷积和常常使用计算机编程计算，如果序列点数很多，还可采用一些其他的数值算法，如 z 变换、快速傅里叶变换等方法。

（1）直接按定义或性质计算

【例 5.5】 设有离散信号 $x_1(n) = u(n)$，$x_2(n) = (1/2)^n u(n)$，求 $y(n) = x_1(n) * x_2(n)$。

解：

$$y(n) = x_1(n) * x_2(n) = \sum_{k=-\infty}^{\infty} x_1(k) x_2(n-k)$$

$$= \sum_{k=-\infty}^{\infty} u(k) \left(\frac{1}{2}\right)^{n-k} u(n-k) = \sum_{k=0}^{n} \left(\frac{1}{2}\right)^{n-k} = \left(\frac{1}{2}\right)^n \sum_{k=0}^{n} (2)^k$$

由等比数列求和公式有

$$y(n) = 2 - \left(\frac{1}{2}\right)^n, \quad n \geq 0$$

也可利用卷积和的性质 3，即 $u(n)$ 是数字积分器性质，得到

$$y(n) = x_1(n) * x_2(n) = \sum_{k=-\infty}^{n} x_2(k) = \sum_{k=-\infty}^{n} \left(\frac{1}{2}\right)^k u(k) = \sum_{k=0}^{n} \left(\frac{1}{2}\right)^k = 2 - \left(\frac{1}{2}\right)^n, \quad n \geq 0$$

由于等比数列 a_1，$a_1 q$，$a_1 q^2$，$a_1 q^3$，$\cdots$ 的 q 为常数，前 n 项和为 $S_n = \dfrac{a_1(1-q^n)}{1-q}$，无穷递减等比级数的和为 $S = \dfrac{a_1}{1-q}$，$|q| < 1$。

（2）图解法计算

卷积和与卷积积分的计算过程很相似，区别就是用求和运算代替了积分运算。设两个序列为 $x_1(n)$ 和 $x_2(n)$，则其卷积和计算的步骤是：

1）变量置换：把离散信号 $x_1(n)$ 和 $x_2(n)$ 的变量都用 k 置换，变为 $x_1(k)$ 和 $x_2(k)$。

2）翻转：将 $x_2(k)$ 关于纵轴翻转，变为 $x_2(-k)$。

3）移位：把 $x_2(-k)$ 沿 k 轴平移 n 位得 $x_2(n-k)$。当 $n>0$ 时，把 $x_2(-k)$ 向右移 n 位，当 $n<0$ 时把 $x_2(-k)$ 向左移 $|n|$ 位。

4）相乘与累加：对给定的 n 值，求 $x_1(k)$ 与 $x_2(n-k)$ 相乘的各点值，并累加得该 n 值对应的 $y(n)$ 值。

【例5.6】 图解法计算卷积和的过程。

解：卷积过程如图5.7所示。

（3）竖式法计算

【例5.7】 用竖式法计算卷积：$y(n)=x(n)*h(n)$

$$x(n)=[\underset{\underset{n=1}{\uparrow}}{3},1,4,2],h(n)=[\underset{\underset{n=0}{\uparrow}}{2},1,5]$$

解：

$$
\begin{array}{r}
[3 \quad 1 \quad 4 \quad 2]_1 \\
\times) \qquad [2 \quad 1 \quad 5]_0 \\
\hline
15 \quad 5 \quad 20 \quad 10 \\
3 \quad 1 \quad 4 \quad 2 \\
+) \quad 6 \quad 2 \quad 8 \quad 4 \\
\hline
[6 \quad 5 \quad 24 \quad 13 \quad 22 \quad 10]_1
\end{array}
$$

$$y(n)=[6,5,24,13,22,10]_1$$

注意：用竖式法做序列卷积的时候不需要进位。

如何确定 $y(n)$ 的起始位 n？方法为：设 $x(n)$ 的起始位为 n_1，$h(n)$ 的起始位为 n_2，则有 $n=n_1+n_2$。

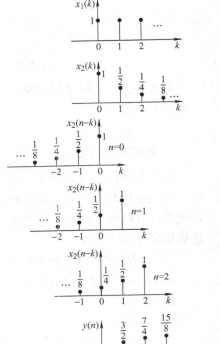

图5.7 卷积过程图解

4. 利用卷积和分析系统的简单情况

由于离散信号或系统的卷积运算满足交换律，可以看出，图5.8中的3个LTI系统具有相同的系统响应。

【例5.8】 一个LTI离散时间系统的输入输出关系如图5.9所示。

已知系统1的 $h_1(n)=u(n)$，系统2的 $h_2(n)=\delta(n)-\delta(n-1)$，求系统1的输出 $y_1(n)$、系统2的输出 $y_2(n)$ 以及系统输出 $y(n)$。

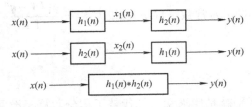

图5.8 系统卷积和运算符合交换律

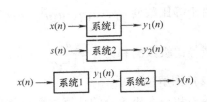

图5.9 【例5.8】的系统级联图

解：

$$y_1(n) = x(n) * h_1(n) = \sum_{k=-\infty}^{n} x(k)$$

$$y_2(n) = s(n) * h_2(n) = s(n) * \delta(n) - s(n) * \delta(n-1)$$
$$= s(n) - s(n-1)$$

可见，系统 1 为累加器，系统 2 为一阶差分运算器。若将系统 1 和系统 2 级联成一个系统，有

$$h(n) = h_1(n) * h_2(n) = u(n) * [\delta(n) - \delta(n-1)]$$
$$= u(n) * \delta(n) - u(n) * \delta(n-1)$$
$$= u(n) - u(n-1)$$
$$= \delta(n)$$

系统输出为
$$y(n) = x(n) * \delta(n) = x(n)$$
这是个恒等系统。

5.2 离散时间系统的频域分析

5.2.1 系统频率响应

在学习连续时间信号的傅里叶变换和拉普拉斯变换时已经看到，连续时间信号在 s 平面虚轴上的拉普拉斯变换就是其傅里叶变换；同时讨论了根据系统函数 $H(s)$ 的零极点图，用几何方法可确定出频率响应 $H(\mathrm{j}\omega)$。频率响应对于系统特性的研究具有重要意义。对于离散时间系统，情况也是如此。

1. 频率响应的定义

LTI 离散时间系统的简单框图如图 5.10 所示。

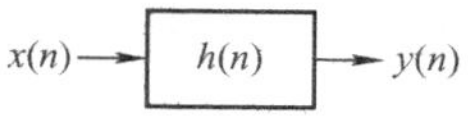

图 5.10 LTI 离散时间系统的简单框图

根据离散时间傅里叶变换的定义，写出下列式子：

$$H(\mathrm{e}^{\mathrm{j}\Omega}) = \sum_{n=-\infty}^{\infty} h(n)\mathrm{e}^{-\mathrm{j}\Omega n} = |H(\mathrm{e}^{\mathrm{j}\Omega})| \mathrm{e}^{\mathrm{j}\angle H(\mathrm{e}^{\mathrm{j}\Omega})} = H(\Omega)\mathrm{e}^{\mathrm{j}\varphi(\Omega)} \tag{5.14}$$

再根据离散时间傅里叶变换的性质，可写出下面的关系式：

$$y(n) = x(n) * h(n) \Leftrightarrow Y(\mathrm{e}^{\mathrm{j}\Omega}) = X(\mathrm{e}^{\mathrm{j}\Omega})H(\mathrm{e}^{\mathrm{j}\Omega}) \tag{5.15}$$

根据式(5.15)，可得出 LTI 离散时间系统的频率响应 $H(\mathrm{e}^{\mathrm{j}\Omega})$ 定义为

$$H(\mathrm{e}^{\mathrm{j}\Omega}) = \frac{Y(\mathrm{e}^{\mathrm{j}\Omega})}{X(\mathrm{e}^{\mathrm{j}\Omega})} \tag{5.16}$$

$H(\mathrm{e}^{\mathrm{j}\Omega})$ 是 Ω 的周期函数，周期为 2π。离散时间系统的频率响应 $H(\mathrm{e}^{\mathrm{j}\Omega})$ 表示系统对输入信号频率成分的作用，它可以分解成幅频特性和相频特性，分别对信号起不同的作用。

2. 频率响应的计算

如果已知 LTI 离散时间系统的单位脉冲响应 $h(n)$，则系统的频率响应就是 $h(n)$ 的傅里叶变换，即

$$H(\mathrm{e}^{\mathrm{j}\Omega}) = \mathrm{DTFT}\{h(n)\} \tag{5.17}$$

如果已知 LTI 离散时间系统的差分方程为

$$\sum_{i=0}^{N} a_i y(n-i) = \sum_{r=0}^{M} b_r x(n-r)$$

则可根据差分方程的各项系数写出系统的频率响应，即

$$H(e^{j\Omega}) = \frac{Y(e^{j\Omega})}{X(e^{j\Omega})} = \frac{\displaystyle\sum_{r=0}^{M} b_r e^{-j\Omega r}}{\displaystyle\sum_{i=0}^{N} a_i e^{-j\Omega i}} \tag{5.18}$$

【例 5.9】 有一 LTI 系统，初始状态为 0，且由下列差分方程表征：

$$y(n) - \frac{3}{4}y(n-1) + \frac{1}{8}y(n-2) = 2x(n)$$

试求其系统频率响应和单位脉冲响应。

解： 直接写出该系统的频率响应为

$$H(e^{j\Omega}) = \frac{2}{1 - \frac{3}{4}e^{-j\Omega} + \frac{1}{8}e^{-2j\Omega}}$$

为了确定单位脉冲响应，需要求出 $H(e^{j\Omega})$ 的反变换。和连续时间情况一样，有效的方法是利用部分分式展开法，即

$$H(e^{j\Omega}) = \frac{2}{\left(1 - \frac{1}{2}e^{-j\Omega}\right)\left(1 - \frac{1}{4}e^{-j\Omega}\right)} = \frac{4}{1 - \frac{1}{2}e^{-j\Omega}} - \frac{2}{1 - \frac{1}{4}e^{-j\Omega}}$$

其中每一项的反变换都能直接求出来，其结果为

$$h(n) = 4\left(\frac{1}{2}\right)^n u(n) - 2\left(\frac{1}{4}\right)^n u(n)$$

【例 5.10】 已知一 LTI 离散系统的单位脉冲响应为 $h(n) = (0.5)^n u(n)$，输入信号为 $x(n) = (0.8)^n u(n)$，试求零状态响应 $y_{zs}(n)$。

解：

$$x(n) = (0.8)^n u(n) \leftrightarrow X(e^{j\Omega}) = \frac{1}{1 - 0.8e^{-j\Omega}}$$

$$h(n) = (0.5)^n u(n) \leftrightarrow H(e^{j\Omega}) = \frac{1}{1 - 0.5e^{-j\Omega}}$$

根据时域卷积性质有

$$Y_{zs}(e^{j\Omega}) = X(e^{j\Omega}) \cdot H(e^{j\Omega})$$

$$= \frac{1}{1 - 0.8e^{-j\Omega}} \cdot \frac{1}{1 - 0.5e^{-j\Omega}} = \frac{8/3}{1 - 0.8e^{-j\Omega}} - \frac{5/3}{1 - 0.5e^{-j\Omega}}$$

求上式 IDTFT，有

$$y_{zs}(n) = \left[\frac{8}{3}(0.8)^n - \frac{5}{3}(0.5)^n\right] u(n)$$

5.2.2　正弦稳态响应

离散时间系统的正弦稳态响应与连续时间系统的正弦稳态响应类似。对于 LTI 系统，在输入为复指数 $e^{j\Omega n}$，$-\infty < n < \infty$ 的形式之下，产生的输出具有 $H(e^{j\Omega})e^{j\Omega n}$ 的形式。设输入信号的形式为

$$x(n) = e^{j\Omega n}u(n) \tag{5.19}$$

则一个单位脉冲响应为 $h(n)$ 的因果 LTI 系统的相应输出为

$$
\begin{aligned}
y(n) &= \Big[\sum_{k=0}^{n} h(k) e^{-j\Omega k} \Big] e^{j\Omega n} \\
&= \Big[\sum_{k=0}^{\infty} h(k) e^{-j\Omega k} \Big] e^{j\Omega n} - \Big[\sum_{k=n+1}^{\infty} h(k) e^{-j\Omega k} \Big] e^{j\Omega n} \\
&= y_{ss}(n) + y_t(n)
\end{aligned}
\tag{5.20}
$$

式(5.20) 中第 1 项为系统的稳态响应，第 2 项为系统的暂态响应，随着 n 的增加，第 2 项最终趋近于零，那么

$$y_{ss}(n) = \Big[\sum_{k=0}^{\infty} h(k) e^{-j\Omega k} \Big] e^{j\Omega n} = H(e^{j\Omega}) e^{j\Omega n} \tag{5.21}$$

【例 5.11】　一个 LTI 离散时间系统的频率响应为 $H(e^{j\Omega}) = \dfrac{1}{1 - e^{-j\Omega}}$，若输入信号是 $x(n) = 2\cos\left(\dfrac{\pi}{2}n + 1\right)$，求系统的稳态输出响应 $y_{ss}(n)$。

解： 分析输入信号 $x(n)$，知其频率为 $\pi/2$。

$$H(e^{j\frac{\pi}{2}}) = \frac{1}{1 - e^{-j\frac{\pi}{2}}} = \frac{1}{1 + j} = \frac{1}{\sqrt{2}} \angle \left(-\frac{\pi}{4} \right)$$

根据频率特性的物理意义可直接写出

$$
\begin{aligned}
y_{ss}(n) &= 2 | H(e^{j\Omega}) | \cos\left[\frac{\pi}{2}n + 1 + \angle H(e^{j\Omega}) \right] \\
&= \frac{2}{\sqrt{2}} \cos\left(\frac{\pi}{2}n + 1 - \frac{\pi}{4} \right)
\end{aligned}
$$

5.2.3　系统频率响应的分析

这里介绍用系统频率响应如何确定系统的滤波特性。简单地说，滤波就是将信号中特定的频率成分滤除。离散系统的滤波特性和连续系统的滤波特性相类似，但要注意数字频率 Ω 和模拟频率 ω 的区别，一般来讲，这两个频率之间存在的关系是 $\Omega = \omega T$，其中 T 为抽样周期。离散时间系统的滤波特性的几种理想情形画在图 5.11 中，分别是低通、高通、带通、带阻和全通特性。

必须注意，这里的低频指的是在连续时间非周期信号的频谱密度图中 $\omega = 0$ 附近的频率，在离散时间非周期信号的频谱密度图中是 $\Omega = 0$，$2k\pi$ 处附近的频率；而高频指的是在连续时间非周期信号的频谱密度图中 ω 为较高频率或者 $\omega = \pm\infty$ 附近的频率，在离散时间非

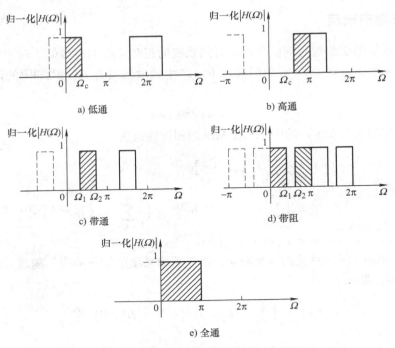

a) 低通　　　　　b) 高通

c) 带通　　　　　d) 带阻

e) 全通

图 5.11　离散时间系统的滤波特性

周期信号的频谱密度图中是 $\Omega = (2k+1)\pi$ 处附近的频率。这实际上是由于信号的离散化处理导致的必然结果。可将模拟频率和数字频率按照 $\Omega = \omega T$ 的对应关系画出来，如图 5.12 所示，则更加清楚地看到折叠频率，即数字频率 $\Omega = \pi$ 的各个对应位置。

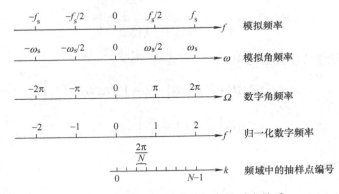

图 5.12　数字频率与模拟频率的对应关系

【例 5.12】　已知 $h(n) = a^n u(n)$，$|a| < 1$，$H(e^{j\Omega}) = \dfrac{1}{1 - ae^{-j\Omega}}$，绘出该系统的频率特性图。

　　解：本题的频率特性图可以采用 $(\Omega, 20\lg|H(e^{j\Omega})|)$ 及 $(\Omega, \angle H(e^{j\Omega}))$ 逐一描点绘出，也可以采用 MATLAB 中的 freqz( ) 函数绘出系统的频率特性曲线，其中 a 的取值不同，则滤波器也表现出不同类型的频率特性。取 $a = 0.5$ 的低通滤波器特性和取 $a = -0.5$ 的高通滤波器特性如图 5.13 所示。

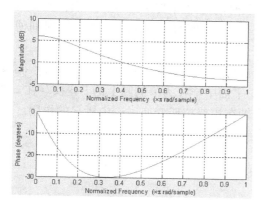

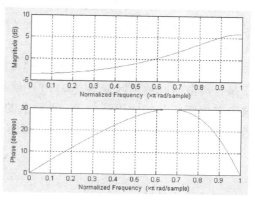

a) 取$a=0.5$，低通滤波器特性　　　　　　　　　b) 取$a=-0.5$，高通滤波器特性

图 5.13　【例 5.12】的数字频率特性图

5.3　z 变换

5.3.1　z 变换的定义及收敛域

1. z 变换的定义

z 变换是离散时间傅里叶变换的推广。它将描述系统的差分方程变换为代数方程，而且包含了系统的初始状态，从而可以求解系统全响应。z 变换的引入以及 z 变换所具有的性质等方面都与拉普拉斯变换相类似，但由于连续时间和离散时间信号与系统之间的差异，使得 z 变换和拉普拉斯变换也存在着一些区别。另外，在学习拉普拉斯变换时曾指出，由于通常遇到的连续时间信号和系统大都是因果信号和因果系统，所以着重分析了单边拉普拉斯变换。但对于离散时间信号和系统，非因果信号与系统也有一定的应用，所以我们既要学习单边 z 变换，也要学习双边 z 变换。

引入复变量 $z = r\mathrm{e}^{\mathrm{j}\Omega}$，双边 z 变换的定义式为

$$X(z) = \sum_{n=-\infty}^{\infty} x(n)z^{-n} \tag{5.22}$$

z 变换对可以用符号 $x(n) \xleftrightarrow{\ \mathcal{Z}\ } X(z)$ 表示。观察双边 z 变换的定义式，并将它展开成级数形式，得

$$
\begin{aligned}
X(z) &= \sum_{n=-\infty}^{\infty} x(n)z^{-n} \\
&= \underbrace{\cdots x(-2)z^2 + x(-1)z^1}_{z\text{的正幂}} + x(0)z^0 + \underbrace{x(1)z^{-1} + x(2)z^{-2} + \cdots + x(n)z^{-n} + \cdots}_{z\text{的负幂}}
\end{aligned}
$$

可以看出，$X(z)$ 是 z^{-1} 的幂级数，级数的系数是 $x(n)$，幂 $-n$ 中的 n 指出 $x(n)$ 的位置。当 $-\infty < n \leqslant -1$ 时，z 的正幂级数构成左边序列，当 $0 \leqslant n < \infty$ 时，z 的负幂级数构成右边序列。

一方面，$x(n)$ 的 z 变换就是 $x(n)r^{-n}$ 的离散时间傅里叶变换；另一方面，当 $x(n)$ 满足绝对可和条件时，令 $X(z)$ 中的 $|z|=1$（即 $z=\mathrm{e}^{\mathrm{j}\Omega}$）即可得到 $x(n)$ 的离散时间傅里叶变换 $X(\mathrm{e}^{\mathrm{j}\Omega})$，即

$$X(\mathrm{e}^{\mathrm{j}\Omega}) = X(z)|_{z=\mathrm{e}^{\mathrm{j}\Omega}} \tag{5.23}$$

于是，离散时间傅里叶变换（DTFT）就是 z 平面中半径为 1 的圆上的 z 变换。在 z 平面中，这个单位圆所起的作用类似于 s 平面上的虚轴在拉普拉斯变换讨论中所起的作用。

若双边序列取单边 z 变换，或对因果信号存在的序列取 z 变换，则有

$$X(z) = \sum_{n=0}^{\infty} x(n)z^{-n} \tag{5.24}$$

2. z 变换的收敛域

无论是双边 z 变换还是单边 z 变换，都表现为无穷级数之和。作为无穷级数，就存在是否收敛的问题。z 变换是研究离散时间系统的重要工具，实际的系统都应是稳定的系统，因此要求它们的 z 变换必须是收敛的。

对于任意给定的序列 $x(n)$，能使 $X(z) = \sum\limits_{n=-\infty}^{\infty} x(n)z^{-n}$ 收敛的所有 z 值的集合称为双边 z 变换的收敛域（ROC），即满足下式的区域：

$$\sum_{n=-\infty}^{\infty} |x(n)z^{-n}| < \infty$$

单边 z 变换的收敛域定义与双边 z 变换类似，只是 n 的取值范围不同。不同的 $x(n)$ 可能对应于相同的 z 变换，但收敛域不同。故在确定 z 变换时，必须指明收敛域。

5.3.2 基本 z 变换对

1. 单位抽样信号

$$\delta(n) = \begin{cases} 1, & n=0 \\ 0, & n\neq0 \end{cases}$$

$$X(z) = \sum_{n=-\infty}^{\infty} \delta(n)z^{-n} = 1$$

单位抽样信号的 z 变换是 z 平面上的单位圆，其收敛域是整个 z 平面。

2. 有限长序列

【例5.13】 给定一个有限长序列 $x(n)$，$n_1 \leq n \leq n_2$，设 $n_1 = -2$，$n_2 = 3$，求其 z 变换。

解：

$$X(z) = \sum_{n=n_1}^{n_2} x(n)z^{-n} = \sum_{n=-2}^{3} x(n)z^{-n}$$

$$= \underbrace{x(-2)z^2 + x(-1)z^1}_{n<0} + x(0)z^0 + \underbrace{x(1)z^{-1} + x(2)z^{-2} + x(3)z^{-3}}_{n>0}$$

可知，有限长序列的收敛域为 $0 < |z| < \infty$ 的 z 平面，不包括原点和无穷远点。

3. 单位阶跃序列

$$u(n) = \begin{cases} 1, & n \geqslant 0 \\ 0, & n < 0 \end{cases}$$

$$X(z) = 1 + z^{-1} + z^{-2} + z^{-3} + \cdots = \frac{1}{1 - z^{-1}} = \frac{z}{z - 1}, \quad |z| > 1$$

单位阶跃序列 z 变换的收敛域是 z 平面上单位圆外部分，不包括单位圆。

4. 指数序列

（1）右边指数序列

设右边指数序列为 $x(n) = a^n u(n)$，它的 z 变换为

$$X(z) = \sum_{n=0}^{\infty} a^n z^{-n} = \sum_{n=0}^{\infty} \left(\frac{a}{z}\right)^n = \lim_{n \to \infty} \frac{1 - \left(\frac{a}{z}\right)^{n+1}}{1 - \frac{a}{z}}$$

当 $\left| \frac{a}{z} \right| < 1$ 时，即 $|z| > |a|$ 时，该 z 变换级数收敛，即

$$X(z) = \frac{1}{1 - \frac{a}{z}} = \frac{z}{z - a}$$

因此，右边指数序列的 z 变换收敛域为 $|z| > |a|$，即 z 平面上极点圆外的部分，不包含极点圆。

【例5.14】　求信号 $x(n) = \begin{cases} \left(\dfrac{1}{3}\right)^n, & n \geqslant 0 \\ 0, & n < 0 \end{cases}$ 的 z 变换和收敛域。

解：$X(z) = \sum_{n=0}^{\infty} x(n) z^{-n} = \sum_{n=0}^{\infty} \left(\frac{1}{3}\right)^n z^{-n} = \sum_{n=0}^{\infty} \left(\frac{1}{3z}\right)^n = 1 + \frac{1}{3z} + \frac{1}{(3z)^2} + \frac{1}{(3z)^3} + \cdots$

若该序列收敛，则要求 $\dfrac{1}{3|z|} < 1$，可得收敛域为 $|z| > \dfrac{1}{3}$，如图 5.14 所示，是 z 平面上极点圆外的部分，不包含极点圆 $|z| = 1/3$。

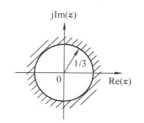

图 5.14　右边序列的收敛域为极点圆外部分

根据右边指数序列的 z 变换，可以推导出虚指数序列的 z 变换和收敛域。设 $a = e^{j\Omega_0}$，根据 z 变换的定义式有

$$\mathscr{Z}\{e^{j\Omega_0 n} u(n)\} = \frac{z}{z - e^{j\Omega_0}}, \quad |z| > 1$$

（2）左边指数序列

$$x(n) = -a^n u(-n-1)$$

$$X(z) = \frac{z}{z - a}, \quad |z| < |a|$$

应当注意，z 变换相同时，左边序列的定义和收敛条件与右边序列不同。推导过程如下：

$$x(n) = -a^n, \ n \leqslant -1$$

$$X(z) = \sum_{n=-\infty}^{-1} (-a^n z^{-n})$$

令 $m = -n$

$$X(z) = \sum_{m=1}^{\infty} (-a^{-m} z^m) = \sum_{m=0}^{\infty} (-a^{-m} z^m) + a^0 z^0 = 1 - \sum_{m=0}^{\infty} a^{-m} z^m$$

$$= 1 - \sum_{m=0}^{\infty} \left(\frac{z}{a}\right)^m = 1 - \lim_{m \to \infty} \left[1 - \left(\frac{z}{a}\right)^{m+1}\right] \bigg/ \left(1 - \frac{z}{a}\right)$$

当 $\left|\dfrac{z}{a}\right| < 1$ 时，即 $|z| < |a|$ 时收敛，因此得到

$$X(z) = 1 - \frac{1}{1 - \dfrac{z}{a}} = 1 - \frac{a}{a - z} = \frac{z}{z - a}, \quad \text{ROC:} |z| < |a|$$

【例 5.15】 求信号 $x(n) = \begin{cases} 0, & n \geqslant 0 \\ \left(\dfrac{1}{3}\right)^{-n}, & n < 0 \end{cases}$ 的 z 变换和收敛域。

解：

$$X(z) = \sum_{n=-\infty}^{-1} x(n) z^{-n} = \sum_{n=-\infty}^{-1} \left(\frac{1}{3}\right)^{-n} z^{-n} = \sum_{n=1}^{\infty} \left(\frac{1}{3}\right)^n z^n = \sum_{n=1}^{\infty} \left(\frac{z}{3}\right)^n$$

$$= \left(\frac{z}{3}\right)^1 + \left(\frac{z}{3}\right)^2 + \left(\frac{z}{3}\right)^3 + \cdots$$

$$= \frac{-z}{z - 3}$$

收敛域为 $|z| < 3$，如图 5.15 所示。

（3）双边指数序列

设 $x(n)$ 为双边指数序列，其数学表达式为

$$x(n) = b^{|n|}, \ -\infty < n < \infty, b > 0$$

进一步将 $x(n)$ 写成

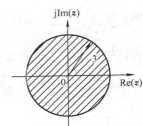

图 5.15　左边序列的收敛域为极点圆内部分

$$x(n) = \underbrace{b^n u(n)}_{n \geqslant 0} + \underbrace{b^{-n} u(-n-1)}_{n < 0}$$

$$b^n u(n) \overset{\mathscr{Z}}{\longleftrightarrow} \frac{z}{z - b}, \quad |z| > b$$

$$b^{-n} u(-n-1) = -\left[-(b^{-1})^n u(-n-1)\right] \overset{\mathscr{Z}}{\longleftrightarrow} \frac{-z}{z - b^{-1}}, \quad |z| < b^{-1}$$

若 $0 < b < 1$，$\dfrac{1}{b} > b$，则 $X(z)$ 的收敛域为：$b < |z| < \dfrac{1}{b}$；

若 $b > 1$，$\dfrac{1}{b} < b$，则 $X(z)$ 的收敛域为：$\dfrac{1}{b} < |z| < b$。

【例 5.16】 求信号 $x(n) = \begin{cases} \left(\dfrac{1}{3}\right)^n, & n \geqslant 0 \\ \left(\dfrac{1}{3}\right)^{-n}, & n < 0 \end{cases}$ 的收敛域。

解：

因为 $n \geqslant 0$ 时，收敛域为 $|z| > \dfrac{1}{3}$；$n < 0$ 时，收敛

域为 $|z| < 3$，所以总的收敛域为 $\dfrac{1}{3} < |z| < 3$，如图 5.16

所示。

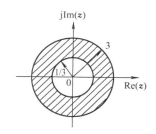

图 5.16 双边序列的收敛域
为极点圆环内部

5. 正弦与余弦序列

对于单边余弦序列 $\cos(\Omega_0 n)u(n)$，因为

$$\cos(\Omega_0 n) = \frac{e^{j\Omega_0 n} + e^{-j\Omega_0 n}}{2}$$

$$\mathscr{Z}\{e^{j\Omega_0 n}u(n)\} = \frac{z}{z - e^{j\Omega_0}}, \quad |z| > 1$$

所以 $\quad \mathscr{Z}\{\cos(\Omega_0 n)u(n)\} = \dfrac{1}{2}\left(\dfrac{z}{z - e^{j\Omega_0}} + \dfrac{z}{z - e^{-j\Omega_0}}\right) = \dfrac{z(z - \cos\Omega_0)}{z^2 - 2z\cos\Omega_0 + 1}, \quad |z| > 1$

同理，对于单边正弦序列，有

$$\mathscr{Z}\{\sin(\Omega_0 n)u(n)\} = \frac{1}{2j}\left(\frac{z}{z - e^{j\Omega_0}} - \frac{z}{z - e^{-j\Omega_0}}\right) = \frac{z\sin\Omega_0}{z^2 - 2z\cos\Omega_0 + 1}, \quad |z| > 1$$

一般情况下，$x(n)$ 的收敛域 ROC 应为 z 平面上以原点为中心的圆环，以极点为圆环的边界，即 ROC 内不包含任何极点。设 r_1 为右边序列最大的极点半径，r_2 为左边序列最小的极点半径，且 $r_1 < r_2$，总结离散时间序列 z 变换的收敛域规律如下：

1）有限长序列的 ROC 为整个 z 平面（可能除去 $z = 0$ 和 $z = \infty$）。

2）右边序列的 ROC 为 $|z| = r_1$ 的极点圆外。

3）左边序列的 ROC 为 $|z| = r_2$ 的极点圆内。

4）双边序列的 ROC 为 $r_1 < |z| < r_2$ 的圆环。

5.3.3 z 变换的性质

和已经学过的傅里叶变换和拉普拉斯变换一样，z 变换也具有许多性质，这些性质反映了时域信号和 z 变换之间的多种联系。掌握这些性质有助于 $x(n)$ 和 $X(z)$ 的互求，也有助于正确分析离散时间信号与系统。单、双边 z 变换的许多性质都相同，但也有些性质显著不同，下面将分别讨论。如无特殊说明，这些性质对于单、双边 z 变换都适用。

1. 时移特性

由于双边 z 变换和单边 z 变换定义中求和下限不同，二者的时移特性有显著不同。

（1）双边 z 变换的时移特性

若 $x(n) \overset{\mathscr{Z}}{\longleftrightarrow} X(z)$，$r_1 < |z| < r_2$，则

$$x(n + n_0) \overset{\mathscr{Z}}{\longleftrightarrow} z^{n_0}X(z), \quad n_0 \text{ 为整数，} r_1 < |z| < r_2 \tag{5.25}$$

序列的时域移位，可能会改变序列的因果性，从而使得 z 变换的收敛情况在 $|z| = 0$ 和 $|z| = \infty$ 处发生变化。

（2）单边 z 变换的时移特性

设 m 为大于零的整数，首先来求 $x(n)$ 左移序列 $x(n+m)$ 的单边 z 变换。

$$x(n+m) \xleftrightarrow{\mathscr{Z}} \sum_{n=0}^{\infty} x(n+m)z^{-n} \xrightarrow{\ \Leftrightarrow n+m=k\ } \sum_{k=m}^{\infty} x(k)z^{m-k}$$

$$= z^m \sum_{k=m}^{\infty} x(k)z^{-k}$$

$$= z^m \left[\sum_{k=0}^{\infty} x(k)z^{-k} - \sum_{k=0}^{m-1} x(k)z^{-k} \right]$$

$$= z^m \left[X(z) - \sum_{k=0}^{m-1} x(k)z^{-k} \right]$$

因此有

$$x(n+m) \xleftrightarrow{\mathscr{Z}} z^m \left[X(z) - \sum_{k=0}^{m-1} x(k)z^{-k} \right] \tag{5.26}$$

式（5.26）表明，$x(n)$ 超前（左移）m 个单位后的单边 z 变换，是原来的 z 变换 $X(z)$ 与由纵轴右边移到左边部分的 z 变换之差乘以 z^m。

同理可得 $x(n)$ 的右移序列 $x(n-m)$ 的单边 z 变换，即 $x(n)$ 延迟（右移）m 个单位后的单边 z 变换，是原来的 z 变换 $X(z)$ 与由纵轴左边移到右边部分的 z 变换之和乘以 z^{-m}。

$$x(n-m) \xleftrightarrow{\mathscr{Z}} z^{-m} \left[X(z) + \sum_{k=-m}^{-1} x(k)z^{-k} \right] \tag{5.27}$$

移位后序列的收敛域与原来相同，但在 $|z| = 0$ 和 $|z| = \infty$ 处的收敛情况可能会发生变化。观察可知，单边 z 变换的时移特性比双边 z 变换复杂，这是因为单边 z 变换的求和下限为 $n=0$。

如果 $x(n)$ 是因果序列，则有

$$x(n-m) \xleftrightarrow{\mathscr{Z}} z^{-m}X(z) \tag{5.28}$$

经常用到的是 $m = \pm 1$，± 2 的情况，此时

$$x(n-1) \xleftrightarrow{\mathscr{Z}} z^{-1}X(z) + x(-1)$$

$$x(n-2) \xleftrightarrow{\mathscr{Z}} z^{-2}X(z) + z^{-1}x(-1) + x(-2)$$

$$x(n+1) \xleftrightarrow{\mathscr{Z}} zX(z) - zx(0)$$

$$x(n+2) \xleftrightarrow{\mathscr{Z}} z^2X(z) - z^2x(0) - zx(1)$$

已经知道，描述 LTI 离散时间系统的是常系数线性差分方程，很显然，可以利用 z 变换的时移特性将差分方程转换到 z 域。单边 z 变换的时移特性在求解差分方程时特别有用。

2. z 域尺度变换（序列指数加权）

若 $x(n) \overset{\mathscr{Z}}{\longleftrightarrow} X(z)$，$r_1 < |z| < r_2$，$a$ 为常数且 $a \neq 0$，则

$$a^n x(n) \overset{\mathscr{Z}}{\longleftrightarrow} X\left(\frac{z}{a}\right), \quad |a|r_1 < |z| < |a|r_2 \qquad (5.29)$$

可见时域将 $x(n)$ 乘以指数序列等效于 z 平面尺度展缩。若令 $a = -1$，得到

$$(-1)^n x(n) \overset{\mathscr{Z}}{\longleftrightarrow} X(-z), \quad r_1 < |z| < r_2 \qquad (5.30)$$

3. 时域翻转

若 $x(n) \overset{\mathscr{Z}}{\longleftrightarrow} X(z)$，$r_1 < |z| < r_2$，下面来求时域翻转后的序列 $x(-n)$ 的双边 z 变换。

$$
\begin{aligned}
x(-n) &\overset{\mathscr{Z}}{\longleftrightarrow} \sum_{n=-\infty}^{\infty} x(-n) z^{-n} \\
&= \sum_{m=-\infty}^{\infty} x(m) \left(\frac{1}{z}\right)^{-m} \\
&= X\left(\frac{1}{z}\right), \quad \frac{1}{r_2} < |z| < \frac{1}{r_1}
\end{aligned}
$$

因此，有

$$x(-n) \overset{\mathscr{Z}}{\longleftrightarrow} X\left(\frac{1}{z}\right), \quad \frac{1}{r_2} < |z| < \frac{1}{r_1} \qquad (5.31)$$

显然，该性质只对双边 z 变换有意义。

由该性质可以看出，如果 z_0、p_0 分别为 $x(n)$ 的 z 变换的零点和极点，则 $1/z_0$、$1/p_0$ 为 $x(-n)$ 的 z 变换的零点和极点。

4. 卷积定理

若 $x_1(n) \overset{\mathscr{Z}}{\longleftrightarrow} X_1(z)$，$r_{11} < |z| < r_{12}$，$x_2(n) \overset{\mathscr{Z}}{\longleftrightarrow} X_2(z)$，$r_{21} < |z| < r_{22}$，则

$$x_1(n) * x_2(n) \overset{\mathscr{Z}}{\longleftrightarrow} X_1(z) \cdot X_2(z) \qquad (5.32)$$

其收敛域至少为 $X_1(z)$ 和 $X_2(z)$ 收敛域的公共部分。该性质对于单、双边 z 变换均适用。但如果是单边 z 变换，则要求 $x_1(n)$ 和 $x_2(n)$ 均为因果序列。

5. z 域微分（序列线性加权）

根据 z 变换的定义式，两边对 z 求导，得

$$\frac{\mathrm{d}}{\mathrm{d}z} X(z) = \frac{\mathrm{d}}{\mathrm{d}z}\left[\sum_{n=-\infty}^{\infty} x(n) z^{-n}\right] = \sum_{n=-\infty}^{\infty} \frac{\mathrm{d}}{\mathrm{d}z}\left[x(n) z^{-n}\right] = \sum_{n=-\infty}^{\infty}\left[(-n)x(n) z^{-n-1}\right]$$

上式两边同乘以 $-z$，得

$$-z\frac{\mathrm{d}}{\mathrm{d}z} X(z) = \sum_{n=-\infty}^{\infty}\left[nx(n) z^{-n}\right]$$

所以得到 z 域微分变换

$$nx(n) \xleftrightarrow{\mathscr{Z}} -z\frac{\mathrm{d}}{\mathrm{d}z}X(z) \tag{5.33}$$

显然从单边 z 变换的定义式出发也可以得到同样的结果。

6. 初值定理和终值定理

初值定理的表述为：若因果信号 $x(n) \xleftrightarrow{\mathscr{Z}} X(z)$，则 $\lim\limits_{z\to\infty} X(z) = x(0)$。

对于因果序列 $x(n)$，可以直接由 $X(z)$ 求得时域序列的初始值，而不必求反变换。另外，由初值定理不难得出，如果因果信号 $x(n)$ 在 $n=0$ 处取值为有限值，则 $z\to\infty$ 时 $X(z)$ 一定是有限值。

若因果信号 $x(n) \xleftrightarrow{\mathscr{Z}} X(z)$，且 $X(z)$ 除在 $z=1$ 处可以有一阶极点外，全部其他极点都在单位圆 $|z|=1$ 以内，则

$$\lim_{n\to\infty} x(n) = \lim_{z\to1}\left[(z-1)X(z)\right] \tag{5.34}$$

式(5.34) 称为终值定理。应用终值定理时要特别注意条件"$X(z)$ 除在 $z=1$ 处可以有一阶极点外，全部其他极点都在单位圆 $|z|=1$ 以内"，该条件保证了 $(z-1)X(z)$ 的收敛圆包含单位圆，从而保证 $\lim\limits_{n\to\infty} x(n)$ 存在。更多 z 变换的性质见表5.3。

表 5.3 z 变换的性质

性 质 名 称		数学表达式
线性		$a_1 x_1(n) + a_2 x_2(n) \leftrightarrow a_1 X_1(z) + a_2 X_2(z)$
时移特性	双边	$x(n\pm n_0)\leftrightarrow X(z)z^{\pm n_0}$
	单边	$x(n+m)\leftrightarrow z^m\left[X(z)-\sum_{k=0}^{m-1}x(k)z^{-k}\right]$
		$x(n-m)\leftrightarrow z^{-m}\left[X(z)+\sum_{k=-m}^{-1}x(k)z^{-k}\right]$
z 域尺度变换		$a^n x(n)\leftrightarrow X\left(\dfrac{z}{a}\right),\ |a|r_1<|z|<|a|r_2$
复频移特性		$x(n)\mathrm{e}^{\mathrm{j}\Omega_0 n}\leftrightarrow X(z\mathrm{e}^{-\mathrm{j}\Omega_0})$
z 域微分		$nx(n)\leftrightarrow -z\dfrac{\mathrm{d}}{\mathrm{d}z}X(z)$
时域翻转		$x(-n)\leftrightarrow X(z^{-1}),\ \dfrac{1}{r_2}<|z|<\dfrac{1}{r_1}$
卷积特性		$x_1(n)*x_2(n)\leftrightarrow X_1(z)\cdot X_2(z)$
初值定理		$x(0)=\lim\limits_{z\to\infty}X(z)$
终值定理		若$(z-1)X(z)$的收敛域包含单位圆，则 $\lim\limits_{n\to\infty}x(n)=\lim\limits_{z\to1}\left[(z-1)X(z)\right]$

根据 z 变换的定义和性质，可以总结出更多的 z 变换对，供平常使用时查阅，见表5.4。灵活使用已有的基本 z 变换对可以简化一些数学运算的中间过程。

表5.4　常用 z 变换对

$x(n)$	$X(z)$	ROC
$\delta(n)$	1	$0 \leq |z| < \infty$
$\delta(n+1)$	z	$0 \leq |z| < \infty$
$\delta(n-1)$	z^{-1}	$0 < |z| < \infty$
$a^n u(n)$	$\dfrac{z}{z-a}$	$|z| > a$
$-a^n u(-n-1)$	$\dfrac{z}{z-a}$	$|z| < a$
$na^n u(n)$	$\dfrac{az}{(z-a)^2}$	$|z| > a$
$-na^n u(-n-1)$	$\dfrac{az}{(z-a)^2}$	$|z| < a$
$\cos(\beta n)u(n)$	$\dfrac{z(z-\cos\beta)}{z^2-2z\cos\beta+1}$	$|z| > 1$
$\sin(\beta n)u(n)$	$\dfrac{z\sin\beta}{z^2-2z\cos\beta+1}$	$|z| > 1$
$a^n\cos(\beta n)u(n)$	$\dfrac{z(z-a\cos\beta)}{z^2-2az\cos\beta+a^2}$	$|z| > a$
$a^n\sin(\beta n)u(n)$	$\dfrac{za\sin\beta}{z^2-2az\cos\beta+a^2}$	$|z| > a$

5.3.4　z 变换与拉普拉斯变换的关系

1. 映射关系式推导

讨论一个将连续时间信号进行均匀抽样以获得离散时间序列的过程。离散化过程如图5.17所示，设抽样间隔为 T。

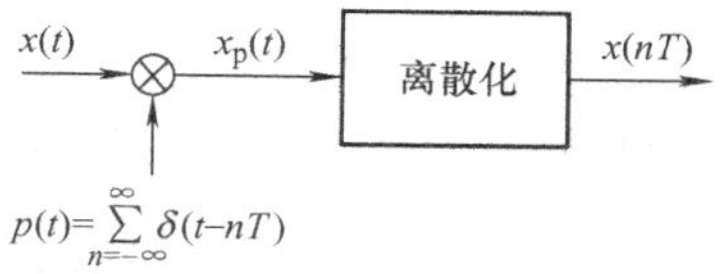

$$x_p(t) = x(t)p(t) = \sum_{n=-\infty}^{\infty} x(nT)\delta(t-nT) \qquad (5.35)$$

根据拉普拉斯变换的定义，得抽样冲激串的拉普拉斯变换为

图5.17　连续信号离散化图解

$$\begin{aligned}
X_p(s) &= \int_{-\infty}^{\infty} x_p(t)e^{-st}dt = \int_{-\infty}^{\infty}\sum_{n=-\infty}^{\infty} x(nT)\delta(t-nT)e^{-st}dt \\
&= \sum_{n=-\infty}^{\infty}\int_{-\infty}^{\infty} x(nT)\delta(t-nT)e^{-st}dt \\
&= \sum_{n=-\infty}^{\infty} x(nT)\int_{-\infty}^{\infty}\delta(t-nT)e^{-st}dt \\
&= \sum_{n=-\infty}^{\infty} x(nT)e^{-nsT}
\end{aligned} \qquad (5.36)$$

根据 z 变换的定义，可以求得抽样序列 $x(nT)$ 的 z 变换为

$$X(z) = \sum_{n=-\infty}^{\infty} x(nT) z^{-n} \tag{5.37}$$

比较式（5.37）和式（5.36）可知，当 $z = e^{sT}$ 时，抽样序列的 z 变换就等于其理想抽样信号的拉普拉斯变换，这样，连续时间信号的拉普拉斯变换和抽样离散化得到的离散时间信号的 z 变换就获得了统一。从两个平面的转换关系出发，能够更好地把连续时间系统和离散时间系统联系起来。

2. s 平面与 z 平面的映射关系分析

s 平面与 z 平面如图 5.18 所示。

因为 $\qquad z = e^{sT},\ s = \sigma + j\omega$

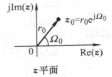

$$z = e^{(\sigma+j\omega)T} = e^{\sigma T} \cdot e^{j\omega T} = r e^{j\Omega} \tag{5.38}$$

所以 $\qquad \begin{cases} r = e^{\sigma T} \\ \Omega = \omega T \end{cases}$

图 5.18 s 平面和 z 平面

s 平面与 z 平面的区域映射关系如图 5.19 所示。

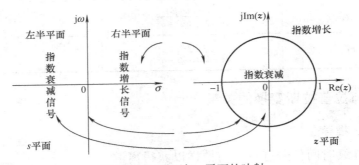

图 5.19 s 平面与 z 平面的映射

总结两个平面相互映射的规律如下：

1）s 平面的原点 $\begin{cases} \sigma = 0 \\ \omega = 0 \end{cases}$ 映射到 z 平面 $z=1$ 处 $\begin{cases} r = 1 \\ \Omega = 0 \end{cases}$ 。

2）s 平面 $\omega = 0 \rightarrow z$ 平面 $\Omega = 0$，即 s 平面实轴 $\rightarrow z$ 平面正实轴。

3）s 平面和 z 平面的其他区域对应关系见表 5.5。

表 5.5 s 平面和 z 平面的区域对应情况

s 平面	$\sigma < 0$ 左半平面	$\sigma = 0$ 虚轴	$\sigma > 0$ 右半平面	σ 为常数：$-\infty \rightarrow +\infty$ 左向右移
z 平面	$r < 1$ 单位圆内	$r = 1$ 单位圆上	$r > 1$ 单位圆外	r 为常数：$0 \rightarrow +\infty$ 半径扩大

4）$s \sim z$ 映射不是单值的，$\omega = \pm \dfrac{\omega_s}{2} \rightarrow \Omega = \pi$。

在信号与系统理论中，s 域分析法主要解决连续时间信号与系统的各种问题，z 域分析法主要解决离散时间信号与系统的各种问题，由于离散时间信号与系统可以由连续时间信号

与系统抽样量化而得，因此这两个复频域之间也存在一定的变换关系，实际上联系着连续和离散的是抽样过程，体现在关系式上的参数就是抽样周期 T。

T 是连续时间信号离散化的一个重要参数。离散化是指把时间域或空间域的连续量转化成离散量的过程，是将时间上、幅值上都连续的模拟信号，在抽样脉冲的作用下，转换成时间上离散（时间上有固定间隔）、但幅值上仍连续的离散模拟信号。

需要注意，连续时间信号可以经过抽样、保持、量化的过程转变为离散时间信号，但并不是所有的离散时间信号都是由连续时间信号离散化得来的。

5.3.5　z 反变换

与其他几种变换类似，我们可以利用常用的 z 变换对，结合 z 变换的性质来求解 $X(z)$ 对应的时域序列 $x(n)$，这个过程称为 z 反变换。对于双边 z 变换，求解反变换时需要特别注意收敛域。求解 z 反变换常用的方法有查表法、部分分式展开法和幂级数展开法等。

1. 部分分式展开法

当 $X(z)$ 是 z 的有理分式时，可以采用部分分式展开法。

已知 z 变换式的一般形式为

$$X(z) = \frac{N(z)}{D(z)} = \frac{b_0 + b_1 z + b_2 z^2 + \cdots + b_{r-1} z^{r-1} + b_r z^r}{a_0 + a_1 z + a_2 z^2 + \cdots + a_{k-1} z^{k-1} + a_k z^k} \tag{5.39}$$

由于因果序列为右边序列且收敛域 $|z| > R$，包括 $z = \infty$，因此为了保证 $z = \infty$ 处收敛，式(5.39)中其分子多项式的阶次不能大于分母多项式的阶次。

部分分式展开法求 z 反变换的步骤如下：

1）使 $\dfrac{X(z)}{z}$ 为真分式。

2）进行部分分式展开。

3）$\dfrac{X(z)}{z} \cdot z$。

4）查常用 z 变换表。

在基本 z 变换对中，最常用的就是指数序列 z 变换对，所以在此特别再写出来，即

$$\frac{z}{z-a} \overset{\mathscr{Z}}{\longleftrightarrow} \begin{cases} a^n u(n), & |z| > |a| \\ -a^n u(-n-1), & |z| < |a| \end{cases}$$

z 变换 $X(z)$ 表达式的极点决定了它的部分分式形式，下面将 $X(z)$ 的极点分为一阶极点和高阶极点来进行讨论。

（1）一阶极点

$$X(z) = A_0 + \sum_{m=1}^{N} \frac{A_m z}{z - p_m} \tag{5.40}$$

$$\frac{X(z)}{z} = \frac{A_0}{z} + \sum_{m=1}^{N} \frac{A_m}{z - p_m} = \frac{A_0}{z} + \frac{A_1}{z - p_1} + \frac{A_2}{z - p_2} + \cdots + \frac{A_N}{z - p_N}$$

式中，$A_0 = \dfrac{b_0}{a_0}$ 是极点 $z = 0$ 的系数，一阶极点的系数为

$$A_m = (z - p_m) \frac{X(z)}{z} \Big|_{z = p_m} \tag{5.41}$$

所以
$$X(z) = A_0 + \frac{A_1 z}{z - p_1} + \frac{A_2 z}{z - p_2} + \cdots + \frac{A_N z}{z - p_N} \tag{5.42}$$

$$x(n) = A_0 \delta(n) + A_1 (p_1)^n + A_2 (p_2)^n + \cdots + A_N (p_N)^n, \ n \geqslant 0 \tag{5.43}$$

【例 5.17】 已知 $X(z) = \dfrac{z^2}{(z-1)(z-2)}$，ROC：$|z| > 2$，求 $x(n)$。

解： 解题步骤如下：

1）$\dfrac{X(z)}{z} = \dfrac{z}{(z-1)(z-2)}$

2）$\dfrac{X(z)}{z} = \dfrac{A}{z-1} + \dfrac{B}{z-2}$

$$A = (z-1) \frac{z}{(z-1)(z-2)} \Big|_{z=1} = -1$$

同理：$B = 2$，所以：$\dfrac{X(z)}{z} = \dfrac{-1}{z-1} + \dfrac{2}{z-2}$

3）$X(z) = \dfrac{-z}{z-1} + \dfrac{2z}{z-2}$

4）查表。先列出收敛域与原函数的对应关系如下：

$$X(z) = \frac{-z}{z-1} + \frac{2z}{z-2}$$

$$|z| > 2 : x(n) = -u(n) + 2(2)^n u(n)$$

$$1 < |z| < 2 : x(n) = -u(n) - 2(2)^n u(-n-1)$$

$$|z| < 1 : x(n) = u(-n-1) - 2(2)^n u(-n-1)$$

再根据题目给出的收敛条件，如图 5.20 所示，确定 $x(n)$。

$$x(n) = -u(n) + 2(2)^n u(n) = \left[(2)^{n+1} - 1 \right] u(n)$$

（2）高阶极点（重根）

$$X(z) = \sum_{m=1}^{r} \frac{B_m z}{(z - p_i)^j}, \ z = p_i \ 为 \ r \ 阶极点 \tag{5.44}$$

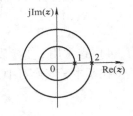

图 5.20 【例 5.17】图

则 r 阶极点的系数为

$$B_m = \frac{1}{(r-m)!} \left[\frac{\mathrm{d}^{r-m}}{\mathrm{d}z^{r-m}} (z - p_i)^r \frac{X(z)}{z} \right]_{z = p_i} \tag{5.45}$$

所以
$$x(n) = \sum_{m=1}^{r} \frac{B_m}{(m-1)!} n(n-1) \cdots (n-m+2) p_i^{n-m+1} u(n) \tag{5.46}$$

【例 5.18】 已知 $X(z) = \dfrac{z(z+1)}{(z-3)(z-1)^2}$，$|z| > 3$，求反变换 $x(n)$。

解：

1）$\dfrac{X(z)}{z} = \dfrac{(z+1)}{(z-3)(z-1)^2} = \dfrac{A}{z-3} + \dfrac{B_1}{z-1} + \dfrac{B_2}{(z-1)^2}$

2）$\dfrac{X(z)}{z} = \dfrac{A}{z-3} + \dfrac{B_1}{z-1} + \dfrac{B_2}{(z-1)^2} = \dfrac{1}{z-3} + \dfrac{-1}{z-1} + \dfrac{-1}{(z-1)^2}$

$$A = \dfrac{X(z)}{z}(z-3)\bigg|_{z=3} = 1$$

$$B_1 = \dfrac{1}{(2-1)!}\dfrac{\mathrm{d}}{\mathrm{d}z}\left[\dfrac{X(z)}{z}(z-1)^2\right]\bigg|_{z=1} = -1$$

$$B_2 = \dfrac{X(z)}{z}(z-1)^2\bigg|_{z=1} = -1$$

3）$X(z) = \dfrac{z}{z-3} - \dfrac{z}{z-1} - \dfrac{z}{(z-1)^2}$

4）根据题目中给出的收敛条件：$|z| > 3$，所以

$$x(n) = 3^n u(n) - u(n) - nu(n)$$

2. 幂级数展开法

z 变换式一般是 z 的有理函数，即

$$X(z) = \dfrac{N(z)}{D(z)} = \dfrac{b_0 + b_1 z + b_2 z^2 + \cdots + b_{r-1} z^{r-1} + b_r z^r}{a_0 + a_1 z + a_2 z^2 + \cdots + a_{k-1} z^{k-1} + a_k z^k}$$

可直接用长除法进行反变换，得

$$X(z) = \sum_{n=-\infty}^{\infty} x(n) z^{-n}$$
$$= \cdots + x(-2)z^2 + x(-1)z^1 + x(0)z^0 + x(1)z^{-1} + x(2)z^{-2} + \cdots$$

级数的系数就是序列 $x(n)$。长除法既可展成升幂级数，也可展成降幂级数，这完全取决于收敛域。所以运用长除法之前，一定要先根据收敛域确定是左边序列还是右边序列，然后才能正确地确定是按升幂长除，还是按降幂长除，只有选择得当才能使长除得到的 $X(z)$ 收敛。另外，利用幂级数展开不易得到闭合形式的表达式。

右边序列进行 z 反变换时将 $X(z)$ 以 z 的降幂排列，即

$$X(z) = \sum_{n=0}^{\infty} x(n) z^{-n} = x(0)z^0 + x(1)z^{-1} + x(2)z^{-2} + \cdots$$

左边序列进行 z 反变换时将 $X(z)$ 以 z 的升幂排列，即

$$X(z) = \sum_{n=-\infty}^{-1} x(n) z^{-n} = x(-1)z^1 + x(-2)z^2 + x(-3)z^3 + \cdots$$

【例5.19】 已知 $X(z) = \dfrac{z}{z^2 - 2z + 1}$，$|z| > 1$，求 $x(n)$。

解：根据已知条件中收敛域在圆外，故是右边序列，一定是 z^{-n} 形式，采用 z 的降幂排列。

$$\begin{array}{r}
z^{-1}+2z^{-2}+3z^{-3}+4z^{-4}+\cdots \\[2pt]
\hline
z^2-2z+1 \,{\overline{\smash{\big)}\, z}} \\
\end{array}$$

$$
\begin{array}{c}
z-2+z^{-1} \\
\hline
2-z^{-1} \\
\quad 2-4z^{-1}+2z^{-2} \\
\hline
3z^{-1}-2z^{-2} \\
\quad 3z^{-1}-6z^{-2}+3z^{-3} \\
\hline
4z^{-2}-3z^{-3} \\
\quad 4z^{-2}-8z^{-3}+4z^{-4} \\
\hline
5z^{-3}-4z^{-4}
\end{array}
$$

因为　　　　　　　　　$X(z)=x(0)z^0+x(1)z^{-1}+x(2)z^{-2}+\cdots$

所以　　　　　　　　　$x(n)=\left[\ \underset{\substack{\uparrow\\ n=0}}{0}\ ,1,2,3,4,\cdots\right]$

因为长除结果无常数项，可设 $x(0)=0$。

【例 5.20】　已知 $X(z)=\dfrac{z}{z^2-2z+1}=\dfrac{z}{1-2z+z^2}$，$|z|<1$，求 $x(n)$。

解：

$$
\begin{array}{r}
z+2z^2+3z^3+4z^4+\cdots \\[2pt]
\hline
1-2z+z^2 \,{\overline{\smash{\big)}\, z}} \\
\end{array}
$$

$$
\begin{array}{c}
z-2z^2+z^3 \\
\hline
2z^2-z^3 \\
\quad 2z^2-4z^3+2z^4 \\
\hline
3z^3-2z^4 \\
\quad 3z^3-6z^4+3z^5 \\
\hline
4z^4-3z^5 \\
\quad 4z^4-8z^5+4z^6 \\
\hline
5z^5-4z^6
\end{array}
$$

所以　　　　　　　　　$x(n)=\left[\cdots,4,3,2,\underset{\substack{\uparrow\\ n=-1}}{1}\ \right]$

5.4　离散时间系统的复频域分析

5.4.1　差分方程的 z 域求解

　　LTI 连续时间系统的数学模型是常系数微分方程，而 LTI 离散时间系统的数学模型是常系数差分方程，如图 5.21 所示。

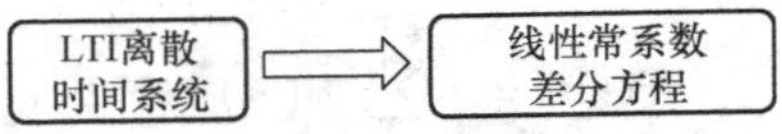

　　求解 LTI 离散时间系统的差分方程有

图 5.21　LTI 系统的数学模型是线性常系数差分方程

两种方法：时域方法、z 变换方法。与连续时间系统分析中拉普拉斯变换相对应，z 变换是分析 LTI 离散时间系统的有力数学工具，z 变换的方法不仅能求解因果系统，也能求解非因果系统。

LTI 系统的线性常系数差分方程一般形式如下：

$$y(n) + a_1 y(n-1) + \cdots + a_{N-1} y(n-N+1) + a_N y(n-N)$$

$$= b_0 x(n) + b_1 x(n-1) + \cdots + b_{M-1} x(n-M+1) + b_M x(n-M)$$

方程中各系数为实数，设系统的起始状态为 $y(-1)$、$y(-2)$、$\cdots$、$y(-k)$。求解系统响应的过程就是求解此差分方程。

1. 应用 z 变换求解差分方程步骤

令 $x(n) \leftrightarrow X(z)$，$y(n) \leftrightarrow Y(z)$，根据单边 z 变换的时域特性，差分方程两边取 z 变换，就可以将描述 $y(n)$ 和 $x(n)$ 之间关系的差分方程变换为描述 $Y(z)$ 和 $X(z)$ 之间关系的代数方程，并且起始状态已自然地包含在其中，可直接得出系统的全响应解。求解步骤简明而有规律，即：

1）对差分方程进行单边 z 变换（时移性质）。
2）由 z 变换方程求出响应 $Y(z)$。
3）求 $Y(z)$ 的反变换，得到 $y(n)$。

【例 5.21】　已知 LTI 系统的差分方程为 $y(n) + \dfrac{1}{2} y(n-1) = x(n) + x(n-1)$，系统输入为 $x(n) = \left(\dfrac{1}{2}\right)^n u(n)$，$x(-1) = 0$，$y(-1) = 2$，求 $y(n)$。

解：方程两边取 z 变换，得

$$Y(z) + \frac{1}{2}[z^{-1}Y(z) + y(-1)] = X(z) + z^{-1}X(z) + x(-1)$$

代入起始条件，得

$$Y(z) + \frac{1}{2}z^{-1}Y(z) + 1 = X(z)(1 + z^{-1}) + 0$$

整理为

$$Y(z) = \left[\frac{z}{z-\frac{1}{2}}\left(1+\frac{1}{z}\right) - 1\right]\frac{1}{1+\frac{1}{2z}} = \frac{\frac{3}{2}z}{\left(z-\frac{1}{2}\right)\left(z+\frac{1}{2}\right)} = \frac{3}{2}\left(\frac{z}{z-\frac{1}{2}} - \frac{z}{z+\frac{1}{2}}\right)$$

所以

$$y(n) = \frac{3}{2}\left[\left(\frac{1}{2}\right)^n - \left(-\frac{1}{2}\right)^n\right]u(n)$$

通过原方程可以迭代出 $y(0)$、$y(1)$、$y(2)$、$\cdots$，再由解的表达式迭代出 $y(0)$、$y(1)$、$y(2)$、$\cdots$，如果两种迭代结果相同，则解答是正确的。本例题的解答经验证是正确的。

【例 5.22】　已知系统的差分方程为 $y(n) - 0.9y(n-1) = 0.05u(n)$，若起始条件 $y(-1) = 1$，求系统的全响应。

解：先在方程两端取 z 变换，得

$$Y(z) - 0.9[z^{-1}Y(z) + y(-1)] = 0.05\frac{z}{z-1}$$

$$Y(z) = \frac{0.05z^2}{(z-1)(z-0.9)} + \frac{0.9y(-1)z}{z-0.9}$$

$$\frac{Y(z)}{z} = \frac{A_1}{z-1} + \frac{A_2}{z-0.9}$$

$$A_1 = 0.5, A_2 = 0.45$$

$$Y(z) = 0.5\frac{z}{z-1} + 0.45\frac{z}{z-0.9}$$

$$y(n) = 0.5 + 0.45 \times (0.9)^n, \quad n \geqslant 0$$

2. 差分方程响应 $y(n)$ 的起始点确定

全响应 $y(n)$ 取值不为零的起点应根据输入信号 $x(n)$ 加上的时刻确定。对因果系统，$y(n)$ 不可能出现在 $x(n)$ 之前。观察 $Y(z)$ 分子、分母的幂次，分母高于分子的次数是响应的起点。例如，设系统输出为

$$Y(z) = \frac{2z}{(z+1)(z+2)^2}$$

式中，分子最高次数为 1，分母最高次数为 3，则从 $n = 2$ 开始 $y(n)$ 有不为零的值。

【例 5.23】 已知系统框图如图 5.22 所示。

（1）列出系统的差分方程；

（2）$x(n) = \begin{cases} (-2)^n, & n \geqslant 0 \\ 0, & n < 0 \end{cases}$，$y(0) =$ $y(1) = 0$，求系统的响应 $y(n)$。

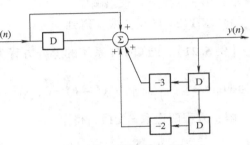

图 5.22 【例 5.23】图

解：

（1）列差分方程，从加法器入手，得

$$x(n) + x(n-1) - 3y(n-1) - 2y(n-2) = y(n)$$

所以

$$y(n) + 3y(n-1) + 2y(n-2) = x(n) + x(n-1)$$

（2）进行 z 变换需要用到 $y(-1)$、$y(-2)$，可通过 $y(0)$、$y(1)$ 迭代差分方程求得。

因为

$$y(0) = y(1) = 0$$

所以

$$y(-1) = -\frac{1}{2}, \quad y(-2) = \frac{5}{4}$$

差分方程两端取 z 变换，利用右时移性质，得

$$Y(z) + 3[z^{-1}Y(z) + y(-1)] + 2[z^{-2}Y(z) + z^{-1}y(-1) + y(-2)] = \frac{z}{z+2} + \frac{z}{z+2}z^{-1}$$

1）由激励引起的零状态响应

$$Y_{zs}(z)[1 + 3z^{-1} + 2z^{-2}] = \frac{z+1}{z+2}$$

即

$$Y_{zs}(z) = \frac{z^2}{(z+2)^2}$$

求得零状态响应为

$$y_{zs}(n) = (n+1)(-2)^n u(n)$$

2）由起始状态引起的零输入响应

当 $n \geqslant -2$ 时，下面的方程成立：

$$Y_{zi}(z)[1 + 3z^{-1} + 2z^{-2}] = -2z^{-1}y(-1) - 3y(-1) - 2y(-2)$$

即

$$Y_{zi}(z) = \frac{-z(z-1)}{(z+2)(z+1)} = \frac{-3z}{z+2} + \frac{2z}{z+1}$$

则零输入响应为

$$y_{zi}(n) = -3(-2)^n + 2(-1)^n, \quad n \geqslant 0$$

3）全响应

$$Y(z) = \frac{2z}{(z+1)(z+2)^2}$$

$$\frac{Y(z)}{z} = \frac{2}{(z+1)(z+2)^2} = \frac{A_1}{z+1} + \frac{B_1}{z+2} + \frac{B_2}{(z+2)^2}$$

所以

$$\frac{Y(z)}{z} = \frac{2}{z+1} + \frac{-2}{z+2} + \frac{-2}{(z+2)^2}$$

$$Y(z) = 2\frac{z}{z+1} - 2\frac{z}{z+2} - 2\frac{z}{(z+2)^2}$$

$$y(n) = 2(-1)^n - 2(-2)^n + n(-2)^n, \quad n \geqslant 0$$

（3）验证。由方程解 $y(n)$ 表达式可以得出 $y(0) = 0$，$y(1) = 0$，和已知条件一致，故得结果为

$$y(n) = (n-2)(-2)^n + 2(-1)^n, \quad n \geqslant 2$$

或

$$y(n) = [(n-2)(-2)^n + 2(-1)^n]$$

5.4.2　系统函数

根据描述系统的差分方程和零起始状态条件，容易写出系统函数 $H(z)$；反之亦然。

LTI 离散系统由线性常系数差分方程描述，一般形式为

$$\sum_{k=0}^{N} a_k y(n-k) = \sum_{i=0}^{M} b_i x(n-i) \tag{5.47}$$

两边取 z 变换得

$$Y(z)\sum_{k=0}^{N} a_k z^{-k} = X(z)\sum_{i=0}^{M} b_i z^{-i} \tag{5.48}$$

若激励为因果序列，$x(-1) = x(-2) = \cdots = 0$；且系统处于零状态，$y(-1) = y(-2) = \cdots = 0$，有

$$H(z) = \frac{Y(z)}{X(z)} = \frac{\sum\limits_{i=0}^{M} b_i z^{-i}}{\sum\limits_{k=0}^{N} a_k z^{-k}} \qquad (5.49)$$

$H(z)$ 描述了系统的特性，只与系统的差分方程的系数、结构有关。$H(z)$ 与激励无关，与系统内部的起始状态也无关。

单位脉冲响应 $h(n)$ 与系统函数 $H(z)$ 为一对 z 变换，即

$$h(n) \xleftarrow{\ \mathscr{Z}\ } H(z)$$

如图 5.23 所示，若 $x(n) = \delta(n)$，则 $X(z) = 1$，系统输出 $y(n) = h(n)$，$Y(z) = H(z)$。

如图 5.24 所示，在系统处于零起始状态下，输入信号 $x(n)$ 产生的输出 $y(n)$ 就是系统的零状态响应 $y_{zs}(n)$，且 $x(n)$、$h(n)$ 和 $y_{zs}(n)$ 三者符合卷积运算规律。

$$y_{zs}(n) = h(n) * x(n) \leftrightarrow Y_{zs}(z) = H(z) \cdot X(z) \qquad (5.50)$$

$$\delta(n) \longrightarrow \boxed{\text{系统}} \xrightarrow{h(n)}$$

图 5.23　单位抽样信号的输出
响应是单位脉冲响应

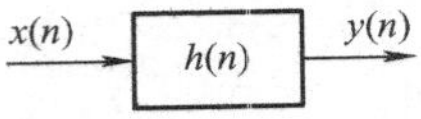

$$x(n) \longrightarrow \boxed{h(n)} \xrightarrow{y(n)}$$

图 5.24　零状态常系数 LTI 离散
时间系统满足卷积运算规律

【例 5.24】　已知离散系统的差分方程为 $y(n) + 3y(n-1) + 2y(n-2) = x(n) + x(n-1)$，系统输入为 $x(n) = (-2)^n u(n)$，求系统函数 $H(z)$ 及零状态响应 $y_{zs}(n)$。

解：在零状态条件下，对差分方程两边取单边 z 变换，得

$$Y(z) + 3z^{-1}Y(z) + 2z^{-2}Y(z) = X(z)(1 + z^{-1})$$

则

$$H(z) = \frac{Y(z)}{X(z)} = \frac{1 + z^{-1}}{1 + 3z^{-1} + 2z^{-2}} = \frac{z(z+1)}{(z+1)(z+2)} = \frac{z}{z+2}$$

系统的零状态响应为

$$Y_{zs}(z) = H(z) \cdot X(z) = \frac{z}{z+2} \cdot \frac{z}{z+2} = \left(\frac{z}{z+2}\right)^2$$

所以

$$y_{zs}(n) = (n+1)(-2)^n u(n)$$

【例 5.25】　系统框图如图 5.25 所示，求 $H(z)$，$h(n)$。

解：设中间序列 $w(n)$。列差分方程

$$\begin{cases} x(n) - 0.3w(n-1) = w(n) \\ w(n) + 4w(n-1) = y(n) \end{cases}$$

分别取 z 变换，得

$$\begin{cases} X(z) - 0.3z^{-1}W(z) = W(z) \\ W(z) + 4z^{-1}W(z) = Y(z) \end{cases}$$

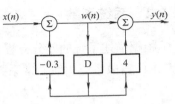

图 5.25　【例 5.25】图

所以

$$H(z) = \frac{Y(z)}{X(z)} = \frac{z+4}{z+0.3} = \frac{40}{3} - \frac{37}{3} \frac{z}{z+0.3}$$

$$h(n) = \frac{40}{3}\delta(n) - \frac{37}{3}(-0.3)^n u(n) = \delta(n) - \frac{37}{3}(-0.3)^n u(n-1)$$

【例 5.26】　已知 $H(z) = \dfrac{z+4}{z+0.3}$，列出系统的差分方程。

解： 分子、分母同除以 z 的最高次幂，得

$$H(z) = \frac{1 + 4z^{-1}}{1 + 0.3z^{-1}} = \frac{Y(z)}{X(z)}$$

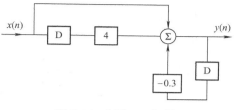

所以　　　$Y(z) + 0.3z^{-1}Y(z) = X(z) + 4z^{-1}X(z)$

$$y(n) + 0.3y(n-1) = x(n) + 4x(n-1)$$

图 5.26　【例 5.26】图

画出系统的框图如图 5.26 所示。

5.4.3　零极点图与系统特性分析

1. 系统函数的零极点分布对系统特性的影响

一般来说，LTI 离散时间系统的系统函数是关于 z 的有理多项式，分母多项式 $A(z) = 0$ 的根称为极点（特征根），分子多项式 $B(z) = 0$ 的根称为零点。在 z 平面标出 $H(z)$ 的极、零点位置，极点用"×"表示，零点用"○"表示，就得到 $H(z)$ 的零极点图。零极点图可以用来表示一个系统，常用来分析系统特性。

（1）由零极点分布确定单位脉冲响应

因为 $h(n)$ 和 $H(z)$ 为 z 变换对，从 $H(z)$ 的零极点分布情况就能确定单位脉冲响应 $h(n)$ 的特性。假设系统函数没有重极点，则系统函数为

$$H(z) = \frac{\displaystyle\sum_{i=0}^{M} b_i z^{-i}}{\displaystyle\sum_{k=0}^{N} a_k z^{-k}} = G \frac{\displaystyle\prod_{i=1}^{M} (1 - z_i z^{-1})}{\displaystyle\prod_{k=1}^{N} (1 - p_k z^{-1})} \tag{5.51}$$

可知，系统函数的极点为 p_k。将其展成部分分式为

$$H(z) = A_0 + \sum_{k=1}^{N} \frac{A_k z}{z - p_k} \tag{5.52}$$

所以

$$h(n) = \mathscr{Z}^{-1}\left[A_0 + \sum_{k=1}^{N} \frac{A_k z}{z - p_k} \right]$$

$$= A_0 \delta(n) + \sum_{k=1}^{k} A_k (p_k)^n u(n)$$

单位脉冲响应 $h(n)$ 由零极点分布即可确定，其规律可能是指数衰减、上升，或为减幅、增幅、等幅振荡。A_0、A_k 与 $H(z)$ 的零点、极点分布都有关。实际中 $H(z)$ 的极点，可以是不同的实数或共轭复数，共同决定了 $h(n)$ 的特性。表 5.6 列出了连续时间系统 $H(s)$（s 平面）和离散时间系统 $H(z)$（z 平面）的零极点映射关系，可以看到，这两种系统的零极点、单位冲激响应、单位脉冲响应之间呈现一定规律性，而这个规律性正是由映射关系 $z = \mathrm{e}^{sT}$ 所决定的。

表5.6 s平面和z平面的零极点映射关系

s平面		z平面	
极点位置	$h(t)$ 特点	极点位置	$h(n)$ 特点
虚轴上	等幅	单位圆上	等幅
原点	$u(t)$	$z=1$	$u(n)$
左半平面	减幅	单位圆内	减幅
右半平面	增幅	单位圆外	增幅

（2）极点位置与 $h(n)$ 形状的关系

如果 $H(z)$ 在实轴上的 a 处（a 为实常数，$a \neq \pm 1$）有单极点，其单位脉冲响应 $h(n)$ 中将含有指数序列；如果 $H(z)$ 有复数共轭极点，其单位脉冲响应 $h(n)$ 中将含有余弦序列。极点在 z 平面的不同位置导致 $h(n)$ 不同的波形形状，如图5.27所示，在极点位置的旁边都画出了对应的 $h(n)$ 形状。在 z 平面下半平面的极点总是和上半平面的极点是共轭关系，成对出现，因此它们和上半平面的共轭极点一起决定了 $h(n)$ 的形状。

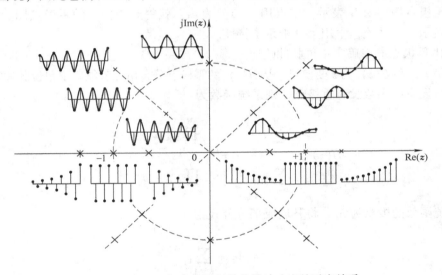

图5.27 $H(z)$ 极点位置与单位脉冲响应的对应关系

2. 离散系统的稳定性

（1）定义

对于稳定系统，只要输入是有界的，输出必定是有界的（BIBO）。

（2）稳定性判据

判据1：离散系统稳定的充要条件是：单位脉冲响应绝对可和。

$$\sum_{n=-\infty}^{\infty} |h(n)| < \infty$$

判据2：对于因果系统，其稳定的充要条件为：$H(z)$ 的全部极点落在单位圆之内，即收敛域应包括单位圆：$|z| > |a|$，$|a| < 1$，$|a|$ 为极点半径最大值。

（3）连续系统和离散系统稳定性的比较（见表5.7）

表5.7　连续系统和离散系统稳定性的比较

稳 定 条 件	连 续 系 统	离 散 系 统
系统稳定的充要条件	$\int_{-\infty}^{\infty} \mid h(t) \mid \mathrm{d}t < \infty$	$\sum_{n=-\infty}^{\infty} \mid h(n) \mid < \infty$
极点	$H(s)$ 的极点全部在左半平面	$H(z)$ 的极点全部在单位圆内
收敛域	含虚轴的右半平面	含单位圆的圆外
临界稳定的极点	沿虚轴	单位圆上

3. 系统的因果性

定义：系统的输出不超前于输入。

系统因果性的判断方法：

时域：$h(n) = 0$，$n < 0$

z 域：收敛域必定包含无穷远点。

【例5.27】　下面方程所描述的系统是否为因果系统？

$$y(n) + 0.2y(n-1) - 0.24y(n-2) = x(n) - x(n-1)$$

解：$y(n) = -0.2y(n-1) + 0.24y(n-2) + x(n) - x(n-1)$

在等式右边没有出现 $y(n+1)$、$y(n+2)$ 等超前项，即输出未超前于输入，所以是因果系统。

【例5.28】　LTI 系统的单位脉冲响应为 $h(n) = u(n)$，判断其因果性和稳定性。

解：（1）从时域判断

$$h(n) = u(n) = \begin{cases} 1, & n \geq 0 \\ 0, & n < 0 \end{cases} \quad \text{因果系统}$$

$$\sum_{n=-\infty}^{\infty} \mid h(n) \mid = \infty \quad \text{不稳定系统}$$

（2）从 z 域判断

$$H(z) = \frac{z}{z-1}, \text{ROC}: |z| > 1$$

收敛域为圆外，包含无穷远点，为因果系统；极点不在单位圆内，收敛域不包括单位圆→不稳定。

【例5.29】　LTI 系统为 $h(n) = (0.5)^n u(-n)$，判断其因果性、稳定性。

解：（1）从时域判断：

$$u(-n) = \begin{cases} 1, & n \leq 0 \\ 0, & n > 0 \end{cases} \quad \text{不是因果系统}$$

$$h(n) = 1 + (0.5)^{-1} + (0.5)^{-2} + (0.5)^{-3} + \cdots = 1 + \frac{1}{0.5} + \frac{1}{0.5^2} + \frac{1}{0.5^3} + \cdots + \infty$$

$$\sum_{n=-\infty}^{\infty} \mid h(n) \mid = \infty$$

所以该系统是不稳定系统。

（2）从 z 域判断：

$$H(z) = \sum_{n=-\infty}^{0} (0.5)^n z^{-n} = \sum_{n=1}^{\infty} (2z)^n + 1 = \frac{2z}{1-2z} + 1 = \frac{1}{1-2z}$$

收敛域 $|z| < \frac{1}{2}$，不包括无穷远处，为非因果系统；

收敛域 $|z| < \frac{1}{2}$，不包括单位圆，为不稳定系统。

注意：对于因果系统，极点在单位圆内时稳定。

5.5 MATLAB 编程及上机实践

5.5.1 与本章有关的 MATLAB 函数举例

1. freqz

功能：计算数字滤波器 $H(z)$ 的频率响应 $H(e^{j\Omega})$。

格式及说明：

$[h, w] = freqz(b, a, n)$

可得到数字滤波器的 n 点频率响应值，这 n 个点均匀地分布在 $[0, \pi]$ 上，并将这 n 个频点的频率记录在 w 中，相应的频响值记录在 h 中。要求 n 为大于零的整数，最好为 2 的整数次幂，以便采用 FFT 计算，以提高速度。

$[h, f] = freqz(b, a, n, Fs)$

用于对 $H(e^{j\Omega})$ 在 $[0, Fs/2]$ 上等间隔抽样 n 点，抽样点频率及相应频响值分别记录在 f 和 h 中。由用户指定 Fs（以 Hz 为单位）值。

$h = freqz(b, a, w)$

用于由 $H(e^{j\Omega})$ 在 $[0, 2\pi]$ 上进行抽样，抽样频率点由矢量 w 指定。

$h = freqz(b, a, f, Fs)$

用于对 $H(e^{j\Omega})$ 在 $[0, Fs]$ 上抽样，抽样频率点由矢量 f 给定。

$freqz(b, a)$

用于在当前图形窗口中绘制出幅频和相频特性曲线。

设 $H(z)$ 具有如下形式：

$$H(z) = \frac{B(z)}{A(z)} = \frac{b_0 + b_1 z^{-1} + b_2 z^{-2} + \cdots + b_M z^{-M}}{1 + a_1 z^{-1} + a_2 z^{-2} + \cdots + a_N z^{-N}}$$

矢量 $\boldsymbol{a} = [1, a_1, a_2, \cdots, a_N]$ 和 $\boldsymbol{b} = [b_0, b_1, \cdots, b_M]$ 分别表示分母多项式 $A(z)$ 和分子多项式 $B(z)$ 的系数。

2. filter

功能：利用 IIR 滤波器或 FIR 滤波器对数据进行滤波。

格式及说明：

$y = filter(b, a, x)$

利用给定系数矢量 a 和 b 对 x 中的数据进行滤波，结果放入矢量 y 中，y 的长度取 max(N, M)。

y = filter(b,a,x,zi)

可在 zi 中指定 x 的初始状态。

[y,zf] = filter(b,a,x)

除得到矢量 y 外，还得到 x 的最终状态矢量 zf。

filter 函数利用数字滤波器对数据进行滤波，其实现采用标准型结构，适用于 IIR 和 FIR 两种滤波器。设滤波器的系统函数为

$$H(z) = \frac{b_0 + b_1 z^{-1} + \cdots + b_M z^{-M}}{1 + a_1 z^{-1} + \cdots + a_N z^{-N}}$$

即滤波器系数 $\boldsymbol{a} = [a_0, a_1, a_2, \cdots, a_N]$ 和 $\boldsymbol{b} = [b_0, b_1, \cdots, b_M]$，输入矢量为 $\boldsymbol{x}$。

这里的标准式为 $a_0 = 1$，如果输入矢量 $\boldsymbol{a}$ 时，$a_0 \neq 1$，则 MATLAB 将自动进行归一化系数的操作；如果 $a_0 = 0$，则给出出错信息。

3. impz

功能：计算 $H(z)$ 相应的单位脉冲响应 $h(n)$。

格式及说明：

[h,t] = impz(b,a)

计算系统函数 b/a 的单位脉冲响应，h 为响应值向量，t 为时间间隔向量。

[h,t] = impz(b,a,n)

计算系统函数 b/a 的单位脉冲响应的 n 个值，h 为响应值向量，t 为时间间隔向量，n 为一个从 0 开始的整数向量。

[h,t] = impz(b,a,n,Fs)

计算系统函数 b/a 的单位脉冲响应的 n 个值，h 为响应值向量，t 为时间间隔向量，n 为一个从 0 开始的整数向量，时间间隔为 1/Fs，默认的 Fs 为 1。

impz(b,a)

在当前窗口以 stem(t, h) 绘制 b/a 的单位脉冲响应。

其中 b 和 a 分别为 $H(z)$ 的分子和分母多项式系数。

4. unwrap

功能：校正相位角度以产生平滑的相位曲线。

格式及说明：

unwrap(P)

对弧度值相位 P 大于或等于 pi 的相位跳变通过 ±2*pi 来解卷绕，它以相位的第一段非单点集方向为基准开始解卷绕，并保持第一段的相位值不变。P 可以是一个标量、矢量、矩阵或者 N 维阵列。P 的数据类型是双精度或单精度浮点数。

unwrap(P,TOL)

解卷绕的跳变容差为 TOL 而不是默认值 pi。

unwrap(P,[ ],DIM)

采用默认容差 pi 沿 DIM 方向解卷绕。

unwrap(P,TOL,DIM)

采用跳变容差为 TOL 沿 DIM 方向解卷绕。

5.5.2 上机实践举例

【例 5.30】 画出下面频率特性函数对应的图形。

(1) $H(\mathrm{e}^{\mathrm{j}\Omega}) = \dfrac{2}{1 - \dfrac{3}{4}\mathrm{e}^{-\mathrm{j}\Omega} + \dfrac{1}{8}\mathrm{e}^{-2\mathrm{j}\Omega}}$，为低通滤波器特性；

(2) $H(\mathrm{e}^{\mathrm{j}\Omega}) = \dfrac{1}{1 + \dfrac{1}{2}\mathrm{e}^{-\mathrm{j}\Omega} + \dfrac{1}{4}\mathrm{e}^{-2\mathrm{j}\Omega}}$，为高通滤波器特性；

(3) $H(\mathrm{e}^{\mathrm{j}\Omega}) = \dfrac{1 + \mathrm{e}^{-2\mathrm{j}\Omega}}{1 + \dfrac{1}{2}\mathrm{e}^{-\mathrm{j}\Omega} + \dfrac{1}{4}\mathrm{e}^{-2\mathrm{j}\Omega}}$，为带阻滤波器特性；

(4) $H(\mathrm{e}^{\mathrm{j}\Omega}) = \dfrac{1 - 2\mathrm{e}^{-2\mathrm{j}\Omega}}{1 - 5\mathrm{e}^{-\mathrm{j}\Omega} + 20\mathrm{e}^{-2\mathrm{j}\Omega} - 24\mathrm{e}^{-3\mathrm{j}\Omega} + 35\mathrm{e}^{-4\mathrm{j}\Omega}}$，为带通滤波器特性。

解：代码如下：

```
% 绘制离散时间系统的频率响应(1)
close all;clear;clc;
b = [2];a = [1 -0.75 0.125];
figure;
freqz(b,a);% 用于求离散系统频响特性
% 绘制离散时间系统的频率响应(2)
b = [1];a = [1 0.5 0.25];
figure;freqz(b,a);
% 绘制离散时间系统的频率响应(3)
b = [1 0 1];a = [1 0.5 0.25];
figure;freqz(b,a);
% 绘制离散时间系统的频率响应(4)
b = [1 0 -2];a = [1 -5 20 -24 35];
figure;freqz(b,a);
```

绘制的图形如图 5.28 所示。

【例 5.31】 已知系统函数 $H(z)$ 的参数如下：$b = [0.001836, 0.007344, 0.011016,$ $0.007344, 0.001836]$，$a = [1, -3.0544, 3.8291, -2.2925, 0.55075]$。输入信号 $x(n)$ 为 60 点长，高度为 1 的矩形窗序列，求输出信号 $y(n)$、单位脉冲响应 $h(n)$、频率响应 $H(\mathrm{e}^{\mathrm{j}\Omega})$。

解：代码如下：

```
% 离散时间系统的时域响应和频率响应求解
x = ones(60,1);
t = 1:60;
b = [.001836,.007344,.011016,.007344,.001836];
a = [1 -3.0544 3.8291 -2.2925 .55075];
```

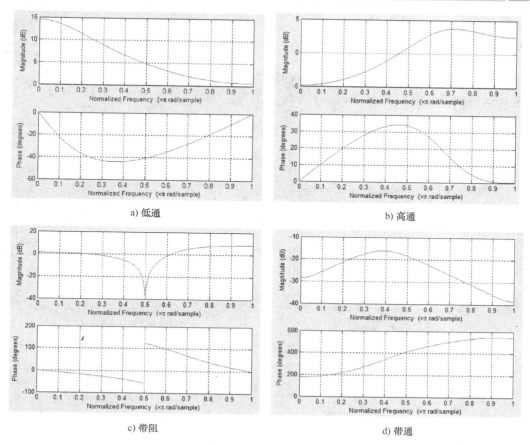

a) 低通　　　　　　　　　　　　　　　b) 高通

c) 带阻　　　　　　　　　　　　　　　d) 带通

图5.28 【例5.30】图

```
y = filter(b,a,x);
stem(t,x,'r');hold on;grid on; stem(t,y,'k');
legend('x', 'y');
xlabel('n');ylabel('x,y');
% 已知系统函数[b a],求单位脉冲响应
[h,t] = impz(b,a,40);
figure;
stem(t,h,'. ');grid on;
xlabel('n');ylabel('h(n)');
% 已知系统函数[b a],求幅频响应
[H,w] = freqz(b,a,256,'whole',1);    % whole 指在整个单位圆上计算频率响应
Hr = abs(H);
figure;
plot(w,Hr);grid
xlabel(' \Omega/2 \pi');ylabel(' |h(j \Omega) |');
% 已知系统函数[b a],求相频响应
Hphase = angle(H);
```

```
Hphase = unwrap(Hphase);
figure;
plot(w,Hphase);grid
xlabel('\Omega/2\pi');ylabel('\phi(\Omega)');
```

程序运行结果如图5.29所示。

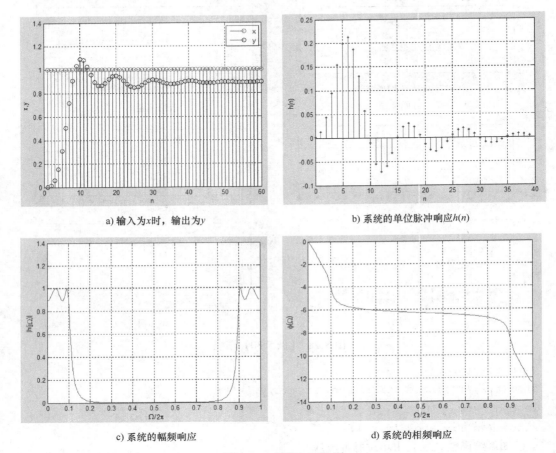

a) 输入为x时，输出为y   b) 系统的单位脉冲响应h(n)

c) 系统的幅频响应   d) 系统的相频响应

图5.29　【例5.31】图

习　题　五

5.1　求序列的卷积和：$x_1(n) = \begin{cases} n, & 0 \leqslant n \leqslant 7 \\ 7, & n=8 \\ 0, & \text{其他} \end{cases}$，$x_2(n) = \begin{cases} 2, & 0 \leqslant n \leqslant 5 \\ 0, & \text{其他} \end{cases}$。

5.2　设某离散系统的差分方程为 $y(n) + 3y(n-1) + 2y(n-2) = x(n)$，输入信号 $x(n) = 2^n u(n)$，初始条件 $y(0) = 0$，$y(1) = 2$，试用时域方法求系统的全响应、零输入响应、零状态响应、自然响应和强迫响应。

5.3　已知某离散时间系统的单位脉冲响应为

$$h(n) = \left(\frac{1}{2}\right)^n \left[u(n) + u(n-1)\right]$$

求该系统的差分方程并画出系统结构框图。

5.4　设因果 LTI 系统的差分方程为 $y(n) + \frac{1}{2}y(n-1) = x(n)$，

（1）确定该系统的频率响应 $H(j\Omega)$。

（2）该系统对下列输入的响应是什么？

1）$x(n) = \left(\frac{1}{2}\right)^n u(n)$ 　　　　　　　　　　2）$x(n) = \delta(n) + \frac{1}{2}\delta(n-1)$

（3）对具有下列傅里叶变换的输入，求该系统的响应。

1）$X(e^{j\Omega}) = \dfrac{1 - \dfrac{1}{4}e^{-j\Omega}}{1 + \dfrac{1}{2}e^{-j\Omega}}$ 　　　　　　2）$X(e^{j\Omega}) = 1 + 2e^{-j3\Omega}$

5.5　若 LTI 离散时间系统的输入为

$$x(n) = \left(\frac{1}{2}\right)^n u(n) - \frac{1}{4}\left(\frac{1}{2}\right)^{n-1} u(n-1)$$

则输出为 $y(n) = \left(\frac{1}{3}\right)^n u(n)$。

（1）求出该系统的单位脉冲响应和系统频率响应。

（2）求出联系 $x(n)$ 和 $y(n)$ 表征该系统的差分方程。

5.6　求下列离散时间信号的 z 变换，并指出收敛域。

（1）$\delta(n-1)$ 　　　　　　　　　　　　（2）$\delta(n+1)$

（3）$\left(\frac{1}{2}\right)^n u(n)$ 　　　　　　　　　　　（4）$-\left(\frac{1}{2}\right)^n u(-n-1)$

（5）$\left(\frac{1}{2}\right)^{-n} u(n)$ 　　　　　　　　　　（6）$\left(\frac{1}{2}\right)^n \left[u(n) - u(n-10)\right]$

（7）$\left(\frac{1}{2}\right)^n u(n) + \left(\frac{1}{3}\right)^n u(n)$ 　　　　　（8）$\left(\frac{1}{2}\right)^{n-1} u(n-1)$

（9）$\left(\frac{1}{2}\right)^{|n|}$ 　　　　　　　　　　　　（10）$3^n u(n) - 2^n u(-n-1)$

5.7　已知 $x(n) = a^n u(n)$，$h(n) = u(n) - u(n-N)$，利用 z 变换求 $y(n) = x(n) * h(n)$。

5.8　设某离散系统的差分方程为 $y(n) + 3y(n-1) + 2y(n-2) = x(n)$，输入信号 $x(n) = 2^n u(n)$，初始条件 $y(0) = 0$，$y(1) = 2$，试用 z 变换法求系统的全响应、零输入响应、零状态响应、自然响应和强迫响应。

5.9　一个因果 LTI 系统由下列差分方程描述：

$$y(n-2) + \frac{3}{2}y(n-1) - y(n) = -x(n-1)$$

（1）求该系统的系统函数 $H(z)$，画出零极点图，并指出收敛域。

（2）求该系统的单位脉冲响应 $h(n)$。

（3）判断系统的稳定性，若该系统是一个不稳定系统，试求出一个满足此差分方程的稳定系统的单位脉冲响应，并判断其因果性。

第6章　离散傅里叶变换及应用

内容提要

本章介绍离散傅里叶变换（Discrete Fourier Transform，DFT）及其主要应用。首先介绍离散傅里叶变换的定义、性质和物理意义，简单介绍其快速算法（Fast Fourier Transform，FFT）。然后讲述离散傅里叶变换的两个应用，一是在信号频谱分析方面，介绍参数选定、频谱混叠、泄漏以及栅栏效应等问题，理清信号的时频域对应关系；二是在 LTI 系统实现方面，介绍重叠相加法计算长卷积实现系统的方法。最后介绍部分 MATLAB 函数及实例。

6.1　离散傅里叶变换

6.1.1　离散傅里叶变换的定义

1. 离散傅里叶变换对

离散傅里叶变换（DFT）是数字信号处理中最基本也是最重要的运算。由于它具有快速算法（FFT），不仅在理论上相当重要，而且在各种数字信号处理的算法中使用十分广泛。

在计算机上实现信号的频谱分析以及其他处理工作时，对信号的要求是：在时域和频域都应是离散的，且都应是有限长。但往往实际信号并不满足这个要求，故引出离散傅里叶变换（DFT）。

那么，什么是离散傅里叶变换呢？简单地说，离散傅里叶变换是一对有限长序列 $x(n)$ 和 $X(k)$，$X(k)$ 是时间序列 $x(n)$ 的傅里叶变换被频率等间隔抽样所得的样本序列，$x(n)$ 和 $X(k)$ 的长度点数相同。

设 $x(n)$ 是一个长度为 N 的有限长序列，定义离散傅里叶变换的正变换为

$$X(k) = \sum_{n=0}^{N-1} \tilde{x}(n) e^{-j\frac{2\pi}{N}nk} R_N(k) = \sum_{n=0}^{N-1} x(n) e^{-j\frac{2\pi}{N}nk} R_N(k) \tag{6.1}$$

又定义 $X(k)$ 的离散傅里叶反变换（Inverse Discrete Fourier Transform，IDFT）为

$$x(n) = \frac{1}{N}\sum_{k=0}^{N-1} \tilde{X}(k) e^{j\frac{2\pi}{N}nk} R_N(n) = \frac{1}{N}\sum_{k=0}^{N-1} X(k) e^{j\frac{2\pi}{N}nk} R_N(n) \tag{6.2}$$

在式(6.1)和式(6.2)中定义旋转因子为

$$W_N = e^{-j\frac{2\pi}{N}} \tag{6.3}$$

因此，离散傅里叶变换对可表示如下：

$$\begin{cases} X(k) = \sum_{n=0}^{N-1} x(n) W_N^{nk}, & k = 0,1,2\cdots,N-1 \\ x(n) = \frac{1}{N}\sum_{k=0}^{N-1} X(k) W_N^{-nk}, & n = 0,1,2\cdots,N-1 \end{cases} \tag{6.4}$$

如果一个序列 $x(n)$ 和另一个序列 $X(k)$ 互为离散傅里叶变换,约定用如下符号标记离散傅里叶变换对,即 $x(n) \xleftrightarrow{\text{DFT}} X(k)$。

从 DFT 的定义可以看到,DFT 的实质在于:有限长序列的离散傅里叶变换就是有限长序列的傅里叶变换的频率主周期等间隔有限点离散抽样,其时域和频域都是离散化的有限长的序列。频域等间隔抽样如图 6.1 所示,$N = 8$、$N = 7$ 分别是 N 为偶数、N 为奇数的例子。

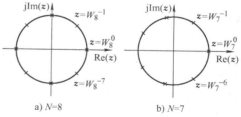

图 6.1 z 平面单位圆上等间隔抽样的两种情况

$X(e^{j\Omega})$ 可由 $X(k)$ 进行一定规律的插值来获得,即

$$X(e^{j\Omega}) = \frac{1}{N}\sum_{k=0}^{N-1} X(k)\Phi_k(e^{j\Omega}) \tag{6.5}$$

式(6.5)中的 $\Phi_k(e^{j\Omega})$ 为插值函数,通常选取它为

$$\Phi_k(e^{j\Omega}) = \frac{1}{N}\frac{\sin\left[N\left(\dfrac{\Omega}{2} - \dfrac{k\pi}{N}\right)\right]}{\sin\left[\left(\dfrac{\Omega}{2} - \dfrac{k\pi}{N}\right)\right]}e^{jk\pi(N-1)/N}e^{-j\Omega(N-1)/2} \tag{6.6}$$

从本质上讲,离散傅里叶变换是在信号傅里叶变换基础上归纳出来的一种表示法,它不是一种独立的新变换,它代表的就是信号的傅里叶变换。从信号的傅里叶变换到离散傅里叶变换的具体演变过程如图 6.2 所示。一种理解是 $x(n)$ 先延拓,再做 DTFS,再取其主周期,

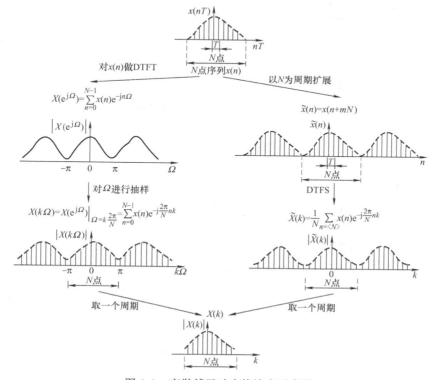

图 6.2 离散傅里叶变换演变示意图

即得 $X(k)$；另一种理解是对 $x(n)$ 先做 DTFT，再对 $X(j\Omega)$ 等间隔抽样，再取其主周期，即得 $X(k)$。两种理解方式都是正确的。

【例 6.1】 序列 $x(n) = R_4(n)$，计算 $x(n)$ 的 4 点、8 点和 16 点 DFT。

解： 当 $x(n)$ 点数较少而又需要做更多点数的 DFT 时，可在 $x(n)$ 后面补 0。

设 $x_4(n) = [1,1,1,1]$，$x_8(n) = [1,1,1,1,0,0,0,0]$，$x_{16}(n) = [1,1,1,1,0,0,0,0,0,0,$
$0,0,0,0,0,0]$。

（1）设变换点数 $N = 4$，则

$$X(k) = \sum_{n=0}^{3} x_4(n) W_4^{kn} = \sum_{n=0}^{3} e^{-j\frac{2\pi}{4}kn} = 1 + e^{-j\frac{\pi}{2}k} + e^{-j\pi k} + e^{-j\frac{\pi}{2}3k} = \frac{1 - e^{-j\frac{\pi}{2}k4}}{1 - e^{-j\frac{\pi}{2}k}}$$

所以

$$X(k) = [4,0,0,0], \quad k = 0,1,2,3$$

（2）设变换点数 $N = 8$，则

$$X(k) = \sum_{n=0}^{7} x_8(n) W_8^{kn} = \sum_{n=0}^{3} e^{-j\frac{2\pi}{8}kn} = \frac{1 - e^{-j\frac{\pi}{4}k4}}{1 - e^{-j\frac{\pi}{4}k}}$$

所以 $X(k) = [4, 1 - 2.4142j, 0, 1 - 0.4142j, 0, 1 + 0.4142j, 0, 1 + 2.4142j], k = 0,1,\cdots,7$

（3）设变换点数 $N = 16$，则

$$X(k) = \sum_{n=0}^{15} x_{16}(n) W_{16}^{kn} = \sum_{n=0}^{3} e^{-j\frac{2\pi}{16}kn} = \frac{1 - e^{-j\frac{\pi}{8}k4}}{1 - e^{-j\frac{\pi}{8}k}}$$

所以 $X(k) = [4, 3.0137 - 2.0137j, 1 - 2.4142j, -0.2483 - 1.2483j,$
$\qquad 0, 0.8341 + 0.1659j, 1 - 0.4142j, 0.4005 - 0.5995j,$
$\qquad 0, 0.4005 + 0.5995j, 1 + 0.4142j, 0.8341 - 0.1659j,$
$\qquad 0, -0.2483 + 1.2483j, 1 + 2.4142j, 3.0137 + 2.0137j], k = 0,1,2,\cdots,15$

结论：离散傅里叶变换的结果与变换区间长度 N 有关。

2. 离散傅里叶变换的隐含周期性

设 k、n、m、N 均为整数，DFT 隐含的周期性具体表现在以下几个方面：

（1）旋转因子的周期性（周期为 N）

$$W_N^k = W_N^{(k+mN)}$$

（2）$X(k)$ 隐含的周期性（周期为 N）

$$X(k + mN) = \sum_{n=0}^{N-1} x(n) W_N^{(k+mN)n} = \sum_{n=0}^{N-1} x(n) W_N^{kn} = X(k)$$

（3）序列 $x(n)$ 隐含的周期性（周期为 N）

$$x(n + mN) = x(n)$$

任何周期为 N 的周期序列 $\tilde{x}(n)$ 都可以看作长度为 N 的有限长序列 $x(n)$ 的周期延拓序列，如图 6.3 所示，而 $x(n)$ 则是 $\tilde{x}(n)$ 的一个周期，即

$$\tilde{x}(n) = \sum_{m=-\infty}^{\infty} x(n + mN)$$

$$x(n) = \tilde{x}(n) \cdot R_N(n)$$

一般定义周期序列 $\tilde{x}(n)$ 中从 $n=0$ 到 $N-1$ 的一个周期为主值区间，而主值区间上的序列称为 $\tilde{x}(n)$ 的主值序列。采用 $\tilde{x}(n)=x((n))_N$ 表示 $x(n)$ 以 N 为周期的周期延拓序列，$((n))_N$ 表示 n 对 N 求余，即如果 $n=mN+n_1$，$0\le n_1\le N-1$，m 为整数，则 $((n))_N=(n_1)$。

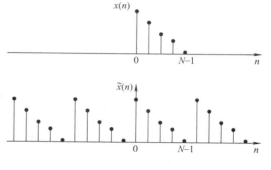

【例 6.2】 设 $N=5$，$\tilde{x}(n)=x((n))_5$，求 $\tilde{x}(5)$、$\tilde{x}(6)$。

解：

$$\tilde{x}(5)=x((5))_5=x(0),$$
$$\tilde{x}(6)=x((6))_5=x(1)$$

图 6.3　有限长序列的周期延拓

【例 6.3】 若 $N=5$，$x(n)=R_4(n)$，画出 $x((n))_N$ 图形。

解： $x((n))_5$ 的图形如图 6.4 所示。

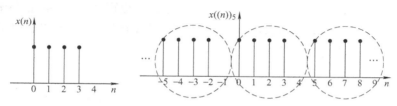

图 6.4　有限长矩形序列的周期延拓

在离散傅里叶变换定义对中，$x(n)$ 与 $X(k)$ 均为有限长序列，但应把它们各自看成是两个周期序列的主序列，因此说它们具有隐含的周期性，如图 6.5 所示。在信号的频谱中，这也导致了幅频特性和相频特性具有周期性。

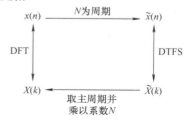

图 6.5　DFT 隐含周期性的解释

设 $x(n)$ 的长度为 N，且 $\tilde{x}(n)=x((n))_N$，则周期序列 $\tilde{x}(n)$ 的离散傅里叶级数表示式为

$$\tilde{X}(k)=\frac{1}{N}\sum_{n=0}^{N-1}\tilde{x}(n)W_N^{kn}=\frac{1}{N}\sum_{n=0}^{N-1}x(n)W_N^{kn},\quad -\infty<k<\infty \tag{6.7}$$

注意：$\tilde{X}(k)$ 是一周期序列。

$$\tilde{x}(n)=\sum_{k=0}^{N-1}\tilde{X}(k)W_N^{-nk}=\sum_{k=0}^{N-1}X(k)W_N^{-nk},\quad -\infty<n<\infty \tag{6.8}$$

式中，$X(k)=N\cdot\tilde{X}(k)\cdot R_N(k)$。

这说明，有限长序列 $x(n)$ 的离散傅里叶变换 $X(k)$，正好是 $x(n)$ 的周期延拓序列 $x((n))_N$ 的离散傅里叶级数系数 $\tilde{X}(k)$ 的主值序列。

3. 离散傅里叶变换、离散时间傅里叶变换和 z 变换的关系

设序列 $x(n)$ 的长度为 N，其 z 变换、DTFT 和 DFT 分别为

$$X(z) = \mathscr{Z}\{x(n)\} = \sum_{n=0}^{N-1} x(n)z^{-n} \qquad (6.9)$$

$$X(e^{j\Omega}) = \mathrm{DTFT}\{x(n)\} = \sum_{n=-\infty}^{\infty} x(n)e^{-j\Omega n} \qquad (6.10)$$

$$X(k) = \mathrm{DFT}\{x(n)\} = \sum_{n=0}^{N-1} x(n)W_N^{nk},\ 0 \leqslant k \leqslant N-1 \qquad (6.11)$$

比较式(6.9) ~式(6.11) 可得关系式

$$X(k) = X(z)\big|_{z=e^{j\frac{2\pi}{N}k}},\ 0 \leqslant k \leqslant N-1 \qquad (6.12)$$

$$X(k) = X(e^{j\Omega})\big|_{\Omega=\frac{2\pi}{N}k},\ 0 \leqslant k \leqslant N-1 \qquad (6.13)$$

离散时间傅里叶变换（DTFT）是单位圆上的 z 变换；DFT 是 z 变换在单位圆上等角距的 N 个抽样值；序列的 DTFT 可以通过 $X(k)$ 插值得到。这几种变换的关系如图 6.6 所示。

4. 离散傅里叶变换的物理意义

DFT 解决了时域和频域中有限长序列的对应关系，这也正是解决实际信号数字化处理及时频分析的重要途径。从 DFT 的定义、DFT 与其他变换的关系可以看出，DFT 时域及频域信号都具有实际意义，如图 6.7 所示。

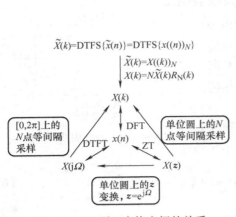

图 6.6　DFT 及 z 变换之间的关系

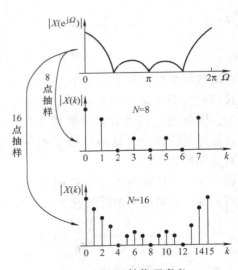

图 6.7　DFT 的物理意义

具体来讲有以下几点：

1）$x(n)$ 的 N 点 DFT 是 $x(n)$ 的 z 变换在单位圆上 N 点等间隔抽样。

2）$X(k)$ 是 $x(n)$ 的傅里叶变换 $X(e^{j\Omega})$ 在区间 $[0, 2\pi]$ 上的 N 点等间隔抽样，抽样间隔为 $2\pi/N$。

3）变换区间长度 N 不同，变换结果不同，N 确定后，$X(k)$ 与 $x(n)$ 是一一对应的。

4）$|X(k)|$ 表示 $\Omega_k = 2\pi k/N$ 频点的幅度谱线。

5）当 N 足够大时，$|X(k)|$ 的包络线可逼近 $|X(e^{j\Omega})|$ 曲线。

5. 离散傅里叶变换计算举例

为阅读方便，将 DFT 的计算公式再次写出：

$$\begin{cases} X(k) = \mathrm{DFT}\{x(n)\} = \sum_{n=0}^{N-1} x(n) W_N^{nk}, \ k = 0,1,2,\cdots,N-1 \\[2mm] x(n) = \mathrm{IDFT}\{X(k)\} = \dfrac{1}{N} \sum_{k=0}^{N-1} X(k) W_N^{-nk}, \ n = 0,1,2,\cdots,N-1 \end{cases}$$

【例 6.4】　已知序列 $x(n) = \delta(n)$，求它的 N 点 DFT。

解：
$$X(k) = \sum_{n=0}^{N-1} \delta(n) W_N^{nk} = W_N^0 = 1, \ k = 0,1,2,\cdots,N-1$$

$X(k)$ 的图形如图 6.8 所示。

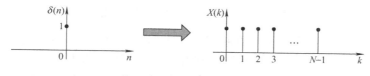

图 6.8 【例 6.4】图

【例 6.5】　已知 $x(n) = \cos(n\pi/6)$ 是一个长度 $N = 12$ 的有限长序列，求它的 N 点 DFT。

解：
$$X(k) = \sum_{n=0}^{11} \cos\frac{n\pi}{6} W_{12}^{nk} = \sum_{n=0}^{11} \frac{1}{2} \left(\mathrm{e}^{\mathrm{j}\frac{n\pi}{6}} + \mathrm{e}^{-\mathrm{j}\frac{n\pi}{6}} \right) \mathrm{e}^{-\mathrm{j}\frac{2\pi}{12}nk}$$
$$= \frac{1}{2} \left(\sum_{n=0}^{11} \mathrm{e}^{-\mathrm{j}\frac{2\pi}{12}n(k-1)} + \sum_{n=0}^{11} \mathrm{e}^{-\mathrm{j}\frac{2\pi}{12}n(k+1)} \right)$$

所以
$$X(k) = \begin{cases} 6, & k = 1,11 \\ 0, & \text{其他 } k, k \in [0,11] \end{cases}$$

$X(k)$ 的图形如图 6.9 所示。

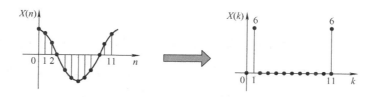

图 6.9 【例 6.5】图

【例 6.6】　求序列 $x(n)$ 的 DFT，并作图表示 $X(k)$。

$$x(n) = \begin{cases} n+1, & 0 \leqslant n \leqslant 3 \\ 8-n, & 4 \leqslant n \leqslant 7 \\ 0, & \text{其他 } n \end{cases}$$

解：
$$X(k) = \sum_{n=0}^{7} x(n) W_8^{nk}$$

$$X(k) = 1 + 2W_8^k + 3W_8^{2k} + 4W_8^{3k} + 4W_8^{4k} + 3W_8^{5k} + 2W_8^{6k} + W_8^{7k}$$

$x(n)$ 及 $N = 8$ 的旋转因子分布如图 6.10 所示。

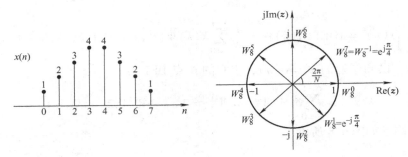

图 6.10　$x(n)$ 及 $N = 8$ 的旋转因子分布

$$X(k) = [20, -5.8284 - 2.4142j, 0, -0.1716 - 0.4142j,$$
$$0, -0.1716 + 0.4142j, 0, -5.8284 + 2.4142j]$$
$$|X(k)| = [20, 6.3086, 0, 0.4483, 0, 0.04483, 0, 6.3086]$$
$$\angle X(k) = [0, -2.7489, 0, -1.9635, 0, 1.9635, 0, 2.7489]$$

计算结果如图 6.11 所示。

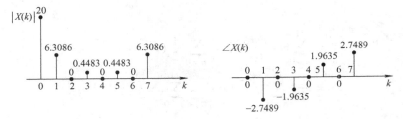

图 6.11　【例 6.6】的计算结果

6.1.2　离散傅里叶变换的性质

1. 线性

如果 $x_1(n)$ 和 $x_2(n)$ 是两个有限长序列，长度分别为 N_1 和 N_2，存在如下离散傅里叶变换对 $x_1(n) \xleftrightarrow{\text{DFT}} X_1(k)$，$x_2(n) \xleftrightarrow{\text{DFT}} X_2(k)$，设 $y(n) = ax_1(n) + bx_2(n)$，式中 a、b 为常数，取 $N = \max[N_1, N_2]$，则 $y(n)$ 的 N 点 DFT 为

$$Y(k) = \text{DFT}\{y(n)\} = \text{DFT}\{ax_1(n) + bx_2(n)\} = aX_1(k) + bX_2(k) \tag{6.14}$$

2. 序列的循环移位

（1）循环移位定义

设 $x(n)$ 为有限长序列，长度为 N，定义式为

$$x_m(n) = \tilde{x}(n+m)R_N(n) = x((n+m))_N R_N(n) \tag{6.15}$$

$$x(n) \xrightarrow{\text{周期延拓}} \tilde{x}(n) \xrightarrow{\text{移位}} \tilde{x}(n+m) \xrightarrow{\text{取主值序列}} x_m(n)$$

图 6.12 所示为一个 15 点序列循环右移 2 位的情况，最后得到的序列记为 $x_{-2}(n)$，图 6.13 所示为同一个 15 点序列循环左移 13 位的情况，最后得到的序列记为 $x_{13}(n)$。比较两图可知，$x_{-2}(n) = x_{13}(n)$，这清楚体现了循环移位的含义。序列的循环移位也可以放在 z 平面单位圆上进行理解，如图 6.14 展示了一个 6 点序列循环移位的情况。

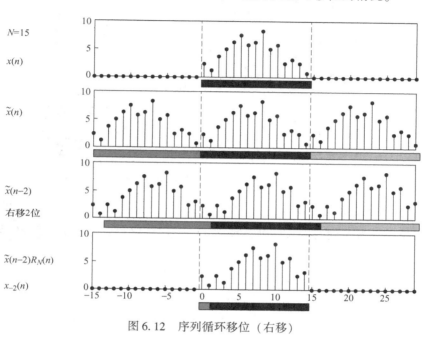

图 6.12　序列循环移位（右移）

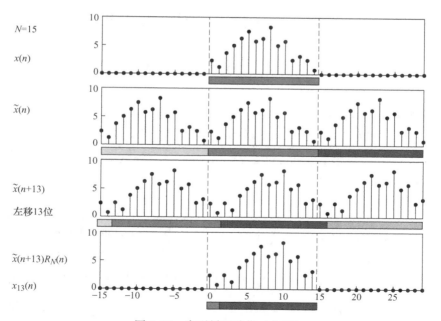

图 6.13　序列循环移位（左移）

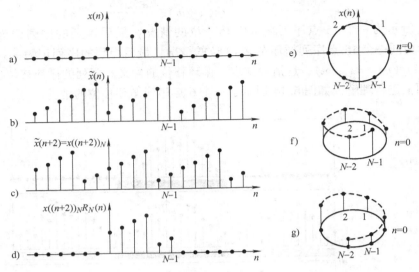

图 6.14 序列循环移位 z 平面情况

（2）时域循环移位定理

若 $x(n)$ 是长度为 N 的有限长序列，且 $x(n) \xleftrightarrow{\text{DFT}} X(k)$，设 $y(n)$ 为 $x(n)$ 的循环移位，即

$$y(n) = x((n+m))_N R_N(n)$$

则

$$Y(k) = \text{DFT}\{x((n+m))_N R_N(n)\} = W_N^{-km}\tilde{X}(k)R_N(k) = W_N^{-km}X(k) \qquad (6.16)$$

（3）频域循环移位定理

频域循环移位定理可表述为：如果有 $x(n) \xleftrightarrow{\text{DFT}} X(k)$，$Y(k) = X((k+l))_N R_N(k)$，$0 \leq k \leq N-1$，则

$$y(n) = \text{IDFT}\{X((k+l))_N R_N(k)\} = W_N^{nl}x(n), \quad 0 \leq n \leq N-1 \qquad (6.17)$$

3. 共轭对称性

（1）复共轭序列的 DFT

设 $X(k) = \text{DFT}[x(n)]$，$x*(n)$ 是 $x(n)$ 的复共轭序列，长度为 N，则

$$\text{DFT}\{x*(n)\} = X*(N-k), \quad 0 \leq k \leq N-1 \qquad (6.18)$$

且 $X(N) = X(0)$。

证明：

$$\text{DFT}\{x*(n)\} = \sum_{n=0}^{N-1} x*(n)W_N^{kn} = \sum_{n=0}^{N-1} x*(n)W_N^{-(N-k)n}$$

$$= \left[\sum_{n=0}^{N-1} x(n)W_N^{(N-k)n}\right]* = X*(N-k)$$

又由 $X(k)$ 的隐含周期性有：$X(N) = X(0)$

用同样的方法可以证明：$\text{DFT}\{x*(N-n)\} = X*(k)$

（2）圆周共轭对称分量和圆周共轭反对称分量

任意序列 $x(n)$ 可分解为共轭对称分量和共轭反对称分量之和。当 $x(n)$ 为实序列时，$x_e(n)$ 称为偶对称分量，$x_o(n)$ 称为奇对称分量。

$$x(n) = x_e(n) + x_o(n) \tag{6.19}$$

$$x_e(n) = \frac{1}{2}[x(n) + x^*(-n)] \tag{6.20}$$

$$x_o(n) = \frac{1}{2}[x(n) - x^*(-n)] \tag{6.21}$$

$$x_e(n) = x_e^*(-n), \; x_o(n) = -x_o^*(-n) \tag{6.22}$$

周期序列 $\tilde{x}(n)$ 也可分解为周期共轭对称（周期偶对称）分量与周期共轭反对称（周期奇对称）分量之和。

$$\tilde{x}(n) = \tilde{x}_e(n) + \tilde{x}_o(n) \tag{6.23}$$

$$\tilde{x}_e(n) = \frac{1}{2}[\tilde{x}(n) + \tilde{x}^*(-n)], \; -\infty \leqslant n \leqslant \infty \tag{6.24}$$

$$\tilde{x}_o(n) = \frac{1}{2}[\tilde{x}(n) - \tilde{x}^*(-n)], \; -\infty \leqslant n \leqslant \infty \tag{6.25}$$

任意一个有限长序列 $x(n)$ 可分解为圆周共轭对称（圆周偶对称）分量与圆周共轭反对称（圆周奇对称）分量之和，如图 6.15 所示。这里需要说明一点，DTFT 的对称性是关于坐标原点的纵坐标的对称性，DFT 的对称性是关于 $N/2$ 点的对称性，无论 N 为奇偶。若 $N = 7$，则对称中心在 3.5。还要注意，圆周共轭对称序列在 $N/2$ 点的取值不一定是 0。

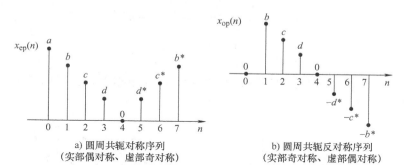

a) 圆周共轭对称序列
（实部偶对称、虚部奇对称）

b) 圆周共轭反对称序列
（实部奇对称、虚部偶对称）

图 6.15　圆周共轭对称序列

$$x(n) = x_{ep}(n) + x_{op}(n) \tag{6.26}$$

$$x_{ep}(n) = \tilde{x}_e(n) R_N(n) = \frac{1}{2}[\tilde{x}(n) + \tilde{x}^*(-n)] R_N(n) \tag{6.27}$$

$$x_{op}(n) = \tilde{x}_o(n) R_N(n) = \frac{1}{2}[\tilde{x}(n) - \tilde{x}^*(-n)] R_N(n) \tag{6.28}$$

【例6.7】　已知 $x(n) = \{4, 6, 4, 2\}_0$，$N = 4$，如图 6.16 所示。列出其各种对称序列。

解： 偶对称序列和奇对称序列如下：

$$x_e(n) = \frac{1}{2}[x(n) + x^*(-n)]$$

$$x_o(n) = \frac{1}{2}[x(n) - x^*(-n)]$$

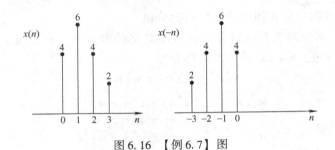

图 6.16 【例 6.7】图

偶对称序列和奇对称序列如图 6.17 所示。

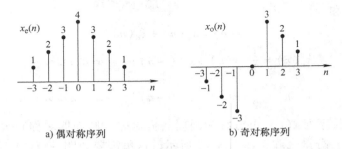

a) 偶对称序列   b) 奇对称序列

图 6.17 【例 6.7】的偶对称序列和奇对称序列

周期偶对称序列和周期奇对称序列如下：

$$\begin{cases} \tilde{x}_e(n) = \dfrac{1}{2}\big[\tilde{x}(n) + \tilde{x}^*(-n)\big] \\ \tilde{x}_o(n) = \dfrac{1}{2}\big[\tilde{x}(n) - \tilde{x}^*(-n)\big] \end{cases}$$

周期延拓序列和共轭翻转序列如图 6.18 所示，因此根据上式，周期偶对称序列和周期奇对称序列如图 6.19 所示。

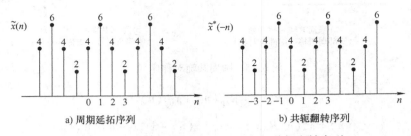

a) 周期延拓序列   b) 共轭翻转序列

图 6.18 【例 6.7】的周期延拓序列和共轭翻转序列

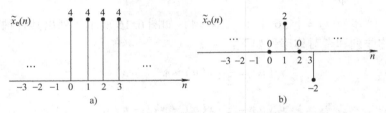

a)   b)

图 6.19 【例 6.7】的周期偶对称序列和周期奇对称序列

圆周偶对称序列和圆周奇对称序列如下，圆周对称序列如图 6.20 所示。

$$x_{\text{ep}}(n) = \tilde{x}_{\text{e}}(n)R_N(n), \quad x_{\text{op}}(n) = \tilde{x}_{\text{o}}(n)R_N(n), \quad 关于\ n = N/2\ 对称$$

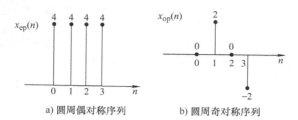

图 6.20 【例 6.7】的圆周对称序列

【例 6.8】　已知 $x(n) = [1, 1+2j, -3j, 1-j]_0$，$N = 4$，$x^*(-n) = [1+j, 3j, 1-2j, 1]_{-3}$。列出其各种对称序列。

解：

$$\tilde{x}(n) = \left[\cdots, \underset{n=0}{1}, 1+2j, -3j, 1-j, \cdots\right]$$

$$\tilde{x}^*(-n) = \left[\cdots, \underset{n=0}{1}, 1+j, 3j, 1-2j, \cdots\right]$$

共轭对称序列和共轭反对称序列如下：

$$x_{\text{e}}(n) = \frac{1}{2}[1+j, 3j, 1-2j, 2, 1+2j, -3j, 1-j]_{-3}$$

$$x_{\text{o}}(n) = \frac{1}{2}[-1-j, -3j, -1+2j, 0, 1+2j, -3j, 1-j]_{-3}$$

周期共轭对称序列和周期共轭反对称序列如下：

$$\tilde{x}_{\text{e}}(n) = \frac{1}{2}\left[\cdots, \underset{\substack{\uparrow \\ n=0}}{2}, 2+3j, 0, 2-3j, \cdots\right]$$

$$\tilde{x}_{\text{o}}(n) = \frac{1}{2}\left[\cdots, \underset{\substack{\uparrow \\ n=0}}{0}, j, -6j, j, \cdots\right]$$

圆周共轭对称序列和圆周共轭反对称序列如下：

$$x_{\text{ep}}(n) = \frac{1}{2}\left[\underset{\substack{\uparrow \\ n=0}}{2}, 2+3j, 0, 2-3j\right]$$

$$x_{\text{op}}(n) = \frac{1}{2}\left[\underset{\substack{\uparrow \\ n=0}}{0}, j, -6j, j\right]$$

（3）DFT 的共轭对称性

DFT 的共轭对称性如图 6.21 所示，如果 $x(n) = x_{\text{r}}(n) + jx_{\text{i}}(n)$，$X(k) = X_{\text{ep}}(k) + X_{\text{op}}(k)$
其中

$$x_{\text{r}}(n) = \text{Re}[x(n)] = \frac{1}{2}[x(n) + x^*(n)] \qquad (6.29)$$

$$jx_{\text{i}}(n) = j\text{Im}[x(n)] = \frac{1}{2}[x(n) - x^*(n)] \qquad (6.30)$$

$$\text{DFT}\{x_{\text{r}}(n)\} = \frac{1}{2}\text{DFT}\{x(n) + x^*(n)\} = \frac{1}{2}[X(k) + X^*(N-k)] = X_{\text{ep}}(k) \qquad (6.31)$$

$$\text{DFT}\{\mathrm{j}x_i(n)\} = \frac{1}{2}\text{DFT}\{x(n) - x^*(n)\} = \frac{1}{2}[X(k) - X^*(N-k)] = X_{\text{op}}(k) \quad (6.32)$$

反过来，任何一个有限长序列都可表示成圆周共轭对称分量和圆周共轭反对称分量之和，即

$$x(n) = x_{\text{ep}}(n) + x_{\text{op}}(n), 0 \leqslant n \leqslant N-1$$

将上式中的 n 换成 $N-n$，并取复共轭，得

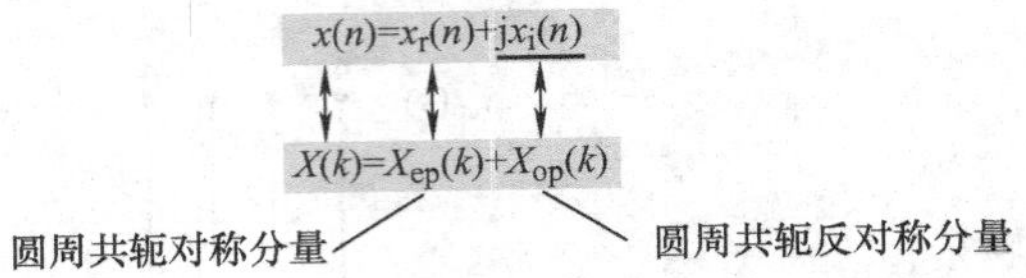

图 6.21　DFT 的共轭对称性

$$x^*(N-n) = x_{\text{ep}}^*(N-n) + x_{\text{op}}^*(N-n) = x_{\text{ep}}(n) - x_{\text{op}}(n) \quad (6.33)$$

由上两式可得

$$x_{\text{ep}}(n) = \frac{1}{2}[x(n) + x^*(N-n)] \quad (6.34)$$

$$x_{\text{op}}(n) = \frac{1}{2}[x(n) - x^*(N-n)] \quad (6.35)$$

对式(6.34)和式(6.35)两边取 DFT，得

$$\text{DFT}\{x_{\text{ep}}(n)\} = X_{\text{ep}}(k) = \frac{1}{2}[X(k) + X^*(N-k)] \quad (6.36)$$

$$\text{DFT}\{x_{\text{op}}(n)\} = X_{\text{op}}(k) = \frac{1}{2}[X(k) - X^*(N-k)] \quad (6.37)$$

如果 $x(n) = x_{\text{ep}}(n) + x_{\text{op}}(n), 0 \leqslant n \leqslant N-1$，那么

$$\text{DFT}\{x_{\text{ep}}(n)\} = \text{Re}[X(k)] \quad (6.38)$$

$$\text{DFT}\{x_{\text{op}}(n)\} = \mathrm{j}\text{Im}[X(k)] \quad (6.39)$$

$$X(k) = \text{Re}[X(k)] + \mathrm{j}\text{Im}[X(k)] \quad (6.40)$$

(4) 有限长实序列 DFT 的共轭对称性

设 $x(n)$ 是长度为 N 的实序列，且 $X(k) = \text{DFT}[x(n)]$，则 $X(k)$ 共轭对称，即：$X(k) = X^*(N-k), 0 \leqslant k \leqslant N-1$。具体说来，$X(k)$ 的幅值和实部具有圆周偶对称性，$X(k)$ 的相位和虚部具有圆周奇对称性，见表 6.1。

表 6.1　有限长实序列 DFT 的共轭对称性

$\text{Re}[X(k)] = \text{Re}[X(N-k)]$	圆周偶对称
$\text{Im}[X(k)] = -\text{Im}[X(N-k)]$	圆周奇对称
$|X(k)| = |X(N-k)|$	圆周偶对称
$\arg X(k) = -\arg X(N-k)$	圆周奇对称

有限长实序列 DFT 共轭对称性的恰当应用可减少 DFT 的运算量，提高运算效率。例如：当 N 为偶数时，只需计算前 $N/2+1$ 点的 DFT；当 N 为奇数时，只需计算前 $(N+1)/2$ 点的 DFT。

【例 6.9】　通过计算一个 N 点 DFT，可得到两个不同实序列的 N 点 DFT。

解：设 $x_1(n)$ 和 $x_2(n)$ 为两个实序列，构成新序列 $x(n)$ 如下：

$$x(n) = x_1(n) + \mathrm{j}x_2(n)$$

对 $x(n)$ 进行 DFT，得到

$$X(k) = \text{DFT}\{x(n)\} = X_{\text{ep}}(k) + X_{\text{op}}(k)$$

$$X_{\text{ep}}(k) = \text{DFT}\{x_1(n)\} = \frac{1}{2}[X(k) + X^*(N-k)]$$

$$X_{\text{op}}(k) = \text{DFT}\{jx_2(n)\} = \frac{1}{2}[X(k) - X^*(N-k)]$$

所以

$$X_1(k) = \text{DFT}\{x_1(n)\} = \frac{1}{2}[X(k) + X^*(N-k)]$$

$$X_2(k) = \text{DFT}\{x_2(n)\} = \frac{1}{2j}[X(k) - X^*(N-k)]$$

对于一个有限长序列，其 DFT 的定义决定其频谱的周期性及对称性，这里的偶对称和奇对称都是指圆周偶对称、圆周奇对称。因为 DFT 具有傅里叶反变换（IDFT），故时频域的周期性是一致的，对称性也是对偶且互逆的，序列及其 DFT 的奇偶虚实关系见表 6.2。

表 6.2　序列及其 DFT 的奇偶虚实关系

$x(n)$	$X(k)$	$x(n)$	$X(k)$
实部偶对称、虚部奇对称	实数偶对称	实数偶对称	实数偶对称
实部奇对称、虚部偶对称	虚数奇对称	实数奇对称	虚数奇对称
实数	实部偶对称、虚部奇对称	虚数偶对称	虚数偶对称
虚数	实部奇对称、虚部偶对称	虚数奇对称	实数奇对称

4. 循环卷积

循环卷积有时又叫作圆周卷积。应该指出，两序列的循环卷积和周期卷积是不同的概念，循环卷积的结果是有限长序列，而周期卷积的结果是周期序列。

（1）两个有限长序列的循环卷积

$$x(n) = x_1(n) \textcircled{N} x_2(n) \tag{6.41}$$

$$x(n) = \sum_{m=0}^{N-1} x_1(m) x_2((n-m))_N R_N(n) \tag{6.42}$$

两个有限长序列计算循环卷积的过程如图 6.22 所示。

循环卷积的计算步骤总结如下：

1）将式(6.41)右边的求和变量设为 m。

2）将 $x_2(m)$ 以 N 为周期作周期延拓得到 $x_2((m))_N$。

3）翻转 $x_2((m))_N$ 形成 $x_2((-m))_N$。

4）对 $x_2((-m))_N$ 进行循环移位 $x_2((n-m))_N$，取主值序列，形成 $x_2((n-m))_N R_N(m)$。

5）当 $n = 0, 1, \cdots, N-1$ 时，$x_1(m)$ 和 $x_2((n-m))_N R_N(m)$ 对应相乘，并对 m 在 $0 \sim N-1$ 区间求和。

（2）时域循环卷积定理

有限长序列 $x_1(n)$ 和 $x_2(n)$，长度分别为 N_1 和 N_2，$N = \max[N_1, N_2]$。设 $x_1(n)$ 和 $x_2(n)$ 的 N 点 DFT 分别为：$X_1(k) = \text{DFT}\{x_1(n)\}$，$X_2(k) = \text{DFT}\{x_2(n)\}$，即

$$X_1(k) = \sum_{n=0}^{N-1} x_1(n) e^{-j\frac{2\pi}{N}nk}, \quad k = 0, 1, \cdots, N-1$$

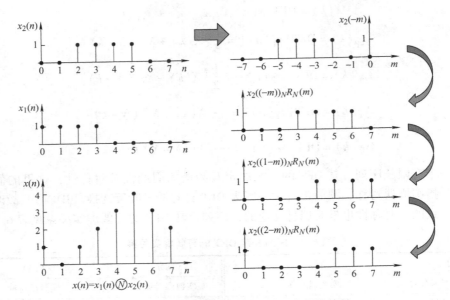

图 6.22 两个有限长序列计算循环卷积的过程

$$X_2(k) = \sum_{n=0}^{N-1} x_2(n) e^{-j\frac{2\pi}{N}nk}, \ k = 0,1,\cdots,N-1$$

如果有 $x(n) = x_1(n) \, \text{Ⓝ} \, x_2(n) = x_2(n) \, \text{Ⓝ} \, x_1(n)$，则

$$X(k) = X_1(k) \cdot X_2(k)$$

即两个序列在时域的循环卷积与两个序列 DFT 的乘积等效。

（3）频域循环卷积定理

已知：$X_1(k) = \text{DFT}\{x_1(n)\}$，$X_2(k) = \text{DFT}\{x_2(n)\}$，$0 \leqslant k \leqslant N-1$。

如果 $x(n) = x_1(n)x_2(n)$，则

$$X(k) = \text{DFT}\{x(n)\} = \frac{1}{N}X_1(k) \, \text{Ⓝ} \, X_2(k) = \frac{1}{N}X_2(k) \, \text{Ⓝ} \, X_1(k)$$

所以 $\quad X(k) = \dfrac{1}{N}\sum_{l=0}^{N-1}X_1(l)X_2((k-l))_N R_N(k) = \dfrac{1}{N}\sum_{l=0}^{N-1}X_2(l)X_1((k-l))_N R_N(k)$

（4）循环卷积与线性卷积的关系

在一定条件下，循环卷积是线性卷积经周期延拓后的主值序列。

【例 6.10】 设两个有限长序列分别为 $x_1(n) = R_8(n)$ 和 $x_2(n) = [1,2,3]_0$，长度分别为 $N_1 = 8$ 和 $N_2 = 3$。分析它们的线性卷积和 8 点循环卷积间的关系。

解：

可以用线性卷积加混叠来说明本例题，分析结果如图 6.23 所示。图 6.23f 循环卷积结果可以认为是图 6.23c、d、e 叠加后取主值序列 $0 \leqslant n \leqslant N-1$（$N=8$）的结果。由于不满足 $N \geqslant N_1 + N_2 - 1$ 的条件，混叠造成循环卷积前 $N_2 - 1$ 点（$n = 0$，1）与线性卷积结果相比是错误的，$N_2 - 1 \leqslant n \leqslant N-1$ 点（$n = 2$，3，4，5，6，7）与线性卷积结果相同。不难看到，若满足 $N \geqslant N_1 + N_2 - 1$ 的条件，就不会出现混叠的情况，循环卷积结果就与线性卷积结果相同。

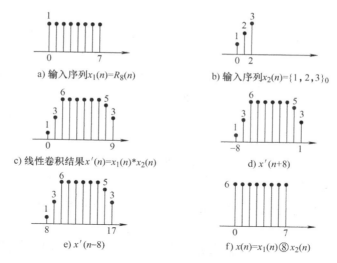

a) 输入序列 $x_1(n) = R_8(n)$

b) 输入序列 $x_2(n) = \{1, 2, 3\}_0$

c) 线性卷积结果 $x'(n) = x_1(n)*x_2(n)$

d) $x'(n+8)$

e) $x'(n-8)$

f) $x(n) = x_1(n) ⑧ x_2(n)$

图 6.23 循环卷积和线性卷积的关系

6.1.3 快速傅里叶变换

DFT 是利用计算机进行信号谱分析的理论依据。但是如果直接利用 DFT 来计算信号的频谱，计算量太大，快速傅里叶变换（Fast Fourier Transform，FFT）是以较少计算量实现 DFT 的快速算法，它使理论变成了实践，解决了 DFT 计算难以实现的问题。FFT 是数字信号处理中最基本的算法，应用广泛。

要改进 DFT 的算法，提高其计算速度，必须从 DFT 的公式入手，充分利用其自身的运算规律，提出解决问题的方法。由于 DFT 的正变换和反变换的表达式相似，因此很容易想到 IDFT 也有相应的快速算法。快速傅里叶反变换（Inverse Fast Fourier Transform，IFFT）是离散傅里叶反变换（IDFT）的快速算法。

1. 直接计算 DFT 运算量大

设 $x(n)$ 为 N 点有限长序列，其 DFT 为

$$X(k) = \sum_{n=0}^{N-1} x(n) W_N^{nk}, \ k = 0, 1, 2, \cdots, N-1$$

$$X(k) = \sum_{n=0}^{N-1} \{ \mathrm{Re}[x(n)]\mathrm{Re}(W_N^{nk}) - \mathrm{Im}[x(n)]\mathrm{Im}(W_N^{nk}) +$$
$$j\mathrm{Re}[x(n)]\mathrm{Im}(W_N^{nk}) + j\mathrm{Im}[x(n)]\mathrm{Re}(W_N^{nk}) \}$$

可见，完成 DFT 共需 N^2 次复乘，$N(N-1)$ 次复加。或者说，完成 DFT 共需 $4N^2$ 次实乘，$2N(2N-1)$ 次实加。令 $N=8$，则实乘次数 $=4 \times 8 \times 8 = 256$，实加次数 $= 2 \times 8 \times (16-1) = 240$；令 $N=100$，则实乘 40000 次，实加 39800 次。反变换 IDFT 与正变换 DFT 的运算量基本相同，区别在于反变换结果还需乘以一个实数因子 $1/N$，即多 N 次实乘。

2. 解决办法

利用离散傅里叶变换定义式中旋转因子的性质来减小运算量，读者可自行画出单位圆来证明旋转因子的这些性质。

（1）对称性

$$(W_N^{nk})^* = W_N^{-nk}, \ W_N^{(k+N/2)} = -W_N^k, \ W_N^{N/2} = -1$$

（2）周期性

$$W_N^{nk} = W_N^{(n+N)k} = W_N^{n(k+N)}$$

$$W_N^{n(N-k)} = W_N^{(N-n)k} = W_N^{-nk}$$

（3）可约性

$$W_N^{nk} = W_{mN}^{mnk}$$

$$W_N^{nk} = W_{N/m}^{nk/m}$$

3. FFT 算法的实现思路

FFT 不是一种新的变换，而是 DFT 的快速算法，它是根据离散傅里叶变换的奇、偶、虚、实等特性，对离散傅里叶变换的算法进行改进获得的。利用 W_N^{nk} 的周期性和对称性，把长度为 N 点的大点数的 DFT 运算依次分解为若干个小点数的 DFT，如图 6.24 所示。这是因为 DFT 的计算量正比于 N^2，N 小，计算量也就小。

FFT 算法正是基于这样的基本思想发展起来的。它有多种形式，本书不展开阐述，有兴趣的读者可参考数字信号处理相关的书籍。

借助于 MATLAB 软件中的计算函数，可以在不用做算法编程的情况下直接调用函数完成离散傅里叶正、反变换，大大降低了开发信号与系统相关软件程序的难度。例如，可以调用函数 fft( )实现一维序列的傅里叶变换，可以调用函数 ifft( )

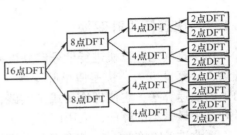

图 6.24　DFT 运算分解的过程

实现一维序列的傅里叶反变换；可以调用函数 fft2( )实现二维矩阵信号的傅里叶变换，可以调用函数 ifft2( )实现二维矩阵信号的傅里叶反变换。这几个函数的具体用法请查看 MATLAB 软件的函数使用说明。

6.2　离散傅里叶变换的应用

6.2.1　基于离散傅里叶变换的信号频谱分析

工程上所遇到的信号，包括传感器的输出信号，很多都是连续非周期信号，这种信号无论是在时域或频域都是连续的，无法满足计算机进行数字信号处理的要求。若要应用 FFT 进行信号分析和处理，必须在时域、频域进行有限化和离散化。这种有限化和离散化处理是在时域和频域对被处理的连续信号做近似或逼近，从本质上讲是一种近似处理。本章所学的 DFT 是一种时域和频域均离散化的变换，适合数值运算，成为分析信号和系统的有力工具。

对应于信号四大分类，即连续时间周期信号、连续时间非周期信号、离散时间周期信号、离散时间非周期信号，相应的频谱分析方法也有四种，即 CTFS、CTFT、DTFS、DTFT。连续信号与系统的傅里叶分析（CTFS、CTFT）不便于直接用计算机进行计算，应用受到限制。

那么，这些信号的频谱分析如何在计算机或者数字设备上实现呢？变换前，时域信号怎样处理？变换后，频域信号怎样处理？对于 CTFS，可先将连续时间周期信号采用合适的抽样频率离散化，取其主周期进行 DFT，得到包含 CTFS 的所有频谱信息，例如对人体脉搏信号、心电信号的分析等。而连续时间非周期信号的数字频谱分析情况又不同了，为此，我们要深入学习如何利用 DFT 实现信号频谱分析的具体原理和步骤。现将应用 DFT 完成信号频谱分析的四种情况列在表 6.3 中，然后再以几个实例加以说明。

表 6.3　DFT 分析信号频谱的四种情况

信 号 类 型	DFT 频谱分析方法
连续时间周期信号	1. 取原信号的一段（至少一个周期），并对其进行抽样，得到 $x(n)$，需满足抽样定理 2. 对 $x(n)$ 进行 DFT，得到 $X(k)$ 3. 取 $[0, \pi]$ 区间内的 $X(k)$ 值代表原信号的所有频谱信息
连续时间非周期信号	1. 取原信号的一段或者全部，并对其进行抽样，得到 $x(n)$，需满足抽样定理 2. 对 $x(n)$ 进行 DFT，得到 $X(k)$ 3. 取 $[0, \pi]$ 区间内 $X(k)$ 值的包络线代表原信号的所有频谱信息
离散时间周期信号	1. 取原信号的一段（至少一个周期），得到 $x(n)$ 2. 对 $x(n)$ 进行 DFT，得到 $X(k)$ 3. 将 $X(k)$ 进行周期延拓得到 $\tilde{X}(k)$，$\tilde{X}(k)$ 就代表原信号的所有频谱信息
离散时间非周期信号	1. 取原信号的一段或全部，得到 $x(n)$ 2. 对 $x(n)$ 进行 DFT，得到 $X(k)$ 3. 将 $X(k)$ 进行周期延拓得到 $\tilde{X}(k)$，则 $\tilde{X}(k)$ 的包络线就代表原信号的所有频谱信息

1. 用 DFT 对有限长序列进行频谱分析

下面以矩形窗序列 $x(n) = R_4(n)$ 为例来了解离散傅里叶变换与频谱的关系，如图 6.25a 所示。

根据前面所学的知识，单位圆上的 z 变换就是序列傅里叶变换，即

$$X(e^{j\Omega}) = X(z)|_{z = e^{j\Omega}}$$

$X(e^{j\Omega})$ 是 Ω 的连续周期函数，如图 6.25b 所示。对序列 $x(n)$ 进行 N 点 DFT，可得到 $X(k)$，而 $X(k)$ 正是 $X(e^{j\Omega})$ 在区间 $[0, 2\pi]$ 上的 N 点等间隔抽样，如图 6.25c、d 所示。$X(e^{j\Omega})$ 可由 $X(k)$ 进行插值而得到，计算公式为式(6.5)、式(6.6)。

2. 用 DFT 对周期序列进行频谱分析

下面以余弦序列为例来了解离散傅里叶变换与频谱的关系，如图 6.26 所示。

$$x(n) = \cos \frac{n\pi}{4}, \ \Omega = \frac{\pi}{4}$$

使用 DFT 可以对周期序列进行频谱分析，只需对周期序列从 0 开始的那个主值序列做 DFT 即可，所得的频谱信息是完整的，其延拓后与周期信号的频谱完全一致。

3. 用 DFT 对连续信号进行频谱分析

用 DFT 对连续信号进行频谱分析是一种近似的分析，近似程度与信号带宽、抽样频率和截取长度有关。根据傅里叶变换理论，信号持续时间有限长，其频谱是无限宽；信号的频谱有限长，在时域中该信号的持续时间无限长。

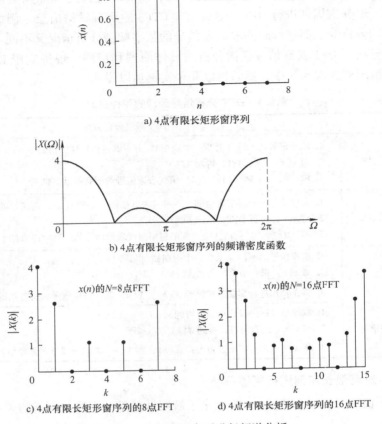

图 6.25 对有限长序列进行频谱分析

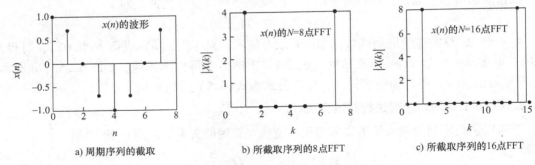

图 6.26 对周期序列进行频谱分析

上述两种情况，在时域或频域中进行抽样，得到的序列都是无限长序列，不满足 DFT 的变换条件。采用的处理方法为：在频域中用滤波器滤除高于折叠频率的高频分量，在时域中则是截取有限点进行 DFT。

（1）对有限长连续非周期信号进行频谱分析

工程中经常遇到的连续非周期信号 $x_a(t)$，其频谱函数 $X_a(j\omega)$ 或 $X_a(jf)$ 也是连续函数。具体的分析步骤如下：先对 $x_a(t)$ 进行时域抽样，可设抽样点数 N 为偶数，得到时域离

散信号 $x(n) = x_a\left(nT - \dfrac{N}{2}T\right)$；再对 $x(n)$ 进行 DFT，得到的 $X_a(k)$ 是 $x(n)$ 的傅里叶变换 $X(e^{j\Omega})$ 在区间 $[0, 2\pi]$ 上的 N 点等间隔抽样；所得的 $x(n)$ 和 $X_a(k)$ 均是有限长序列。

用 DFT 对连续非周期信号频谱分析的处理过程如图 6.27 所示。设连续信号 $x_a(t)$ 持续时间为 T_p，最高频率为 f_c，则 $x_a(t)$ 的傅里叶变换为

$$X_a(jf) = \mathscr{F}\{x_a(t)\} = \int_{-\infty}^{\infty} x_a(t) e^{-j\omega t} dt = \int_{-\infty}^{\infty} x_a(t) e^{-j2\pi ft} dt \tag{6.43}$$

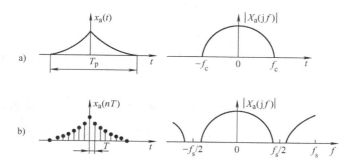

图 6.27　用 DFT 对连续非周期信号频谱分析的处理过程

对 $x_a(t)$ 以抽样频率 $f_s = 1/T > 2f_c$ 进行抽样得：$x(n) = x_a(nT)$。

设共抽样 N 点，得：$t = nT$，$dt = (n+1)T - nT = T$，$T_p = NT$，则有

$$X(jf) = \sum_{n=-\infty}^{\infty} T \cdot x_a(nT) \cdot e^{-j2\pi fnT} \approx T \sum_{n=-\frac{N}{2}}^{\frac{N}{2}-1} x_a(nT) \cdot e^{-j2\pi fnT} \tag{6.44}$$

对 $X(jf)$ 在区间 $[0, f_s]$ 上等间隔抽样 N 点，抽样间隔为 F，参数 f_s、T_p、N 和 F 满足如下关系式：

$$F = \frac{f_s}{N} = \frac{1}{NT} = \frac{1}{T_p} \tag{6.45}$$

$$FT = \frac{1}{N} \tag{6.46}$$

令 $f = kF$，频域 N 点抽样得

$$X(jkF) = \sum_{n=-\frac{N}{2}}^{\frac{N}{2}-1} T \cdot x_a(nT) \cdot e^{-j2\pi kFnT} = T \sum_{n=-\frac{N}{2}}^{\frac{N}{2}-1} x_a(nT) \cdot e^{-j\frac{2\pi}{N}nk}, \ 0 \le k \le N-1 \tag{6.47}$$

令 $X(jkF) = X_a(k)$，根据 DFT 的周期性和对称性可知 $X_a(k)$ 和 $x(n)$ 为离散傅里叶变换对，即得

$$X_a(k) = T \sum_{n=0}^{N-1} x(n) e^{-j\frac{2\pi}{N}nk} = T \cdot \mathrm{DFT}\{x(n)\}, \ 0 \le k \le N-1 \tag{6.48}$$

结论：

1）有限长连续非周期信号的频谱特性，可以通过对连续信号抽样、进行 DFT 再乘以 T、然后做插值获得频谱密度函数的近似方法得到，即

$$X_a(k) = T \cdot \mathrm{DFT}\{x(n)\}$$

2）有限长连续非周期信号的时域抽样信号可以通过对其频谱函数进行抽样，并进行 IDFT 再乘以 $1/T$ 的近似方法得到，即

$$x(n) = \frac{1}{T} \cdot \mathrm{IDFT}\{X_a(k)\}$$

（2）对无限长连续非周期信号进行频谱分析

首先对无限长信号进行截取，使之成为有限长连续非周期信号，再按照有限长连续非周期信号的 DFT 分析法进行近似分析。

【例 6.11】 理想低通滤波器的单位冲激响应为 $h_a(t) = \dfrac{\sin(\pi t)}{\pi t}$，其频响函数 $H_a(jf)$ 如图 6.28 所示。设 $T_p = 8\mathrm{s}$，$f_s = 4\mathrm{Hz}$，$T = 0.25\mathrm{s}$，用 DFT 来分析 $h_a(t)$ 的频率响应特性。

解：根据题设参数可得，抽样点数 $N = T_p/T = 32$，$F = 1/(NT) = 0.125\mathrm{Hz}$。

因为 $\qquad h_a(n) = h_a(nT)[u(n+4) - u(n-4)]$，$h(n) = h_a\left(n - \dfrac{N}{2}\right)$

则 $H(k) = T \cdot \mathrm{DFT}\{h(n)\}$，$0 \leqslant k \leqslant 32$，如图 6.29 所示，画出了 16 点的频谱。

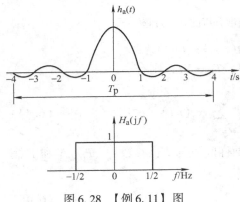

图 6.28 【例 6.11】图

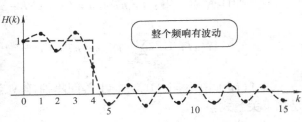

图 6.29 【例 6.11】的 DFT 频谱分析结果

由于对单位冲激响应 $h_a(t)$ 做了截取，损失了部分信息，得到的频率响应特性与理想特性有差异，在突变点位置产生了过渡带。另一方面，由于对 $h_a(t)$ 做了抽样，得到的频率响应特性是离散的，需要进行插值才能得到原信号的频谱密度函数，造成了整个频率响应特性有波动。

（3）对连续周期信号进行频谱分析

【例 6.12】 对人体脉搏信号进行频谱分析。

解：人体脉搏信号很微弱，由一般光电检测电路所采集到的信号信噪比低，需要经过去噪措施才能得到较好的时域波形，如图 6.30a 所示，是一个比较典型的脉搏信号，信号截取长度为 4 个周期。正常人的脉搏信号频率范围是 0～20Hz，且大约 99% 的能量分布在 0～10Hz，如图 6.30b 所示。该脉搏信号的分析过程为：①对脉搏信号进行抽样，抽样频率可

设为 $f_s = 50\text{Hz}$；②对抽样所得的时间序列 $x(n)$ 进行 DFT，得到 $X(k)$；③根据 $X(k)$ 的归一化幅值绘制频谱图。

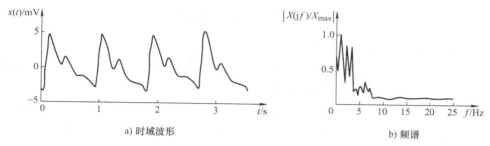

a) 时域波形   b) 频谱

图 6.30 典型人体脉搏信号时域波形及频谱

4. 对连续信号进行频谱分析的参数选择

用 DFT 对连续信号进行谱分析的参数选择原则如下：

1）信号观察时间 T_p：$T_p \geqslant 1/F$。

2）抽样频率 f_s：$f_s > 2f_c$。

3）谱分析范围 f_c：受抽样频率 f_s 的限制，$f_c < f_s/2$，确保不产生频谱混叠失真。

4）抽样点数 N：$N = T_p/T_s = f_s$。

5）频率分辨力 $\hat{F}$：$\hat{F} = \dfrac{f_s}{N}$。

下面解释一下频率分辨力 $\hat{F}$ 和频率抽样间隔 F 之间的关系。频率抽样间隔 F 由信号的实际长度所决定，又叫作物理频率分辨力。F 表示谱分析中能够分辨两个频谱分量的最小间隔，F 越小，频率分辨力越高。在实际应用中，常常可能使用另一种频率分辨力，叫作计算频率分辨力，即 $\hat{F} = \dfrac{f_s}{N_D}$，这是由抽样频率和 DFT 点数 N_D 所决定的一种频率分辨力。物理频率分辨力是真实的频率分辨力，而计算频率分辨力的 DFT 点数有可能是通过补零来增大的。在不补零进行 DFT 的情况下，两种分辨力的计算结果相同。

提高 F 的原则如下：若保持 f_s 不变，则必须增加抽样点数 N，即增加 T_p。如果保持 T_p 不变，提高 f_s，那么 N 也增大了，但这样做既不能提高计算频率分辨力，也不能提高物理频率分辨力；如果保持 f_s 不变，通过补零增大 N，这样可以提高计算频率分辨力，但不能提高物理频率分辨力。

【例 6.13】 对实信号进行谱分析，要求谱分辨力 $F \leqslant 10\text{Hz}$，信号最高频率 $f_c = 2.5\text{kHz}$，试确定最小记录时间 $T_{p\min}$，最大的抽样间隔 $T_{\max}$，最少的抽样点数 $N_{\min}$。如果 f_c 不变，要求谱分辨力增加一倍，最少的抽样点数和最小的记录时间是多少？

解：根据信号观察时间 T_p 的选择原则：$T_p \geqslant 1/F = 1/10\text{s} = 0.1\text{s}$

因为要求 $f_s > 2f_c$，最小的抽样频率为 $2f_c$，所以

$$T_{\max} = \frac{1}{2f_c} = \frac{1}{2 \times 2500}\text{s} = 0.2 \times 10^{-3}\text{s}$$

$$N_{\min} = \frac{2f_c}{F} = \frac{2 \times 2500}{10} = 500$$

观察时间增加一倍，抽样点数增加一倍，频率分辨力提高一倍，即 $F = 5\,\mathrm{Hz}$。

$$T_{\mathrm{pmin}} = 1/F = 1/5\,\mathrm{s} = 0.2\,\mathrm{s}$$

$$N_{\min} = \frac{2f_{\mathrm{c}}}{F} = \frac{2 \times 2500}{5} = 1000$$

5. 用 DFT 进行频谱分析的误差问题

DFT 可用来对连续信号和离散信号进行谱分析，实际计算中采用 FFT 算法。在信号的频谱分析过程中，要对连续信号抽样和截断，由此可能产生误差。

1）频谱混叠。现象：时域中的信号抽样导致频谱周期延拓，在延拓过程中边缘发生重叠，造成频谱连接点两边频谱的幅值和相位相加，产生失真，如图 6.31 所示。

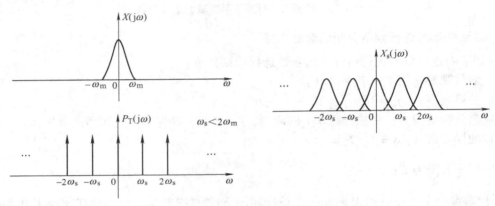

图 6.31　当 $\omega_{\mathrm{s}} < 2\omega_{\mathrm{m}}$ 时频域中频谱发生混叠

原因：不满足时域抽样定理。如果用 DFT 分析连续信号的频谱，在对连续信号抽样时不满足抽样定理，则会出现频谱混叠现象。

避免措施：抽样频率 $f_{\mathrm{s}} > 2f_{\mathrm{m}}$，以避免信号在 $\Omega = k\pi$ 处附近的混叠。

具体方法是：抽样时需满足抽样定理条件；必要时在抽样前对信号进行预滤波，滤去信号中频率高于 $f_{\mathrm{s}}/2$ 的频率分量。

许多实际工程信号不满足带限条件（没有 f_{m}），怎么办？如图 6.32 所示，可人为确定一个最高频率 f_{c} 或 ω_{c} 作为抗混叠低通滤波器（LPF）的截止频率，该频率范围应能包含某个实际问题中所需要的各个信号频率，然后再根据 ω_{c} 确定抽样频率 ω_{s}。

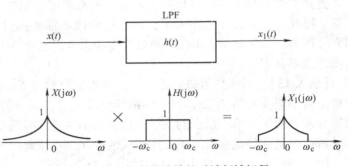

图 6.32　抗混叠滤波的时域频域解释

2）栅栏效应。现象：非周期信号具有连续谱，但用 DFT 来计算非周期信号的频谱时，只能观察到有限个（N 个）离散频谱值，而频谱间隔中的值就观察不到了，就好像通过栅栏观察景物一样，一部分景物被挡住了。N 点 DFT 是频谱密度函数在区间 $[0, 2\pi]$ 上的 N 点等间隔抽样，抽样点之间的频谱函数值是不知道的，就好像从 N 个栅栏缝隙中观看信号的频谱特性，得到的是 N 个缝隙中看到的频谱函数抽样值。用 DFT 计算连续信号的频谱只能得到抽样点上的频谱，而不能看到整个频谱，这种现象称为栅栏效应。

原因：对信号的频谱进行了有限点抽样。栅栏效应是由于频域离散化引起的，不可避免。

后果：可能漏掉（挡住）大的频谱分量。

减少栅栏效应的措施：增加信号的有效数据长度，对原序列补 0，增大 N 以增加抽样点。

下面以 4 点矩形窗序列 $x(n) = R_4(n)$ 的离散傅里叶变换来说明栅栏效应。如图 6.33 所示，4 点矩形序列的频谱密度函数原本是连续曲线，进行 DFT 是对频谱密度曲线做了等间隔抽样。如果进行的是 4 点 DFT，仅能看到 $\Omega = 0$、$\pi/2$、π、$3\pi/2$ 位置的频谱值，A、B、C、D 这几个位置的频谱值是看不到的；如果做 8 点 DFT，除了能看到 $\Omega = 0$、$\pi/2$、π、$3\pi/2$ 位置的频谱值，还能看到 A、B、C、D 这几个位置的频谱值；如果做 16 点 DFT，除了能看到 $\Omega = 0$、$\pi/2$、π、$3\pi/2$ 位置的频谱值以及 A、B、C、D 这几个位置的频谱值，还能看到更多位置的频谱值。这就好像栅栏的木板数目增多了，缝隙数也就增多了，能够看到的谱线也就增多了。

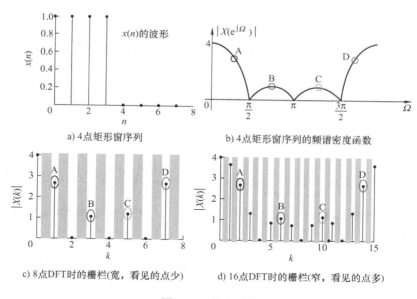

a) 4点矩形窗序列

b) 4点矩形窗序列的频谱密度函数

c) 8点DFT时的栅栏(宽，看见的点少)

d) 16点DFT时的栅栏(窄，看见的点多)

图 6.33　栅栏效应

3）频谱泄漏。现象：离散谱线由一条直线向附近展宽，变成曲线谱峰，称为泄漏，有时在主谱线两边形成很多旁瓣，引起不同频率分量间的干扰（简称谱间干扰），旁瓣的信号很强时，可能湮没弱信号的主谱线，导致较大的偏差。

原因：对序列 $x(n)$ 截断所引起的。当连续信号为无限长或很长时，在对连续信号抽样时，抽样点数太多以致无法存储和计算，需要将信号截断（加窗），这样将导致频谱泄漏现象发生，它使谱分辨力 F 降低。

例如，将无限长序列 $x(n)$ 截断成有限长序列 $y(n)$，即

$$y(n) = x(n) \cdot R_N(n)$$

$$Y(\mathrm{e}^{\mathrm{j}\Omega}) = \mathrm{DTFT}\{y(n)\} = \frac{1}{2\pi} X(\mathrm{e}^{\mathrm{j}\Omega}) * R_N(\mathrm{e}^{\mathrm{j}\Omega})$$

其中

$$R_N(\mathrm{e}^{\mathrm{j}\Omega}) = \mathrm{DTFT}\{R_N(n)\} = \frac{\sin\dfrac{N\Omega}{2}}{\sin\dfrac{\Omega}{2}} \mathrm{e}^{-\mathrm{j}\frac{N-1}{2}\Omega} = R_N(\Omega)\mathrm{e}^{-\mathrm{j}\frac{N-1}{2}\Omega}$$

矩形窗函数幅度频谱如图 6.34 所示。

【例 6.14】 $x(n) = \cos(\Omega_0 n)$，$\Omega_0 = \pi/4$，用 DFT
分析其频谱特性。

解： 该周期序列的幅度频谱为

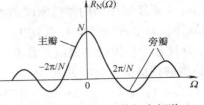

图 6.34　矩形窗函数幅度频谱

$$X(\Omega) = \pi \sum_{l=-\infty}^{\infty} \left[\delta\left(\Omega - \frac{\pi}{4} - 2\pi l\right) + \delta\left(\Omega + \frac{\pi}{4} - 2\pi l\right) \right]$$

加矩形窗截断后为

$$Y(\Omega) = \frac{1}{2\pi} X(\Omega) * R_N(\Omega)$$

$x(n) = \cos(\Omega_0 n)$ 的频谱画在图 6.35 中，它被矩形窗截断后的频谱画在图 6.36 中。可以看到，时域中矩形窗截断序列导致频域中频谱向两侧延展，产生了泄漏。

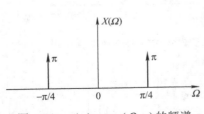

图 6.35　$x(n) = \cos(\Omega_0 n)$ 的频谱

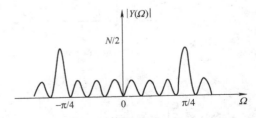

图 6.36　加矩形窗后幅度谱

为了减小截断效应的影响，可采取以下措施：

① 窗函数不变，增大抽样点 N 值：使主瓣变窄（$4\pi/N \downarrow$），提高频率分辨力。但旁瓣个数、相对幅度大小不变，即谱间干扰不变。

② 抽样点 N 不变，改变窗函数形状：选用旁瓣小的窗函数，使旁瓣个数减少，相对幅度减小，谱间干扰减小。但旁瓣越小，其主瓣就越宽，从而使谱分辨力降低。

谱分辨力与谱间干扰是一对矛盾体，要综合考虑和兼顾。通过以上分析和举例，可以归纳出时域连续信号利用 DFT 进行频谱分析的一般步骤，如图 6.37 所示。

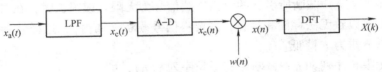

图 6.37　时域连续信号离散傅里叶分析处理的步骤

6.2.2　基于离散傅里叶变换的 LTI 系统实现

1. 计算线性卷积可以实现 LTI 因果系统

时域直接卷积法实现一个 LTI 系统的示意图如图 6.38 所示。

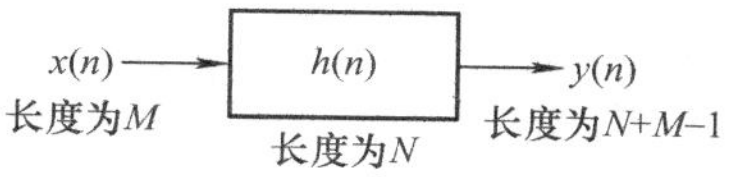

图 6.38　在时域直接计算线性卷积

$$y(n) = h(n) * x(n) = \sum_{m=-\infty}^{\infty} h(m)x(n-m)$$

因为

$$\begin{cases} h(n) = 0, & n < 0 \\ x(n) = 0, & n < 0 \end{cases}$$

所以

$$y(n) = h(n) * x(n) = \sum_{m=0}^{N+M-1} h(m)x(n-m)$$

MATLAB 中计算卷积和函数为 conv( )，是用来计算线性卷积的。

2. 线性卷积和循环卷积的关系

设 $x(n)$ 的长度为 M，$h(n)$ 的长度为 N，两序列的线性卷积为

$$y_l(n) = h(n) * x(n) = \sum_{m=0}^{N+M-1} h(m)x(n-m)$$

两序列的循环卷积计算过程如下：

$y_c(n) = h(h) \,\textcircled{L}\, x(n)$	推导所用条件
$= \sum_{m=0}^{L-1} h(m) \cdot x((n-m))_L \cdot R_L(n)$	假设 $L = N+M-1$
$= \sum_{m=0}^{L-1} h(m) \sum_{q=-\infty}^{\infty} x(n-m+qL)R_L(n)$	$x((n))_L = \sum_{q=-\infty}^{\infty} x(n+qL)$
$= \sum_{q=-\infty}^{\infty} \sum_{m=0}^{L-1} h(m)x(n+qL-m)R_L(n)$	交换求和顺序
$= \sum_{q=-\infty}^{\infty} y_l(n+qL)R_L(n)$	$\sum_{m=0}^{N+M-1} h(m)x(n+qL-m) = y_l(n+qL)$

结论：$y_c(n)$ 等于 $y_l(n)$ 以 L 为周期的周期延拓序列的主值序列。

只要保证 $L \geqslant N+M-1$，即循环卷积长度 L 大于等于线性卷积长度（$N+M-1$），则 $y_c(n) = y_l(n)$。

【例 6.15】 已知序列 $x(n)$ 和 $h(n)$ 如图 6.39 所示，求：

（1）$y_1(n) = x(n) * h(n)$；

（2）$y_2(n) = x(n)\textcircled{6}h(n)$；

（3）$y_3(n) = x(n)\textcircled{8}h(n)$；

（4）$y_4(n) = x(n)\textcircled{10}h(n)$。

解: (1) $y_1(n) = x(n) * h(n)$,线性卷积长度为 $N + M - 1 = 8$ 点长,如图6.40所示。

$$y_1(n) = \sum_{m=0}^{7} x(m) \cdot h(n-m) = [1,2,3,4,4,3,2,1]_0$$

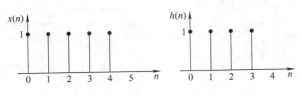

图6.39 【例6.15】图   图6.40 线性卷积

根据 $y_c(n) = y_l((n))_L R_L(n)$ 计算循环卷积。

(2) $y_2(n) = x(n) ⑥ h(n) = \{3,3,3,4,4,3\}_0$

6点循环卷积如图6.41所示。

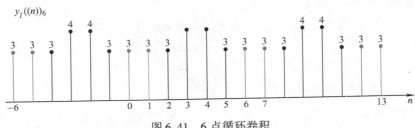

图6.41 6点循环卷积

计算点数为6时, $L < N + M - 1$,循环卷积过程产生混叠。此循环卷积不能用来代替线性卷积。

(3) $y_3(n) = x(n) ⑧ h(n) = [1,2,3,4,4,3,2,1]_0$

8点循环卷积如图6.42所示。

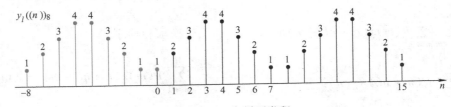

图6.42 8点循环卷积

计算点数为8时,卷积过程无混叠。此循环卷积可以用来代替线性卷积。

(4) $y_4(n) = x(n) ⑩ h(n) = [1,2,3,4,4,3,2,1,0,0]_0$

10点循环卷积如图6.43所示。

计算点数为10时,卷积过程无混叠。此循环卷积可以用来代替线性卷积。

3. 利用DFT计算循环卷积

若有 M 点的 $x_1(n)$ 和 N 点的 $x_2(n)$ 且 $y(n) = x_1(n) * x_2(n)$,则由时域卷积定理知: $Y(k) = X_1(k)X_2(k)$ 。对 $Y(k)$ 进行 L 点 ($L \geqslant N + M - 1$) IDFT可得 $y(n)$,即 $y(n) = \mathrm{IDFT}\{Y(k)\}$,过程如图6.44所示。

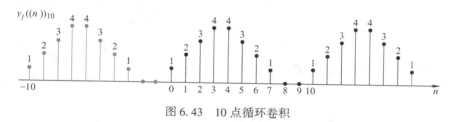

图 6.43　10 点循环卷积

当计算点数满足一定要求时，循环卷积可以替代线性卷积，而线性卷积代表了 LTI 系统的输出响应，因此，利用 DFT 和 IDFT 计算出循环卷积就实现了 LTI 系统。

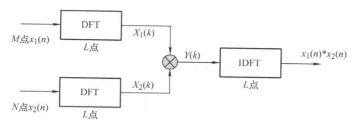

图 6.44　用频域间接法计算线性卷积

4. 重叠相加法实现长信号线性卷积

在一定的计算点数条件下，可以用 DFT 计算循环卷积来代替线性卷积。在许多应用场合，系统的单位脉冲响应 $h(n)$ 点数较少，设为 M 点，而系统的输入信号 $x(n)$ 点数很大，例如长时间的语音信号，其输入信号是非常长的，样本数量很大。尽管理论上可以先采集储存全部语音信号的波形，紧接着对于大量点数的信号实行卷积运算，但实际上要计算一个超长点数的卷积或者 DFT 是不现实的。而且，对于这种实时信号的处理，总希望在处理过程中避免这种很长的延时。此问题的解决办法就是计算分段卷积。

一个计算长信号线性卷积的例子如图 6.45 所示。

具体来讲，就是把被处理的信号 $x(n)$ 分割成合适的长度为 N 的很多段，例如，$x_0(n)$、$x_1(n)$、$x_2(n)$、…，然后每一段信号依照时间顺序分别与有限长脉冲响应 $h(n)$ 进行卷积，再把分段卷积的结果 $y_0(n)$、$y_1(n)$、$y_2(n)$、…进行适当移位，最后将

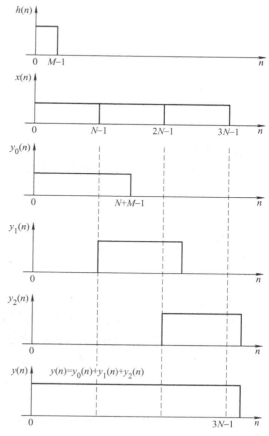

图 6.45　计算长信号线性卷积

它们按照时间坐标重叠相加，这样，把分段卷积的结果衔接在一起就是系统的输出信号了。这里，每一段的线性卷积既可以直接计算，也可由 DFT 来实现。

6.3 MATLAB 编程及上机实践

6.3.1 与本章有关的 MATLAB 函数举例

1. randn

功能：产生正态分布的随机数。

格式及说明：

randn(N)

产生一个包含服从标准正态分布的伪随机数的 N×N 矩阵。

randn(M,N)

产生一个包含服从标准正态分布的伪随机数的 M×N 矩阵。

randn

产生一个由随机数组成的标量。

2. zeros

功能：产生零阵列。

格式及说明：

zeros(N)

产生一个 N×N 的零矩阵。

zeros(M,N)

产生一个 M×N 的零矩阵。

zeros(SIZE(A))

产生一个与矩阵 A 相同尺寸的零矩阵。

zeros

产生标量 0。

3. fft2

功能：二维快速傅里叶变换。

格式及说明：

y = fft2(x)

返回一个序列或矩阵 x 的二维离散傅里叶变换 y。该变换采用快速傅里叶变换（FFT）算法计算。结果 y 与 x 维数相同。如果 x 的维数大于 2，则 fft2 函数返回一组 2-D DFT，对应于 x 的较高维数下的每一个子矩阵。例如，如果 size(x) = [100 100 3]，则 fft2 计算 3 个矩阵的 DFT，即 x(:,:,1)，x(:,:,2)和 x(:,:,3)。

y = fft2(x,m,n)

通过截断矩阵 x 或者补零生成一个 m×n 的阵列，然后进行离散傅里叶变换，返回结果 y 为 m×n 的阵列。

4. ifft2

功能：二维离散傅里叶反变换。

格式及说明：

ifft2(F)

返回数组 F 的二维傅里叶反变换。如果 F 是一个向量，则返回的结果仍然是一个向量。

ifft2(F,MROWS,NCOLS)

先将 F 数组补零成为 MROWS × NCOLS 的数组，再进行变换。

ifft2(…, 'symmetric')

如果 F 是二维共轭对称数组，则 ifft2 输出一定是实数。

ifft2(…, 'nonsymmetric')

如果 F 是二维非共轭对称数组，则 ifft2 没必要对 F 做对称性的假设。

6.3.2　上机实践举例

【例 6.16】　用 DFT 对无限长连续非周期信号进行频谱分析，并验证奈奎斯特抽样定理和提高频率分辨力的方法。理想低通滤波器的时域波形和幅频特性如图 6.46 所示。

解：

```
% 欠抽样情况,如图 6.47 所示。
close all;clear;clc;
t = [ -4:1.25:4];m = length(t);
n = [0:1:m-1];
x = sinc(t);
figure;
stem(t,x);
figure;
y = fft(x);
stem(n,1.25. * abs(y));
hold on;
plot(n,1.25. * abs(y),'r');
% 临界抽样情况,如图 6.48 所示。
close all;clear;clc;
t = [ -4:1:4];m = length(t);
n = [0:1:m-1];
x = sinc(t);
figure;
stem(t,x);
figure;
y = fft(x);
stem(n,abs(y));
hold on;
plot(n,abs(y),'r');
```

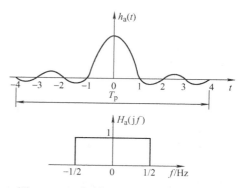

图 6.46　理想低通滤波器的时域波形和
幅频特性（$f_c = 0.5\text{Hz}$）

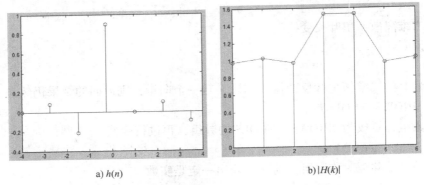

a) h(n)   b) |H(k)|

图 6.47　$f_s = 0.8\,\text{Hz}$、$T_p = 8\,\text{s}$ 时出现频谱混叠

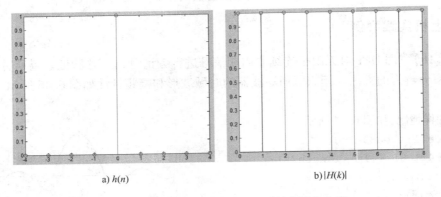

a) h(n)   b) |H(k)|

图 6.48　$f_s = 1\,\text{Hz} = 2f_c$、$T_p = 8\,\text{s}$ 时域频域均失真

```
% 过抽样情况,4 倍最高频率,如图 6.49 所示。
close all;clear;clc;
t = [ - 4:0.5:4];m = length(t);
n = [0:1:m - 1];
x = sinc(t);
figure;
stem(t,x);
figure;
y = fft(x);
stem(n,0.5. * abs(y));
hold on;
plot(n,0.5. * abs(y),'r');
% 过抽样情况,8 倍最高频率,如图 6.50 所示。
close all;clear;clc;
t = [ - 4:0.25:3.75];
n = [0:1:31];
x = sinc(t);
```

```
stem(t,x);
figure;
y = fft(x);
stem(n,0.25. * abs(y));
hold on;
plot(n,0.25. * abs(y),'r');
```

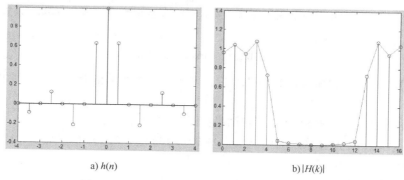

a) $h(n)$ b) $|H(k)|$

图 6.49 $f_s = 2\text{Hz}$、$T_p = 8\text{s}$ 时的时域波形及频谱

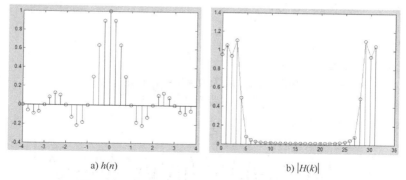

a) $h(n)$ b) $|H(k)|$

图 6.50 $f_s = 4\text{Hz}$、$T_p = 8\text{s}$ 时的时域波形及频谱

要使频率分辨力提高（F 减小），该怎么办？办法是增大 T_p。

```
% 过抽样情况,增大信号长度,4倍最高频率,如图6.51所示。
close all;clear;clc;
t = [-8:0.5:8];m = length(t);
n = [0:1:m-1];
x = sinc(t);
stem(t,x);
figure;
y = fft(x);
stem(n,0.5. * abs(y));
hold on;
plot(n,0.5. * abs(y),'r');
```

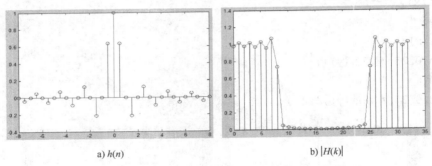

a) $h(n)$ b) $|H(k)|$

图 6.51 $f_s = 2\text{Hz}$、$T_p = 16\text{s}$ 时的时域波形及频谱

【例 6.17】   用重叠相加法计算线性卷积，实现一个 LTI 离散时间系统的输出响应计算。

解：

% 用重叠相加法求线性卷积，程序运行结果如图 6.52 所示。

h = [- 0.0042, - 0.0116, 0.0163, 0.1126, 0.2383, 0.2975, 0.2383, 0.1126, 0.0163,
    - 0.0116, - 0.0042];

N = 300; p = 0.05; f = 1/16;

u = randn(1,N)* sqrt(p);% sqrt()为二次方根函数

s = sin(2* pi* f* [0:N-1]);

x = u(1:N) + s;

L = 20;% 每一段的长度为 20

M = length(h);% h 的长度为 M

y = zeros(1,N+M-1);% 卷积后总长度为 N+M-1,放在 y 中

tempy = zeros(1,M+L-1);% 暂存每一段卷积的结果

tempx = zeros(1,L);% 暂存每一段的 x

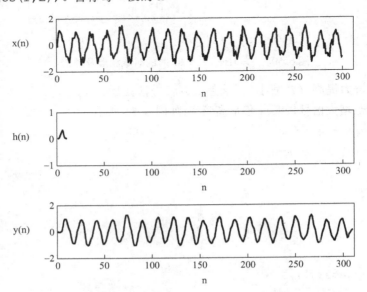

图 6.52   用重叠相加法计算线性卷积

```
for k = 0:N/L - 1;
tempx(1:L) = x(k* L + 1:(k + 1)* L);% 取每一段的 x
tempy = conv(tempx,h);% 做每一段的卷积
y = y + [zeros(1,k* L),tempy,zeros(1,N - (k + 1)* L)];% 重叠相加
end
subplot(311);plot(x);xlabel('n');ylabel('x');axis([0 311 -2 2]);
subplot(312);plot(h);xlabel('n');ylabel('h');axis([0 311 -1 1]);
subplot(313);plot(y);xlabel('n');ylabel('y');axis([0 311 -2 2]);
```

习 题 六

6.1 信号傅里叶变换的实质是什么？

6.2 请逐一分析离散傅里叶变换（DFT）与下列四种变换的内在关联。

（1）连续时间傅里叶级数（CTFS）

（2）连续时间傅里叶变换（CTFT）

（3）离散时间傅里叶级数（DTFS）

（4）离散时间傅里叶变换（DTFT）

6.3 离散傅里叶变换（DFT）和快速傅里叶变换（FFT）的联系和区别是什么？

6.4 求下列序列的 DFT。

（1）$[1, 1, -1, -1]_0$ 　　　　　　　　（2）$[1, j, -1, -j]_0$

（3）$x(n) = a^n, 0 \leqslant n \leqslant N - 1$ 　　　　（4）$x(n) = \sin(2\pi n/N), 0 \leqslant n \leqslant N - 1$

（5）$x(n) = \begin{cases} 3, & n = 0, 1 \\ 2, & n = 2, \\ 1, & n = 3 \end{cases} \quad N = 4, W_N = e^{-j\frac{2\pi}{N}}$

6.5 已知 $X(k) = \begin{cases} 2, & k = 0, 1 \\ 1, & k = 2, \\ 0, & k = 3 \end{cases} \quad N = 4$，计算 $X(k)$ 的离散傅里叶反变换 $x(n)$。

6.6 有限长序列 $x(n)$ 如图 6.53 所示，画出序列 $x_1(n)$ 和 $x_2(n)$ 的波形，$x_1(n) = x((n-3))_6 R_6(n)$，$x_2(n) = x((-n))_5 R_5(n)$。

6.7 已知序列 $x_1(n)$ 和 $x_2(n)$ 分别为 $x_1(n) = \delta(n) + 2\delta(n - 1)$，$x_2(n) = R_4(n)$，求 $x_1(n)$ 和 $x_2(n)$ 的 6 点循环卷积。

6.8 设 $x(n) = [2, -1, -2, 3]_0$，试求 $X(k)$，并作图表示 $x(n)$、$|X(k)|$、$\angle X(k)$。

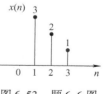

图 6.53 题 6.6 图

6.9 设 $x(t) = \sin(2000\pi t) + 2\sin(2100\pi t)$，用 FFT 估算实信号 $x(t)$ 的频谱。试确定最小记录长度 T_p、抽样间隔 T_s、抽样点数 N。

第 7 章　数字滤波器设计

内容提要

本章介绍数字滤波器的原理及两种数字滤波器的基本设计方法。将数字滤波器作为系统的典型例子，首先介绍它的幅频特性类型、技术参数和实现结构；接着讲述无限长脉冲响应（Infinite Impulse Response，IIR）数字滤波器的基本设计方法和实现结构，介绍长脉冲响应不变法和双线性变换法的原理和使用方法；然后讲述有限冲激响应（Finite Impulse Response，FIR）数字滤波器的基本设计方法和实现结构，介绍窗函数法的原理和使用方法，并对两种数字滤波器进行比较。最后介绍与本章有关的部分 MATLAB 函数和实例。

7.1　数字滤波器的基本概念及分类

7.1.1　数字滤波器的基本概念

1. 数字滤波器的定义

信号滤波的一般性定义是：利用系统来改变一个信号中各频率分量的相对大小和相位，使之产生预定的幅度变化和相位变化，统称为滤波。这个定义对于模拟信号或数字信号、模拟系统或数字系统都是适用的。

数字滤波器的定义是：对输入数字信号有选频作用的 LTI 离散时间系统，其输出信号也是数字信号。低通数字滤波器的频率特性如图 7.1 所示。

换作时域的情况来说，信号 $x(n)$ 通过数字滤波器系统 $h(n)$ 后，输出 $y(n)$ 中不再含有 $\Omega > \Omega_c$ 的频率成分，则认为 $\Omega < \Omega_c$ 的成分能够不失真地通过。一个数字滤波器处理音频信号的例子如图 7.2 所示。

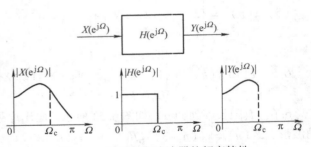

图 7.1　低通数字滤波器的频率特性

因此，一个数字滤波器的基本特点如下：

1）它是一个有限精度算法实现的离散时间系统。

2）它对信号进行选频滤波，即在信号中提取所需要的频率成分，抑制不需要的频率成分（噪声或干扰）。

3）其实质是一种运算过程（差分方程计算或卷积和计算）。

一个数字滤波器的数学模型还可以用系统函数或者单位脉冲响应来表示，如图 7.3 所示。

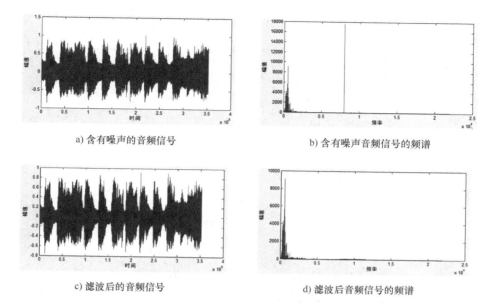

a) 含有噪声的音频信号　　　　b) 含有噪声音频信号的频谱

c) 滤波后的音频信号　　　　d) 滤波后音频信号的频谱

图 7.2　音频信号滤波前后的时域波形及频谱

时域中，数字滤波器的运算过程用差分方程或卷积公式表示，即

$$y(n) = \sum_{i=0}^{M} b_i x(n-i) - \sum_{k=1}^{N} a_k y(n-k) \qquad (7.1)$$

$$y(n) = x(n) * h(n) = \sum_{m=-\infty}^{\infty} x(m) h(n-m) \qquad (7.2)$$

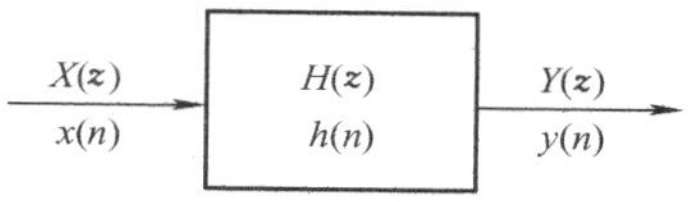

图 7.3　数字滤波器的最简框图

在 z 域中，数字滤波器用系统函数表示，即

$$H(z) = \frac{Y(z)}{X(z)} = \frac{b_0 + b_1 z^{-1} + \cdots + b_M z^{-M}}{a_0 + a_1 z^{-1} + \cdots + a_N z^{-N}} \qquad (7.3)$$

设计一个数字滤波器，实质上就是寻找一组系数 $\{a_k, b_i\}$，使其性能满足一定的技术指标要求，然后再设计一个具体的网络结构去实现它。它与模拟滤波器的设计方法是完全一致的，区别在于模拟滤波器的设计是在 s 平面上去寻找所需特性的 $H(s)$，而数字滤波器的设计则是在 z 平面上寻找合适的 $H(z)$。

2. 理想数字滤波器的频率特性

在实际工作中，最常见的是频率选择性滤波系统。这里先以理想数字滤波器为例对它们的频域特性进行说明，如图 7.4 所示。根据滤波器对频带的通断作用，将滤波器分为低通、高通、带通、带阻四个基本类型。理想滤波器的相频特性都表现为线性相位。

3. 数字滤波器频率响应的表征方式

（1）幅度平方函数

$$|H(e^{j\Omega})|^2 = H(e^{j\Omega}) H^*(e^{j\Omega}) \qquad (7.4)$$

由于滤波器的单位脉冲响应为实函数 $h(n)$，根据离散时间傅里叶变换的性质，则有

$$H^*(e^{j\Omega}) = H(e^{-j\Omega}) \qquad (7.5)$$

所以　　　　$$|H(e^{j\Omega})|^2 = H(e^{j\Omega}) H(e^{-j\Omega}) = H(z)H(z^{-1})\big|_{z=e^{j\Omega}} \qquad (7.6)$$

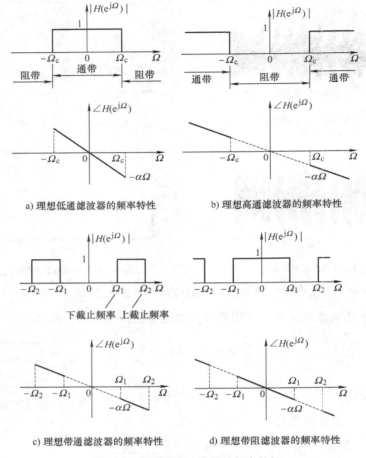

a) 理想低通滤波器的频率特性 b) 理想高通滤波器的频率特性

c) 理想带通滤波器的频率特性 d) 理想带阻滤波器的频率特性

图 7.4 理想数字滤波器的频率特性

幅频特性一般用分贝值表示，即 $20\lg|H(e^{j\Omega})|$，单位是 dB。若不要求相位，则可按照幅度平方响应来设计滤波器。对于模拟滤波器的幅度平方函数也有类似的结论成立。

（2）相位响应

$$\theta(\Omega) = \arctan\frac{\mathrm{Im}\left[H(e^{j\Omega})\right]}{\mathrm{Re}\left[H(e^{j\Omega})\right]} = \frac{1}{2j}\ln\frac{H(z)}{H(z^{-1})}\bigg|_{z=e^{j\Omega}} \tag{7.7}$$

相位响应的单位是弧度（rad）。设计 FIR 滤波器时常提出相位响应指标。

（3）群延时响应

$$\tau(\Omega) = -\frac{\mathrm{d}\theta(\Omega)}{\mathrm{d}\Omega} \tag{7.8}$$

群延时响应无单位。当要求滤波器为线性相位响应特性时，则通带内群延时响应为常数。群延时响应在信号传输系统中经常使用。

4. 数字滤波器的技术要求

（1）低通滤波器的技术要求

只要是理想滤波器，都存在频率特性的跳变，均是物理不可实现系统，如图 7.4 所示。

那么，滤波器在实践中如何被应用呢？可采用近似逼近的思想进行设计，下面以低通滤波器来说明。理想模拟低通滤波器的频域特性可表示为

$$H_{\mathrm{lp}}(\mathrm{j}\omega) = G_{2\omega_c}(\omega)\mathrm{e}^{-\mathrm{j}\omega t_0} = \begin{cases} \mathrm{e}^{-\mathrm{j}\omega t_0}, & |\omega| < \omega_c \\ 0, & |\omega| \geq \omega_c \end{cases} \tag{7.9}$$

对应的理想模拟低通滤波器的时域特性可表示为

$$h_{\mathrm{lp}}(t) = \mathscr{F}^{-1}\{G_{2\omega_c}(\omega)\mathrm{e}^{-\mathrm{j}\omega t_0}\} = \mathscr{F}^{-1}\{G_{2\omega_c}(\omega)\} * \delta(t - t_0)$$

$$= \frac{\omega_c}{\pi}\mathrm{Sa}(\omega_c t) * \delta(t - t_0) = \frac{\omega_c}{\pi}\mathrm{Sa}[\omega_c(t - t_0)] = \frac{\sin\omega_c(t - t_0)}{\pi(t - t_0)} \tag{7.10}$$

理想模拟低通滤波器的时域图形如图 7.5 所示。

实际低通滤波器的时间函数是对 $h_{\mathrm{lp}}(t)$ 截断来获得的，如图 7.6 所示，因此，物理可实现滤波器的频率特性从通带到阻带是逐渐过渡的。实际模拟低通滤波器对应的频率响应如图 7.7 所示。

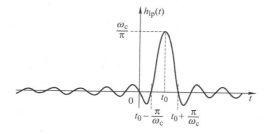

图 7.5　理想的无限长单位冲激响应

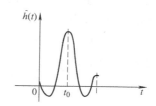

图 7.6　截断的无限长单位冲激响应

模拟滤波器的增益函数可表示为

$$H(\omega) = 20\lg\frac{|H(\mathrm{e}^{\mathrm{j}\omega})|}{|H(\mathrm{e}^{\mathrm{j}0})|} \tag{7.11}$$

在图 7.8 所示的模拟低通滤波器的技术指标中，ω_{p} 表示通带截止频率，ω_{st} 表示阻带截止频率，α_{p} 表示通带容限，α_{s} 表示阻带容限。

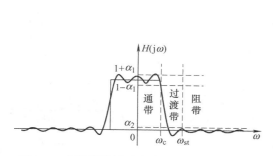

图 7.7　实际模拟低通滤波器对应的频率响应

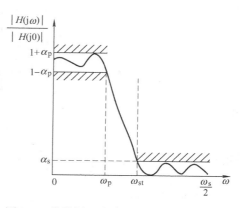

图 7.8　模拟低通滤波器的归一化技术指标

根据模拟频率 ω 和数字频率 Ω 的对应关系 $\Omega = \omega T_s$，可以画出数字低通滤波器的实际频率特性示意图，如图 7.9 所示。

$$H(\Omega) = 20\lg \frac{|H(e^{j\Omega})|}{|H(e^{j0})|} \tag{7.12}$$

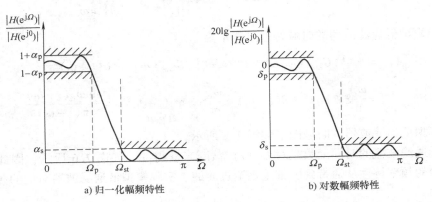

a) 归一化幅频特性　　　　　　　　b) 对数幅频特性

图 7.9　数字低通滤波器的技术指标

图 7.9a 中，α_p 为通带误差容限，α_s 为阻带误差容限，Ω_p 为通带截止频率，Ω_{st} 为阻带截止频率，过渡带宽 $\Delta\Omega = \Omega_{st} - \Omega_p$。

图 7.9b 中，δ_p 为通带误差容限，用通带允许的最大衰减表示；δ_s 是阻带误差容限，用阻带应达到的最小衰减表示。

$$\delta_p = 20\lg \frac{|H(e^{j\Omega_p})|}{|H(e^{j0})|} = 20\lg |H(e^{j\Omega_p})| = 20\lg(1 - \alpha_p) \tag{7.13}$$

$$\delta_s = 20\lg \frac{|H(e^{j\Omega_{st}})|}{|H(e^{j0})|} = 20\lg |H(e^{j\Omega_{st}})| = 20\lg \alpha_s \tag{7.14}$$

有一点需要说明：模拟低通滤波器技术指标图中横坐标为模拟角频率，纵坐标为模拟系统频率特性的归一化幅值，也可将其转化为 dB 形式；数字低通滤波器的技术指标图中横坐标为数字角频率，无量纲，纵坐标为数字系统频率特性的归一化幅值，也可转化为 dB 值。

（2）高通、带通、带阻滤波器的技术要求

比照数字低通滤波器的技术要求，可以画出数字高通、带通、带阻滤波器的技术指标图如图 7.10 所示。带通和带阻滤波器的频率指标相对来说多两个。

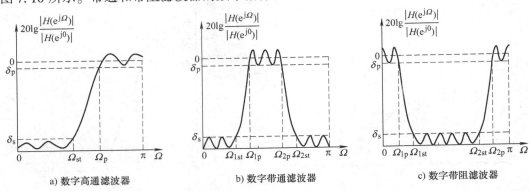

a) 数字高通滤波器　　　　b) 数字带通滤波器　　　　c) 数字带阻滤波器

图 7.10　数字高通、带通、带阻滤波器的技术指标

这里画出的是数字滤波器的技术指标，相应的模拟滤波器技术指标图很容易得到，只需对频率轴依据 $\Omega = \omega T_s$ 进行频率转换即可。

7.1.2　数字滤波器的分类

滤波器的分类方法很多，可以粗略地分为两大类：模拟滤波器（Analog Filter，AF）和数字滤波器（Digital Filter，DF）。作为数字滤波器的前身，模拟滤波器也有很多种类，在本书中只介绍巴特沃斯、切比雪夫等几种类型，模拟滤波器通常是由模拟电路实现其功能的。根据不同的分类依据，数字滤波器也包括多种类型。

由于数字滤波器的实现很大程度上依赖数字电子技术以及计算机软件，因此，随着计算机技术的发展，现今的数字滤波器大部分通过软件编程实现，相对于模拟滤波器有很多优点，其中最大的优点是通过改变程序或变量就可设计出不同特点的滤波器，而且数字滤波器可以精确地处理低频信号。数字滤波器的功能也随之产生了巨大的不同，早已超越以前选频滤波的概念。因此，数字滤波器又可以分为经典滤波器和现代滤波器两大类型。本书重点介绍经典滤波器的基本设计方法。

1. 经典数字滤波器

若信号 $x(n)$ 中的有用成分 $s(n)$ 和希望去除的成分 $r(n)$ 各自占有不同的频带，则可以通过一个线性系统将 $r(n)$ 有效去除。这样的滤波器主要是滤除加法性噪声的。输入信号 $x(n)$ 可由下式表示：

$$x(n) = s(n) + r(n)$$

经典数字滤波器仍然是一个广泛的概念，根据实际使用的具体情况，可以对它进行更细的分类。

（1）按照选频特性

按照选频特性，可分为低通、高通、带通、带阻和全通，如图 7.11 所示。

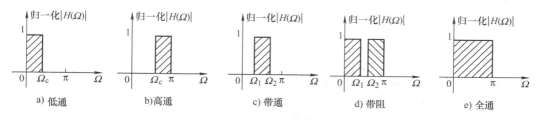

a) 低通　　　b)高通　　　c) 带通　　　d) 带阻　　　e) 全通

图 7.11　理想数字滤波器的幅频特性示意图

在图 7.11 中，频率轴为数字频率 Ω，Ω_c 为低通滤波器或高通滤波器的截止频率，Ω_1、Ω_2 为带通滤波器或带阻滤波器的截止频率。本书中，数字频率 Ω 和模拟频率 ω 的关系式为 $\Omega = \omega T_s$，其中，T_s 为模拟系统转化为数字系统时的抽样周期，f_s 则是模拟系统转化为数字系统时的抽样频率，f_s 对应的数字角频率为 Ω_s，$f_s/2$ 称为折叠频率，折叠频率对应于数字频率的 π 位置，见式(7.15)。

$$\frac{\Omega_s}{2} = \pi \tag{7.15}$$

（2）按照实现方法，分为 IIR、FIR 等类型

按照实现方法，分为无限长脉冲响应（IIR）和有限长脉冲响应（FIR）等类型。IIR 数字滤波器的系统函数为

$$H(z) = \frac{\sum_{i=0}^{M} b_i z^{-i}}{1 - \sum_{k=1}^{N} a_k z^{-k}} \tag{7.16}$$

FIR 数字滤波器的系统函数为

$$H(z) = \sum_{n=0}^{N-1} h(n) z^{-n} \tag{7.17}$$

系统函数的不同，导致了 IIR 滤波器和 FIR 滤波器在实现结构、实现方法、频率特性、稳定性等方面都有显著不同。本书将对 IIR 滤波器和 FIR 滤波器分别做详细分析。

2. 现代滤波器

假设系统的输入信号为 $x(n)$，其中包含了有用成分 $s(n)$ 和噪声成分 $r(n)$，则下面的式子表示了乘法性噪声和卷积性噪声的情况。

乘法性噪声：$x(n) = s(n)r(n)$

卷积性噪声：$x(n) = s(n) * r(n)$

对于乘法性噪声和卷积性噪声，信号的频谱和噪声的频谱混叠在一起，靠经典的滤波方法难以去除噪声。而现代滤波器则可以借助于计算机编程方法设计出适用各种要求的数字滤波器，从而实现各种复杂信号的滤波处理。常见的现代滤波器种类有维纳滤波器、卡尔曼滤波器、线性预测滤波器和自适应滤波器等。

作为入门的基础课程，本章将以经典数字滤波器作为主要内容讲解。

7.2 IIR 数字滤波器设计

7.2.1 IIR 数字滤波器分类

典型 IIR 数字滤波器经常作为选频滤波器使用，选频滤波器一般只考虑幅频特性，对相频特性不做要求。幅频特性体现了各频率成分在幅度上的衰减，而相频特性体现的是不同成分在时间上的延时。如果对输出波形的相位有明确要求，则需考虑线性相位问题。

在 IIR 数字滤波器的间接设计法中，一般是根据指标先将对应的模拟滤波器设计好，再转换成数字滤波器。由于数字滤波器和模拟滤波器的幅频特性都是由它们的幅度平方函数确定的，为了给后续的数字滤波器设计打下基础，先以模拟滤波器来讲解按照幅度特性如何给滤波器分类。

以模拟滤波器为例，根据幅度平方函数 $|H(j\omega)|^2$ 与 $H(s)$ 的关系可知，即 $|H(j\omega)|^2 \leftrightarrow H(s)H(-s)$，$H(s)$ 形式不同，就得到不同的 $|H(j\omega)|^2$ 表达式，也就得到不同形式的滤波器。根据幅度平方函数的不同，常见的 IIR 滤波器分为巴特沃斯滤波器、切比雪夫滤波器、椭圆滤波器和贝塞尔滤波器等。与其他三种滤波器不具备线性相位的特点相比，贝塞尔滤波器具有最

佳的线性相位特性，但是其幅频特性形式复杂，通带等纹波，阻带下降慢，选频特性最差，设计方法也与其他三种滤波器显著不同。限于篇幅，本书不详细介绍贝塞尔滤波器的相关内容。

1. 巴特沃斯滤波器

巴特沃斯（Butterworth）滤波器的特点是通频带的频率响应曲线最平滑，具有单调下降的幅频特性，称为最平坦幅频特性滤波器。这种滤波器最先由英国工程师斯蒂芬·巴特沃斯（Stephen Butterworth）于 1930 年发表在英国《无线电工程》期刊的一篇论文中提出的。巴特沃斯模拟滤波器的两个实现电路可参见图 7.12。在图 7.12b 中，第 7、8 两个引脚都可分别作为输出端使用，在第 7 引脚输出时可能会引入几毫伏的失调电压，在第 8 引脚输出时输出阻抗较高，需要外接缓冲器。

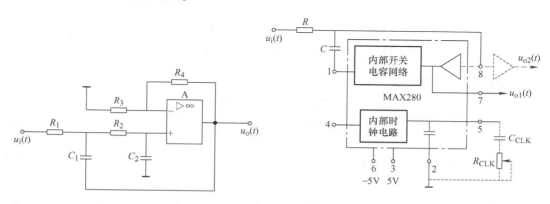

a) 二阶巴特沃斯低通滤波器　　　　b) 基于 MAX280 的五阶巴特沃斯低通滤波器

图 7.12　巴特沃斯滤波器的电路实现实例

巴特沃斯滤波器的幅度平方函数为

$$|H(j\omega)|^2 = \frac{1}{1+(\omega/\omega_c)^{2N}} \tag{7.18}$$

式中，ω_c 为滤波器的 3dB 截止频率；N 为待定的滤波器阶次。它的典型幅频特性曲线如图 7.13 所示。图中清楚地表明了巴特沃斯滤波器的幅频特性与阶数 N 的关系，阶数 N 其实代表了 $H(s)$ 的极点数目。

巴特沃斯滤波器幅频响应的特点如下：

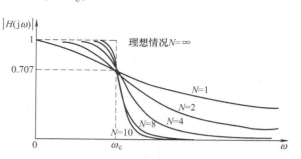

图 7.13　巴特沃斯滤波器的幅频特性与阶数 N 的关系

1）$|H(j0)| = 1$，$|H(j\infty)| = 0$，$-20\lg|H(j\omega_c)| \approx 3\text{dB}$。$\omega_c$ 被称为 3dB 截止频率，如果 $\omega_c = 1$，称其为归一化的巴特沃斯滤波器。

2）$|H(j\omega)|^2$ 在 $\omega = 0$ 点 1 到 $2N-1$ 阶导数都为零，称为最大平坦幅度滤波器（Maximally Flat Magnitude Filter）。

3）幅度响应单调下降（Monotonically Decreasing），通带和阻带都没有波纹。

如图 7.14 所示，是巴特沃斯滤波器的极点分布情况。$H(s)H(-s)$ 共有 $2N$ 个极点，根据系统稳定性的要求，左半 s 平面的极点归 $H(s)$ 所有，右半 s 平面的极点归 $H(-s)$ 所有。

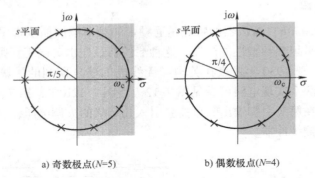

a) 奇数极点($N=5$)　　　　b) 偶数极点($N=4$)

图 7.14　巴特沃斯滤波器 $H(s)H(-s)$ 的极点分布图

2. 切比雪夫 I 型滤波器

切比雪夫 I 型（Chebyshev - I）滤波器的幅度平方函数可表示为

$$|H(j\omega)|^2 = \frac{1}{1 + \varepsilon^2 C_N^2(\omega/\omega_p)} \tag{7.19}$$

式中，N 为待定的滤波器阶次；ε 为波纹系数；$C_N(x)$ 为切比雪夫多项式，表达式如式（7.20）。

$$C_N(x) = \begin{cases} \cos(N \cdot \arccos x), & x \leqslant 1 \\ \mathrm{ch}(N \cdot \mathrm{arcch} x), & x > 1 \end{cases} \tag{7.20}$$

式中，$\mathrm{ch}x = (\mathrm{e}^x + \mathrm{e}^{-x})/2$ 为双曲余弦函数，$\mathrm{arcch}x = \ln(x \pm \sqrt{x^2 - 1})$ 为反双曲余弦函数。不同的 N 值对应的切比雪夫多项式曲线如图 7.15 所示，正是由于曲线在 $(-1，1)$ 内的振荡造成了切比雪夫 I 型滤波器幅频特性的通带波纹。

切比雪夫 I 型滤波器的幅频特性如图 7.16 所示，曲线族清楚地显示出幅频特性与滤波器阶数 N 的关系，N 代表了滤波器系统函数 $H(s)$ 的极点数目。

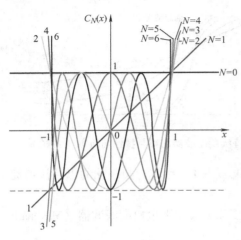

图 7.15　切比雪夫多项式曲线族

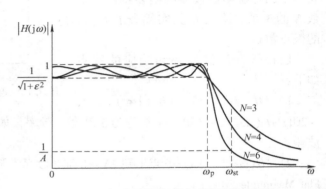

图 7.16　切比雪夫 I 型滤波器的幅频特性

图 7.16 中标出的阻带指标属于 $N=6$ 的情况。从图 7.16 可以看出，通带内出现等波纹，波纹数与滤波器阶数有关，阻带内单调下降。同样的通带衰减，其阶数较巴特沃斯滤波器小。

3. 切比雪夫 II 型滤波器

切比雪夫 II 型（Chebyshev–II）滤波器的幅度平方函数为

$$|H(\mathrm{j}\omega)|^2 = \frac{1}{1 + \varepsilon^2 \left[\dfrac{C_N(\omega_{\mathrm{st}})}{C_N(\omega_{\mathrm{st}}/\omega)} \right]^2} \tag{7.21}$$

式中，N 为待定的滤波器阶次；ε 为波纹系数；$C_N(x)$ 为切比雪夫多项式。切比雪夫 II 型滤波器的幅频特性如图 7.17 所示。曲线族清楚地显示出幅频特性与滤波器阶数 N 的关系，N 代表了滤波器系统函数 $H(s)$ 的极点数目。

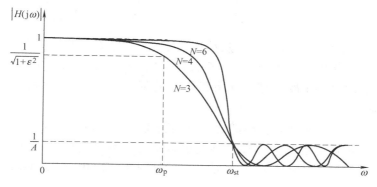

图 7.17　切比雪夫 II 型滤波器的幅频特性

图 7.17 中标出的通带指标属于 $N=3$ 的情况。从图 7.17 中看出，切比雪夫 II 型低通滤波器的幅频特性在通带内单调下降，在阻带内出现了等波纹，波纹数与滤波器阶数 N 有关。

总体来说，切比雪夫滤波器的幅频特性在通带或阻带内有波动起伏，其过渡带较窄，可提高频率选择性。

4. 椭圆滤波器

椭圆滤波器（Elliptic Filter）又称考尔滤波器（Cauer Filter），其幅频响应在通带和阻带都是等波纹，如图 7.18 所示。当 N 为奇数时，频率特性通带和阻带各具有奇数个极值点；当 N 为偶数时，频率特性通带和阻带各具有偶数个极值点。

椭圆滤波器的幅度平方函数为

$$|H(\mathrm{j}\omega)|^2 = \frac{1}{1 + \varepsilon^2 J_N^2(\omega/\omega_{\mathrm{p}})} \tag{7.22}$$

式中，$J_N(x)$ 是 N 阶雅可比椭圆函数。当 ω_{p}、ω_{st}、ε、A 确定后，阶数 N 由下式决定：

$$N = \frac{K(k)K(\sqrt{1 - k_1^2})}{K(k_1)K(\sqrt{1 - k^2})}$$

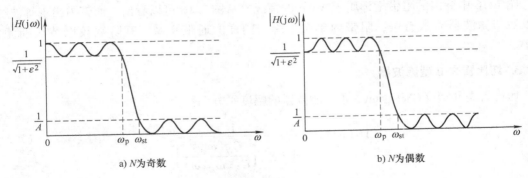

a) N为奇数   b) N为偶数

图 7.18 椭圆滤波器的幅频特性示意图

其中

$$k = \frac{\omega_p}{\omega_{st}}, \; k_1 = \frac{\varepsilon}{\sqrt{A^2 - 1}}, \; K(x) = \int_0^{\frac{\pi}{2}} \frac{\mathrm{d}\theta}{\sqrt{1 - x^2 \sin^2\theta}}$$

$K(x)$ 称为第一类完全椭圆积分。从传递函数来看,巴特沃斯和切比雪夫滤波器的传递函数都是一个常数除以一个多项式,为全极点网络,仅在无限大频率处衰减为零,而椭圆函数滤波器在有限频率上既有零点又有极点,通带和阻带都具有等波纹特性,因此通带和阻带逼近特性良好。

对于同样的阶数和波纹要求,椭圆滤波器能获得较窄的过渡带宽和较小的阻带波动。由于椭圆滤波器的传输函数是一种较复杂的逼近函数,利用传统的设计方法要进行烦琐的计算和查表,整个设计及调整过程十分困难。而现在,使用 MATLAB 设计椭圆滤波器可以大大简化设计过程。

7.2.2 IIR 数字滤波器设计方法概述

前面已经学过,IIR 数字滤波器的系统函数可表述为

$$H(z) = \frac{\sum\limits_{i=0}^{M} b_i z^{-i}}{1 - \sum\limits_{k=1}^{N} a_k z^{-k}}$$

设计 IIR 数字滤波器的任务就是根据给定的滤波器技术指标,通过一定的方法确定系统函数的两组系数 a_k 和 b_i。设计 IIR 数字滤波器的方法可以归纳为两大类:一类是参数建模法,这是一种最优化设计法,适用于设计复杂频率特性的数字滤波器,它借助于计算机辅助设计,在某种最小化误差准则下,建立差分方程系数 a_k、b_i 对理想特性的逼近方程,使用迭代方法解方程组得到最佳逼近系统,在 MATLAB 信号处理工具箱中有此类可供调用的函数,例如:yulewalk( )、prony( ) 等。另一类是模拟原型法,即模拟-数字频域转换法,先设计一个合适的模拟滤波器,然后变换成满足原定要求的数字滤波器。这种设计方法简单易行,方便准确,大多用来设计低通、高通、带通、带阻等选频滤波器。

　　一般来讲，模拟原型法遵循以下思路：首先将数字滤波器的设计指标变为对应模拟滤波器的设计指标，然后设计满足技术指标的模拟滤波器，最后将模拟滤波器转换为数字滤波器。这么做的原因是因为模拟选频滤波器的理论和设计方法已发展得相当成熟，且有若干典型的模拟滤波器供选择。这些滤波器都有严格的设计公式、现成的曲线和图表供设计人员使用，概念明确，方便易用。

　　对于 IIR 数字滤波器的设计，首先要了解设计原理，其次充分利用 MATLAB 这个强大工具，这样设计过程就变得比较简单易行了。IIR 滤波器设计方法列于表 7.1。本书主要以模拟原型法中的分步设计法为例，详细说明 IIR 数字滤波器的设计原理和步骤。

表 7.1　IIR 数字滤波器设计方法一览

IIR 数字滤波器设计方法	1. 直接设计法：根据给定的滤波器技术指标，调用 MATLAB 中现有的数字滤波器设计函数，不需要转换过程	
	2. 模拟原型法：先设计满足指标的模拟滤波器，再将其转换为数字滤波器，设计过程中需要调用 MATLAB 中相关的运算函数	分步设计法：分步骤设计模拟滤波器，再将其转换为数字滤波器
		一步设计法：调用 MATLAB 中现有的模拟滤波器设计函数，再将其转换为数字滤波器
	3. 参数建模法：根据给定的单位脉冲响应或者频率特性的部分参数进行建模，得出符合参数要求的数字滤波器	
	4. 工具设计法：利用 MATLAB 中现有的设计工具进行滤波器设计及调试，如 FDATOOL、SPTOOL、FVTOOL、Simulink 等	

　　图 7.19 给出关于 IIR 数字滤波器设计的思维导图，供读者学习时参考。

7.2.3　模拟滤波器设计

1. 模拟低通滤波器设计的一般步骤

　　模拟低通滤波器的一般设计步骤为：先确定技术指标，选择滤波器的类型；再计算滤波器的阶数、查表或计算滤波器的参数；最后确定其系统函数 $H(s)$、综合实现及调试。

　　具体来讲，先给定模拟低通滤波器的技术指标 δ_p、ω_p、δ_s、ω_{st}，然后根据指标设计 $H(s)$，即

$$H(s) = \frac{d_0 + d_1 s + \cdots d_{M-1} s^{M-1} + d_M s^M}{c_0 + c_1 s + \cdots c_{N-1} s^{N-1} + c_N s^N} \tag{7.23}$$

使其对数幅频响应 $20\lg|H(j\omega)|$ 在 ω_p、ω_{st} 处分别达到 δ_p、δ_s 的要求。

2. 巴特沃斯模拟低通滤波器的设计

　　巴特沃斯低通滤波器的幅度平方函数如下：

$$|H(j\omega)|^2 = \frac{1}{1 + (\omega/\omega_c)^{2N}}$$

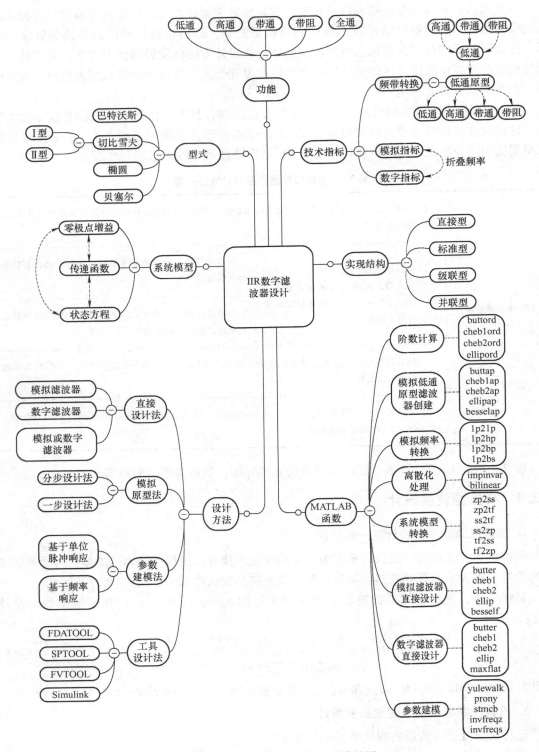

图 7.19 IIR 数字滤波器设计思维导图

要想设计一个巴特沃斯低通滤波器，需要根据技术指标确定两个参数：阶数 N 和 $3\mathrm{dB}$ 截止频率，其技术指标如图 7.20 所示。

下面讲解关于巴特沃斯低通滤波器参数的具体求解方法。

（1）求 N

根据幅频特性和技术指标可以写出下面两个等式：

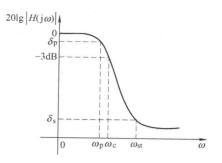

图 7.20　巴特沃斯低通滤波器的对数幅频特性

$$10\lg|H(\mathrm{j}\omega_{\mathrm{p}})|^2 = \delta_{\mathrm{p}}, \quad 10\lg|H(\mathrm{j}\omega_{\mathrm{st}})|^2 = \delta_{\mathrm{s}}$$

将巴特沃斯滤波器的幅度平方函数 $|H(\mathrm{j}\omega)|^2$ 代入上两式，再对上面两个式子变形，可得到

$$1 + \left(\frac{\omega_{\mathrm{p}}}{\omega_{\mathrm{c}}}\right)^{2N} = 10^{-0.1\delta_{\mathrm{p}}}, \quad 1 + \left(\frac{\omega_{\mathrm{st}}}{\omega_{\mathrm{c}}}\right)^{2N} = 10^{-0.1\delta_{\mathrm{s}}}$$

进一步变形，得到

$$\left(\frac{\omega_{\mathrm{p}}}{\omega_{\mathrm{c}}}\right)^{2N} = 10^{-0.1\delta_{\mathrm{p}}} - 1, \quad \left(\frac{\omega_{\mathrm{st}}}{\omega_{\mathrm{c}}}\right)^{2N} = 10^{-0.1\delta_{\mathrm{s}}} - 1$$

最后，可以得到

$$N \geqslant \frac{\lg\left(\dfrac{10^{-0.1\delta_{\mathrm{p}}} - 1}{10^{-0.1\delta_{\mathrm{s}}} - 1}\right)}{2\lg(\omega_{\mathrm{p}}/\omega_{\mathrm{st}})}$$

（2）求 $3\mathrm{dB}$ 截止频率 ω_{c}

由满足通带指标的表达式 $\left(\dfrac{\omega_{\mathrm{p}}}{\omega_{\mathrm{c}}}\right)^{2N} = 10^{-0.1\delta_{\mathrm{p}}} - 1$ 可以写出

$$\omega_{\mathrm{c}} = \frac{\omega_{\mathrm{p}}}{(10^{-0.1\delta_{\mathrm{p}}} - 1)^{\frac{1}{2N}}}$$

由满足阻带指标的表达式 $\left(\dfrac{\omega_{\mathrm{st}}}{\omega_{\mathrm{c}}}\right)^{2N} = 10^{-0.1\delta_{\mathrm{s}}} - 1$ 可以写出

$$\omega_{\mathrm{c}} = \frac{\omega_{\mathrm{st}}}{(10^{-0.1\delta_{\mathrm{s}}} - 1)^{\frac{1}{2N}}}$$

通带指标和阻带指标导出的两个 ω_{c} 值并不相等，因此要看设计指标的要求，是要求通带指标更高还是阻带指标更高，或者对两项指标都要求较高，然后在某一个范围内选取 ω_{c}，使得这个 ω_{c} 值能够同时满足设计指标对于通带和阻带的要求，即

$$\frac{\omega_{\mathrm{p}}}{(10^{-0.1\delta_{\mathrm{p}}} - 1)^{\frac{1}{2N}}} \leqslant \omega_{\mathrm{c}} \leqslant \frac{\omega_{\mathrm{st}}}{(10^{-0.1\delta_{\mathrm{s}}} - 1)^{\frac{1}{2N}}} \tag{7.24}$$

（3）确定归一化原型滤波器 $H_{\mathrm{an}}(s)$

在确定了阶数 N 以后，就可以利用已有的一些设计表格了，无论是巴特沃斯型滤波器还是切比雪夫型滤波器，都有很成熟的设计表格可以使用。表 7.2 给出了归一化的巴特沃斯

低通原型滤波器设计参数，所谓归一化，指的是该巴特沃斯滤波器的3dB截止频率等于1的情形。归一化巴特沃斯低通滤波器的系统函数如下：

$$H_{an}(s) = \frac{d_0}{1 + c_1 s + \cdots + c_{N-1}s^{N-1} + c_N s^N} \tag{7.25}$$

式中，d_0 为归一化引入的一个常数。根据表格设计归一化巴特沃斯滤波器系统函数的具体方法是：按阶数 N 查表，根据对应的参数 $c_1 \sim c_N$，直接写出3dB截止频率为1时的归一化滤波器系统函数。

表7.2　巴特沃斯归一化低通原型滤波器参数

N	c_1	c_2	c_3	c_4	c_5	c_6	c_7	c_8	c_9
1	1								
2	1.4142	1							
3	2	2	1						
4	2.6163	3.4142	2.6163	1					
5	3.2361	5.2361	5.2361	3.2361	1				
6	3.8637	7.4641	9.1416	7.4641	3.8637	1			
7	4.4940	10.0978	14.5918	14.5918	10.0978	4.4940	1		
8	5.1258	13.1371	21.8642	25.6884	21.8642	13.1371	5.1258	1	
9	5.7588	16.5817	31.1634	41.9864	41.9864	31.1634	16.5817	5.7588	1

（4）对 $H_{an}(s)$ 去归一化得 $H(s)$

$$H(s) = H_{an}\left(\frac{s}{\omega_c}\right) \tag{7.26}$$

$$= \frac{d_0}{1 + c_1(s/\omega_c) + \cdots + c_{N-1}(s/\omega_c)^{N-1} + c_N(s/\omega_c)^N}$$

【例7.1】　设计一个满足下列指标的巴特沃斯型模拟滤波器：$\omega_p = 0.1\pi$，$\omega_{st} = 0.4\pi$，$\delta_p = -1\text{dB}$，$\delta_s = -10\text{dB}$。

解：（1）计算阶数 N

$$N \geqslant \frac{\lg\left(\dfrac{10^{-0.1\delta_p}-1}{10^{-0.1\delta_s}-1}\right)}{2\lg(\omega_p/\omega_{st})} = 1.28$$

取 $N = 2$。

（2）计算3dB截止频率

将 $N = 2$ 带入通带指标满足的方程，得

$$\omega_c = \frac{\omega_p}{(10^{0.1}-1)^{1/4}} = 0.4404$$

（3）查表

$$H_{an}(s) = \frac{1}{s^2 + \sqrt{2}s + 1}$$

（4）去归一化

$$H(s) = \frac{1}{\left(\dfrac{s}{\omega_c}\right)^2 + \sqrt{2}\left(\dfrac{s}{\omega_c}\right) + 1} = \frac{\omega_c^2}{s^2 + \sqrt{2}\,\omega_c s + \omega_c^2} = \frac{0.4404^2}{s^2 + 0.6228s + 0.4404^2}$$

（5）验证：$\delta_p = -0.9999\text{dB}$；$\delta_s = -18.2795\ \text{dB}$
通带满足指标，阻带超过指标，设计完成。

3. 模拟高通滤波器的设计

设计模拟高通滤波器的思路是：先根据给定高通滤波器的技术指标 δ_p、ω_p、δ_s、ω_{st}，对技术指标进行频率归一化，即

$$\eta = \frac{\omega}{\omega_p}$$

技术指标归一化以后可以得到：$\eta_p = 1$，$\eta_s < 1$，如图 7.21 所示。

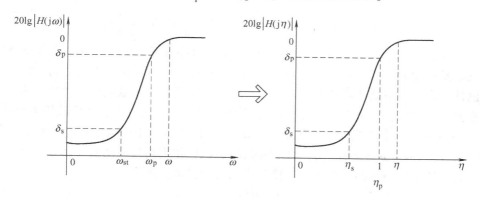

图 7.21　模拟高通滤波器技术指标归一化

然后再把上述高通滤波器的技术指标转换成低通滤波器的技术指标，如图 7.22 所示。

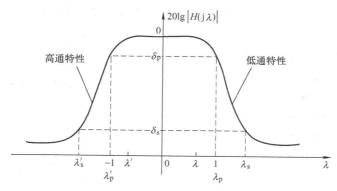

图 7.22　模拟高通滤波器技术指标转换为模拟低通滤波器技术指标

从表7.3可知，所得的平移滤波器λ'频率位于频率轴的左半部分，不能直接用于低通滤波器的设计，还需要将左侧频率轴的滤波器指标翻转到右侧频率轴。

表7.3 高通滤波器η频率、低通滤波器λ'频率及λ频率之间的对应关系

η频率	0	η_s	$\eta_p = 1$	η	∞
λ'频率	$-\infty$	λ'_s	$\lambda'_p = -1$	λ'	0
λ频率	∞	$\lambda_s = -\lambda'_s$	$\lambda_p = 1$	$\lambda = -\lambda'$	0

根据转换过程可得

$$\begin{cases} \lambda'\eta = -1 \\ \lambda\eta = 1 \end{cases}$$

因此，由$\eta = \omega/\omega_p$、$\lambda = 1/\eta$就可以实现模拟高通滤波器到模拟低通滤波器的技术指标转换了，然后根据此模拟低通滤波器的技术指标进行设计。设计方法参照前面讲到的巴特沃斯模拟低通滤波器归一化设计方法。

根据转换后的模拟低通滤波器的技术指标δ_p、λ_p、δ_s、λ_{st}，设计出模拟低通滤波器的系统函数为$H(p)$，这里p为复变量，且$p = j\lambda$。那么，低通$H(p)$怎样才能转换成高通$H(s)$？因为频率转换的过程是$\omega \to \eta \to \lambda$，所以复变量的转换过程是：$p = j\lambda \to q = j\eta \to s = j\omega$。

$$H(p) = H(j\lambda) = H\left(j\frac{1}{\eta}\right) = H\left(j\frac{\omega_p}{\omega}\right) = H\left(-\frac{\omega_p}{s}\right)$$

如果$H(p)$是稳定的低通滤波器，其极点都在左半p平面。在上式中，变换所得的高通滤波器系统函数为$H(-\omega_p/s)$，其极点都在右半s平面，显然不是一个稳定的系统，不能作为最终设计。由于模拟滤波器和数字滤波器都是根据幅度平方函数进行设计的，为了保证所设计滤波器的稳定性，在极点选择时总是选择$H(s)H(-s)$在左半s平面的极点作为$H(s)$的极点。$H(-\omega_p/s)$具有右半平面的极点，$H(\omega_p/s)$具有左半平面的极点，那么，就可以选择幅度平方函数$H(\omega_p/s)H(-\omega_p/s)$中的$H(\omega_p/s)$作为高通滤波器的系统函数，这样就保证了高通滤波器的稳定性。最后，直接写出二者的转换关系为

$$H(s) = H(p) \big|_{p = \omega_p/s} \tag{7.27}$$

于是就设计完成了模拟高通滤波器的系统函数。

4. 模拟带通滤波器的设计

与高通滤波器设计的思路相同，带通、带阻滤波器设计过程也需要经过频率的转换。下面分别说明。

一个模拟带通滤波器的频率特性示意图如图7.23所示。ω_1、ω_3为通带截止频率，ω_{sl}、ω_{sh}为阻带截止频率，δ_p为通带衰减，δ_s为阻带衰减。

对带通滤波器，使用带宽来实现频率的归一化。定义带通滤波器的带宽为ω_{BW}，中心频率为ω_2，则有

$$\omega_{BW} = \omega_3 - \omega_1 \tag{7.28}$$

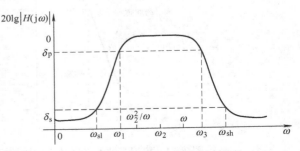

图7.23 模拟带通滤波器的频率特性

$$\omega_2^2 = \omega_1 \omega_3 \tag{7.29}$$

下面以带宽为分母进行频率指标的归一化，得

$$\eta = \frac{\omega}{\omega_{BW}}$$

$$\eta_2^2 = \eta_1 \eta_3$$

模拟带通滤波器归一化频率特性如图 7.24 所示。

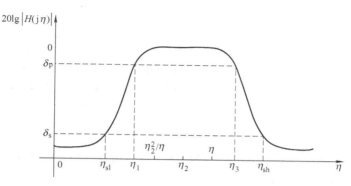

图 7.24　模拟带通滤波器归一化频率特性

带通滤波器转换而来的低通滤波器的频率特性如图 7.25 所示。

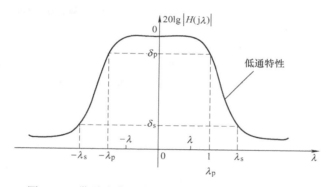

图 7.25　带通滤波器转换而来的低通滤波器频率特性

根据带宽归一化的过程，比较带通滤波器幅频特性，对应关系见表 7.4，并可得 η 与 λ 之间的关系式。

表 7.4　带通滤波器 η 频率转换为低通滤波器 λ 频率

η 频率	0	η_{sl}	η_1	η_2	η_3	η_{sh}	∞
λ 频率	$-\infty$	$-\lambda_s$	$-\lambda_p$	0	λ_p	λ_s	∞

$$\frac{\eta - \eta_2^2/\eta}{\eta_3 - \eta_1} = \frac{2\lambda}{2\lambda_p}$$

因为

$$\eta_3 - \eta_1 = 1, \quad \lambda_p = 1$$

所以

$$\lambda = \frac{\eta^2 - \eta_2^2}{\eta}$$

然后根据 λ 指标体系设计低通滤波器，得到 $H(p)$，复变量 $p = j\lambda$。下面推导复变量 p、$q(q = j\eta)$ 和 $s(s = j\omega)$ 之间的关系。

$$p = j\lambda = j\frac{\eta^2 - \eta_2^2}{\eta}$$

$$= \frac{\left(\dfrac{s}{\omega_{BW}}\right)^2 + \dfrac{\omega_1\omega_3}{(\omega_{BW})^2}}{\dfrac{s}{\omega_{BW}}}$$

$$= \frac{s^2 + \omega_1\omega_3}{s(\omega_3 - \omega_1)} \tag{7.30}$$

将推导得出的 p 和 s 的关系式代入低通滤波器系统函数 $H(p)$ 中，就可得到所求的带通滤波器的系统函数 $H(s)$，即

$$H(s) = H(p)\Big|_{p = \frac{s^2 + \omega_1\omega_3}{s(\omega_3 - \omega_1)}} \tag{7.31}$$

从式 (7.31) 注意到，N 阶低通滤波器转换到带通滤波器后，阶次变为 $2N$。

5. 模拟带阻滤波器的设计

带阻滤波器的设计过程与带通滤波器类似，其频率归一化也采用带宽作为分母。一个模拟带阻滤波器的频率特性如图 7.26 所示。

图中，ω_1、ω_3 为通带截止频率，ω_{sl}、ω_{sh} 为阻带截止频率，δ_p 为通带衰减，δ_s 为阻带衰减。定义带阻滤波器的带宽为 ω_{BW}，中心频率为 ω_2，则有

$$\omega_{BW} = \omega_3 - \omega_1$$

$$\omega_2^2 = \omega_1\omega_3$$

定义归一化频率为 η，则

$$\eta = \frac{\omega}{\omega_{BW}}$$

$$\eta_2^2 = \eta_1\eta_3$$

归一化以后的带阻滤波器频率

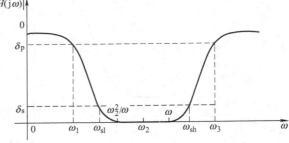

图 7.26 模拟带阻滤波器的频率特性

特性如图 7.27 所示，再画出频带搬移后的模拟低通滤波器的频率特性如图 7.28 所示。表 7.5 列出模拟带阻滤波器和模拟低通滤波器之间的频率指标转换关系。

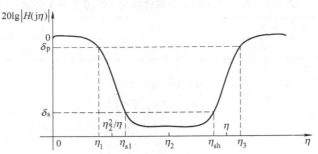

图 7.27 模拟带阻滤波器技术指标归一化

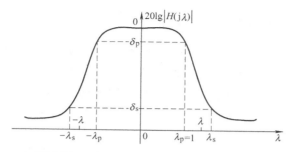

图 7.28　模拟带阻滤波器技术指标转换为低通滤波器技术指标

表 7.5　模拟带阻滤波器 η 频率转换为低通滤波器 λ 频率

η 频率	η_2	η_{sh}	η_3	∞ , 0	η_1	η_{sl}	η_2
λ 频率	$-\infty$	$-\lambda_s$	$-\lambda_p$	0	λ_p	λ_s	∞

根据上述频率转换的对应关系，写出转换频率的关系式如下：

$$\frac{\eta - \eta_2^2/\eta}{\eta_3 - \eta_1} = \frac{2\lambda_p}{2\lambda}$$

因为

$$\eta_3 - \eta_1 = 1, \quad \lambda_p = 1$$

所以

$$\lambda = \frac{\eta}{\eta^2 - \eta_2^2}$$

然后根据 λ 指标体系设计低通滤波器，得到 $H(p)$，复变量 $p = j\lambda$。下面推导复变量 p、$q(q = j\eta)$ 和 $s(s = j\omega)$ 之间的关系。

$$p = j\lambda = j\frac{\eta}{\eta^2 - \eta_2^2} = j\frac{\dfrac{\omega}{\omega_{BW}}}{\left(\dfrac{\omega}{\omega_{BW}}\right)^2 - \dfrac{\omega_1\omega_3}{\omega_{BW}^2}} = \frac{j\omega\omega_{BW}}{\omega^2 - \omega_1\omega_3} = -\frac{s(\omega_3 - \omega_1)}{s^2 + \omega_1\omega_3}$$

根据模拟滤波器设计所采用的幅度平方函数的极点分布规则，只能选取左半 s 平面的极点作为模拟带阻滤波器的极点，因此复变量 p 和 s 之间的关系只能采用如下关系式：

$$p = \frac{s(\omega_3 - \omega_1)}{s^2 + \omega_1\omega_3} \qquad (7.32)$$

将推导得出的 p 和 s 关系式代入低通滤波器系统函数 $H(p)$ 中，就可得到所求的带阻滤波器的系统函数 $H(s)$，即

$$H(s) = H(p)\Big|_{p = \frac{s(\omega_3 - \omega_1)}{s^2 + \omega_1\omega_3}} \qquad (7.33)$$

从式（7.33）注意到，N 阶低通滤波器转换到带阻滤波器后，阶次变为 $2N$。

综上所述，巴特沃斯型模拟高通、带通及带阻滤波器的设计思路可以总结如图 7.29 所示。

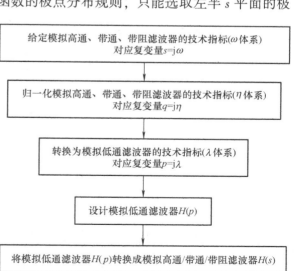

图 7.29　模拟滤波器的一般设计方法

7.2.4　模拟滤波器转化为数字滤波器的方法

我们的设计目标是实现一个完成一定技术指标的数字滤波器。当按照技术指标设计好模拟滤波器后，下一步则是如何将模拟滤波器转换为数字滤波器。

要使模拟滤波器的系统函数 $H(s)$ 变换成数字滤波器的系统函数 $H(z)$，就需要建立模拟滤波器与数字滤波器的映射关系，即建立 s 平面和 z 平面的映射关系，把 s 平面映射到 z 平面。这种由复变量 s 到复变量 z 之间的映射变换关系，必须满足两个条件：

1）$H(z)$ 的频率响应能模仿 $H(s)$ 的频率响应，即 s 平面的虚轴必须映射到 z 平面的单位圆上。

2）因果稳定的 $H(s)$ 映射成因果稳定的 $H(z)$，即左半 s 平面必须映射到 z 平面的单位圆内部，右半 s 平面必须映射到 z 平面的单位圆外部。

下面讲述 s 域至 z 域的两种变换方法。

1. 冲激响应不变法

冲激响应不变法的原理是使数字滤波器的单位脉冲响应 $h(n)$ 等于模拟滤波器的单位冲激响应 $h(t)$ 的等间隔抽样。具体步骤如图 7.30 所示。

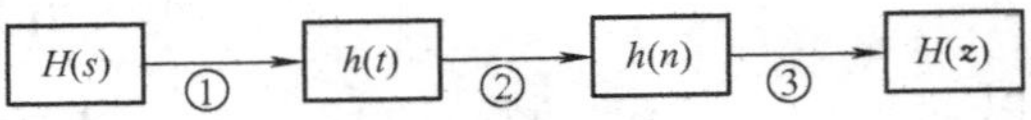

对应于图 7.30 中每一步的运算过程如下：

$$H(s)\ \textcircled{1}\ h(t)\ \textcircled{2}\ h(n)\ \textcircled{3}\ H(z)$$

图 7.30　冲激响应不变法的 3 个步骤

$$\textcircled{1}\ h(t) = \frac{1}{2\pi \mathrm{j}} \int_{\sigma - \mathrm{j}\infty}^{\sigma + \mathrm{j}\infty} H(s)\mathrm{e}^{st}\mathrm{d}s, t > 0^-$$

一般情况下，$H(s)$ 为有理分式，可先对它进行部分分式分解，然后写出其拉普拉斯反变换 $h(t)$，即

$$H(s) = \sum_{k=1}^{N} \frac{A_k}{s - s_k} \tag{7.34}$$

$$h(t) = \mathscr{L}^{-1}\{H(s)\} = \sum_{k=1}^{N} A_k \mathrm{e}^{s_k t} u(t)$$

$\textcircled{2}\ h(n) = h(t)|_{t=nT}$ 或者做系数修正 $h(n) = Th(t)|_{t=nT}$

$$h(nT) = \sum_{k=1}^{N} A_k \mathrm{e}^{s_k nT} u(nT)$$

$$h(n) = \sum_{k=1}^{N} A_k \left(\mathrm{e}^{s_k T}\right)^n u(n)$$

$$\textcircled{3}\ H(z) = \sum_{n=-\infty}^{\infty} h(n)z^{-n}$$

$$H(z) = \sum_{n=0}^{\infty} \sum_{k=1}^{N} A_k \left(\mathrm{e}^{s_k T}\right)^n z^{-n} = \sum_{k=1}^{N} \frac{A_k}{1 - \mathrm{e}^{s_k T}z^{-1}} \tag{7.35}$$

总结上述过程，可用一个概括的式子表示如下：

$$H(s) = \sum_{k=1}^{N} \frac{A_k}{s - s_k} \xrightarrow{z = \mathrm{e}^{sT}} H(z) = \sum_{k=1}^{N} \frac{A_k}{1 - \mathrm{e}^{s_k T}z^{-1}}$$

由此可见，冲激响应不变法所遵循的 z 平面和 s 平面的映射关系为 $z = e^{sT}$，如图 7.31 所示。

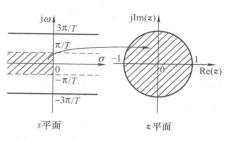

1）$\sigma < 0$，$|z| < 1$：左半平面映射到单位圆内。

2）$\sigma = 0$，$|z| = 1$：虚轴映射到单位圆。

3）$\sigma > 0$，$|z| > 1$：右半平面映射到单位圆外。

结论：稳定模拟滤波器系统映射为稳定数字滤波器系统；因果模拟滤波器系统映射为因果数字滤

图 7.31　冲激响应不变法的映射情况

波器系统。稳定模拟滤波器系统的极点都在左半 s 平面，稳定数字滤波器系统的极点都在 z 平面单位圆内；因果模拟滤波器系统的收敛域为最右极点的右边区域；因果数字滤波器系统的收敛域为模值最大的极点圆以外区域。

频率响应情况如下：

$$H(e^{j\Omega}) = \frac{1}{T}\sum_{k=-\infty}^{\infty} H(j\omega - jk\omega_s) = \frac{1}{T}\sum_{k=-\infty}^{\infty} H\left(j\frac{\Omega}{T} - jk\frac{2\pi}{T}\right) \tag{7.36}$$

式中，ω_s 为抽样角频率。

无混叠时：

$$H(e^{j\Omega}) = \frac{1}{T}H\left(j\frac{\Omega}{T}\right), \quad |\Omega| < \pi \tag{7.37}$$

可见，数字滤波器在 Ω 点的频率响应特性在一个主周期内和模拟滤波器 $\omega = \Omega/T$ 频率响应特性只差一个常数因子。如果满足抽样定理，则数字滤波器特性在主周期 $-\pi \leqslant \Omega \leqslant \pi$（对于模拟滤波器的频率特性范围是 $-\omega_s/2 \leqslant \omega \leqslant \omega_s/2$）中与模拟滤波器特性相同，即都满足滤波处理要求。在主周期频率响应特性之间，冲激响应不变法是一种线性的频率变换。

【例 7.2】　设模拟滤波器的系统函数如下，试用冲激响应不变法设计 IIR 数字滤波器。

$$H(s) = \frac{2}{s^2 + 4s + 3} = \frac{1}{s+1} - \frac{1}{s+3}$$

解：
$$H(s) = \sum_{k=1}^{N} \frac{A_k}{s - s_k} \Rightarrow H(z) = \sum_{k=1}^{N} \frac{TA_k}{1 - e^{s_k T}z^{-1}}$$

所以
$$H(z) = \frac{T}{1 - e^{-T}z^{-1}} - \frac{T}{1 - e^{-3T}z^{-1}} = \frac{T(e^{-T} - e^{-3T})z^{-1}}{1 - (e^{-T} + e^{-3T})z^{-1} + e^{-4T}z^{-2}}$$

设 $T = 1\text{s}$

$$H(z) = \frac{0.318z^{-1}}{1 - 0.4177z^{-1} + 0.0183z^{-2}}$$

模拟滤波器的频率响应为

$$H(j\omega) = \frac{2}{(3 - \omega^2) + j4\omega}$$

由于 $\Omega = \omega T$ 是线性转换关系，所以数字滤波器的频率响应为

$$H(e^{j\Omega}) = \frac{0.318e^{-j\Omega}}{1 - 0.4177e^{-j\Omega} + 0.0183e^{-j2\Omega}}$$

模拟滤波器的数字化过程使得频域特性周期化，从而产生频谱混叠现象，如图 7.32 所示。

冲激响应不变法在 $\Omega = \pm\pi$ 附近产生频谱混叠现象，会使设计出的数字滤波器在 $\Omega = \pi$ 附近的频率特性程度不同地偏离模拟滤波器在 π/T 附近的频率特性，严重时使数字滤波器不满足给定的技术要求。为此，希望设计的滤波器是频带限制滤波器，即

$$|H(j\omega)| = 0, \quad |\omega| \geq \omega_c$$

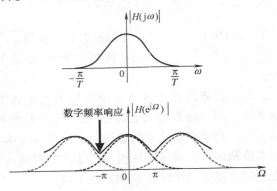

图 7.32　模拟滤波器幅频特性转化为数字滤波器幅频特性

然而，实际模拟滤波器特性都不满足抽样定理，所以总有混叠误差存在。对于低通、带通滤波器可以通过合理的设计使混叠误差满足应用要求；对于高通、带阻等不满足抽样定理的滤波特性是不能使用冲激响应不变法来进行转换的。这时可以采用不会产生混叠的变换方法，如双线性变换法等。

综上所述，冲激响应不变法的优点是频率坐标变换是线性的，即 $\Omega = \omega T$，如果不考虑频率混叠现象，用这种方法设计的数字滤波器会很好地重现原模拟滤波器的频率特性；另一个优点是数字滤波器的单位脉冲响应完全模仿模拟滤波器的单位冲激响应，时域特性逼近好。缺点是会产生频率混叠现象，适合限带的低通、带通滤波器的设计，不适合高通、带阻滤波器的设计。

2. 双线性变换法

冲激响应不变法可以在时域上很好地逼近模拟滤波器，但存在混叠失真的缺点。这是由于 s 平面到 z 平面的变换是多值映射关系造成的。双线性变换法可以克服这一缺点。

为了克服多值映射，双线性变换法是通过两次映射来实现的。第一次映射，先将整个 s 平面压缩到 s_1 平面中的一条横带 $\left(-\dfrac{\pi}{T} \leqslant \omega_1 \leqslant \dfrac{\pi}{T}\right)$ 内；然后再通过第二次映射，将此横带映射到 z 平面上去。这种映射法能保证使 s 平面与 z 平面建立单值对应，从而消除混叠现象。该过程如图 7.33 所示。

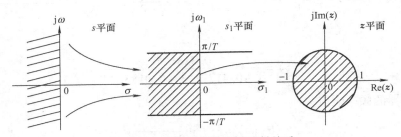

图 7.33　双线性变换法的映射关系

将 s 平面整个 $j\omega$ 轴压缩变换到 s_1 平面的 $j\omega_1$ 轴上的 $-\dfrac{\pi}{T}$ 到 $\dfrac{\pi}{T}$ 一段，可以采取正切变换关系实现，即

$$\omega = k\tan\left(\frac{\omega_1 T}{2}\right) \tag{7.38}$$

式中，k 为常数。这样，$\omega = \pm\infty$ 变到 $\omega_1 = \pm\dfrac{\pi}{T}$，$\omega = 0$ 变到 $\omega_1 = 0$。

$$j\omega = k\frac{e^{j\frac{\omega_1 T}{2}} - e^{-j\frac{\omega_1 T}{2}}}{e^{j\frac{\omega_1 T}{2}} + e^{-j\frac{\omega_1 T}{2}}} \Rightarrow s = k\frac{e^{\frac{s_1 T}{2}} - e^{-\frac{s_1 T}{2}}}{e^{\frac{s_1 T}{2}} + e^{-\frac{s_1 T}{2}}} = k\frac{1 - e^{-s_1 T}}{1 + e^{-s_1 T}}$$

再将 s_1 平面映射到 z 平面，采用标准映射关系，即

$$z = e^{s_1 T}$$

得到

$$s = k\frac{1 - z^{-1}}{1 + z^{-1}} \quad \text{或者} \quad z = \frac{1 + \dfrac{s}{k}}{1 - \dfrac{s}{k}} \tag{7.39}$$

一般来说，常数 k 可根据模拟滤波器的某一频率与数字滤波器的某一频率的对应关系来确定。例如，如果使模拟滤波器与数字滤波器在低频处有确切的对应关系，即在低频时有 $\omega \approx \omega_1$。当 ω_1 较小时有

$$\tan\left(\frac{\omega_1 T}{2}\right) \approx \frac{\omega_1 T}{2}$$

再由 $\omega \approx \omega_1$ 得到

$$\omega = k\tan\left(\frac{\omega_1 T}{2}\right) \approx k\frac{\omega_1 T}{2} \approx \omega_1$$

推出 $k = \dfrac{2}{T}$。

此时，数字滤波器的低频特性近似等于模拟滤波器的低频特性。

双线性变换法能够满足滤波器系统函数从 s 平面到 z 平面变换的几个基本要求。令 $s = \sigma + j\omega$，得

$$|z| = \left|\frac{k + s}{k - s}\right| = \frac{\sqrt{(k + \sigma)^2 + \omega^2}}{\sqrt{(k - \sigma)^2 + \omega^2}}$$

1）当 $\sigma = 0$ 时，$|z| = 1$，说明 s 平面的虚轴对应 z 平面的单位圆。

2）当 $\sigma < 0$ 时，$|z| < 1$，说明左半 s 平面对应 z 平面的单位圆内部。

3）当 $\sigma > 0$ 时，$|z| > 1$，说明右半 s 平面对应 z 平面的单位圆外部。

因此，一个因果稳定的模拟滤波器经双线性变换后得到的数字滤波器也一定是因果稳定的。下面来看一下数字频率 Ω 和模拟频率 ω 的关系。

令 $s = j\omega$，则有

$$s = \frac{2}{T}\frac{1 - z^{-1}}{1 + z^{-1}} \Rightarrow z = \frac{2/T + s}{2/T - s} \tag{7.40}$$

$$z = \frac{1 + \frac{j\omega T}{2}}{1 - \frac{j\omega T}{2}} = \frac{e^{j\tan^{-1}\left(\frac{\omega T}{2}\right)}}{e^{-j\tan^{-1}\left(\frac{\omega T}{2}\right)}} = e^{j2\tan^{-1}\left(\frac{\omega T}{2}\right)} \tag{7.41}$$

$$\Omega = 2\tan^{-1}\left(\frac{\omega T}{2}\right), \quad \omega = \frac{2}{T}\tan\left(\frac{\Omega}{2}\right) \tag{7.42}$$

双线性变换法的优点是所得数字滤波器频率特性无混叠失真现象；缺点是当幅度响应不是常数时会产生幅度失真，发生频谱畸变，如图 7.34 所示。

双线性变换法设计数字滤波器的步骤如下：

1）将数字滤波器的频率指标 $\{\Omega_k\}$ 转换为模拟滤波器的频率指标 $\{\omega_k\}$。频率转换公式可采用

$$\omega_k = \frac{2}{T}\tan\left(\frac{\Omega_k}{2}\right)$$

由于双线性变换法经过了两次映射，其中第一次映射时两个频率为非线性转换关系，导致最终所得数字滤波器的频率特性产生了畸变，即 Ω 与 ω 为非线性关系。为了减小这种畸变，在确定模拟滤波器的设计

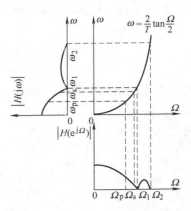

图 7.34 双线性变换的频率非线性预畸

指标时预先引入与第一次映射反向的转换关系，再进行模拟滤波器及数字滤波器的设计，就能克服频率特性畸变的缺点。这种技术指标转换过程一般被称为"预畸"。

2）由模拟滤波器的指标设计 $H(s)$。

3）用双线性变换公式将 $H(s)$ 转换为 $H(z)$，转换公式为

$$H(z) = H(s)\bigg|_{s = \frac{2}{T}\frac{1-z^{-1}}{1+z^{-1}}}$$

【例 7.3】 用双线性变换法把 $H(s) = \dfrac{s}{s+2}$ 变换成数字滤波器的系统函数 $H(z)$，并求数字滤波器的单位脉冲响应 $h(n)$（设 $T = 2\mathrm{s}$）。题中给出的 $H(s)$ 能否用冲激响应不变法转换成数字滤波器 $H(z)$？为什么？

解：

$$H(z) = H(s)\bigg|_{s = \frac{1-z^{-1}}{1+z^{-1}}} = \frac{\frac{1-z^{-1}}{1+z^{-1}}}{\frac{1-z^{-1}}{1+z^{-1}}+2} = \frac{1-z^{-1}}{3+z^{-1}} = \frac{\frac{1}{3}z}{z+\frac{1}{3}} - \frac{1}{3z+1}$$

$$\frac{\frac{1}{3}z}{z+\frac{1}{3}} \leftrightarrow \frac{1}{3}\left(-\frac{1}{3}\right)^n u(n)$$

$$\frac{1}{3z+1} = z^{-1}\frac{\frac{1}{3}z}{z+\frac{1}{3}} \leftrightarrow \delta(n-1) * \frac{1}{3}\left(-\frac{1}{3}\right)^n u(n) = \frac{1}{3}\left(-\frac{1}{3}\right)^{n-1} u(n-1)$$

所以

$$h(n) = \frac{1}{3}\left(-\frac{1}{3}\right)^n u(n) - \frac{1}{3}\left(-\frac{1}{3}\right)^{n-1} u(n-1)$$

题中给出的 $H(s)$ 不能用冲激响应不变法转换成数字滤波器，因为该模拟滤波器的频率响应是高通的。

7.2.5 IIR 数字滤波器的结构实现

数字滤波器本质上是离散时间系统，前面第 5 章所学的分析方法对于数字滤波器都是适用的。本节讨论数字滤波器的实现方法，也就是它的运算结构。运算结构是很重要的概念，运算结构的不同会影响系统的精度、误差、稳定性、经济性和运算速度等许多主要性能。

1. 数字滤波器的基本运算单元

数字滤波器的整个运算结构都是由基本运算单元组成的，结构框图和信号流图的表示完全是等效的，只是符号有所不同，信号流图所表示的网络结构更简洁明了。结构框图的画法对于高阶的复杂系统不太实用，而信号流图更为简洁。

数字滤波器的基本操作单元有三种，分别是加法器、数乘器和单位延迟器，如图 7.35 所示。通常用信号流图来表示其运算结构。信号流图只适用于线性系统，而结构框图也可用于非线性系统。数字滤波器的功能从本质上可以说是将输入序列通过一定的运算，变换成输出序列的数字网络。

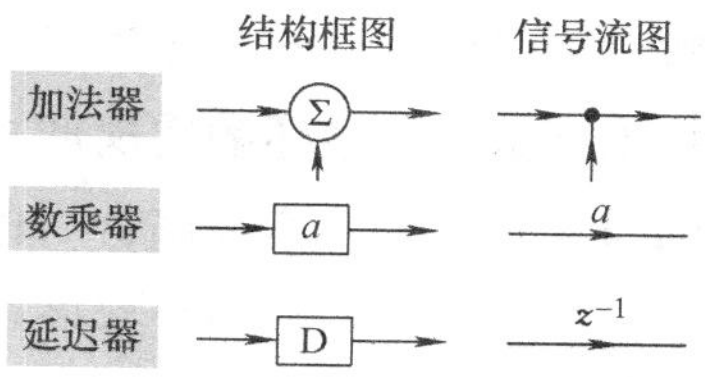

图 7.35 数字滤波器的三种运算单元

2. IIR 数字滤波器的结构特点

IIR 数字滤波器的系统函数一般表达式为

$$H(z) = \frac{\sum\limits_{i=0}^{M} b_i z^{-i}}{1 - \sum\limits_{k=1}^{N} a_k z^{-k}}$$

与之对应的差分方程为

$$y(n) = \sum_{i=0}^{M} b_i x(n-i) + \sum_{k=1}^{N} a_k y(n-k)$$

IIR 数字滤波器的结构特点如下：

1）系统的单位脉冲响应 $h(n)$ 是无限长的。

2）系统函数 $H(z)$ 在有限 z 平面（$0 < |z| < \infty$）上有极点存在。

3）递归型结构存在反馈环路。

【例 7.4】 将差分方程 $y(n) = b_0 x(n) + b_1 x(n-1) + a_0 y(n-1)$ 分别用结构框图和信号流图表示。

解：结构框图和信号流图如图 7.36 所示。

【例 7.5】 利用梅森增益公式求图 7.36 的系统函数 $H(z)$。

解：梅森增益公式为

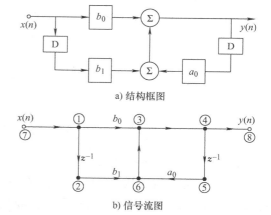

a) 结构框图

b) 信号流图

图 7.36 对应同一差分方程的结构框图和信号流图

$$P = \frac{1}{\Delta} \sum_{k=1}^{n} P_k \Delta_k$$

有两条前向通路，即

$$P_1 = b_0, \ P_2 = b_1 z^{-1}$$

有一个回路，其增益为 $a_0 z^{-1}$，即

$$\Delta = 1 - a_0 z^{-1}, \ \Delta_1 = 1, \ \Delta_2 = 1$$

则系统函数为

$$H(z) = \frac{b_0 + b_1 z^{-1}}{1 - a_0 z^{-1}}$$

【例 7.6】 将差分方程 $y(n) = a_1 y(n-1) + a_2 y(n-2) + b_0 x(n)$ 用信号流图表示。

解： 可得信号流图如图 7.37 所示。

3. IIR 数字滤波器的实现形式

即使具有同一个系统函数，IIR 数字滤波器在运算结构上也可以有不同的实现形式。

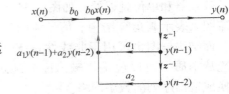

图 7.37 信号流图

（1）直接型

直接型是直接由 IIR 的差分方程所得的结构，需要 $N+M$ 级延时单元。

$$y(n) = \sum_{i=0}^{M} b_i x(n-i) + \sum_{k=1}^{N} a_k y(n-k)$$

设

$$w(n) = \sum_{i=0}^{M} b_i x(n-i)$$

则有

$$y(n) = w(n) + \sum_{k=1}^{N} a_k y(n-k)$$

IIR 数字滤波器的直接型实现如图 7.38 所示。

从系统函数的角度看，直接型结构可以看成是按下式分解：

$$H(z) = H_1(z) H_2(z)$$

$$H_1(z) = \sum_{i=0}^{M} b_i z^{-i} = \frac{W(z)}{X(z)}$$

$$H_2(z) = \frac{1}{1 - \sum_{k=1}^{N} a_k z^{-j}} = \frac{Y(z)}{W(z)}$$

（2）标准型（又叫典范型）

直接型的分解情况是 $H(z) = H_1(z) H_2(z)$，对于 LTI 系统，交换级联次序，系统函数不变，即 $H(z) = H_2(z) H_1(z)$，就得到了标准型结构。

IIR 数字滤波器的标准型实现如图 7.39 所示。

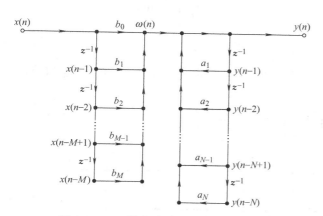

图 7.38 IIR 数字滤波器的直接型实现

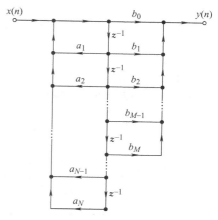

图 7.39 IIR 数字滤波器的标准型实现

（3）级联型（串联）

一个 N 阶系统函数可用它的零、极点因子形式表示，即

$$H(z) = \frac{\sum\limits_{i=0}^{M} b_i z^{-i}}{1 - \sum\limits_{j=1}^{N} a_j z^{-j}} = A \frac{\prod\limits_{i=1}^{M_1}(1 - p_i z^{-1}) \prod\limits_{i=1}^{M_2}(1 - q_i z^{-1})(1 - q_i^* z^{-1})}{\prod\limits_{i=1}^{N_1}(1 - c_i z^{-1}) \prod\limits_{i=1}^{N_2}(1 - d_i z^{-1})(1 - d_i^* z^{-1})} \tag{7.43}$$

由于系数 a_j、b_i 是实数，极、零点为实根或共轭复根。在式（7.43）中，实根为 p_i、c_i，复根为 q_i，q_i^*，d_i，d_i^*。另外，$N_1 + 2N_2 = N$，$M_1 + 2M_2 = M$，A 为增益系数。

将共轭因子合并为实系数二阶因子，单实根因子看作二阶因子的一个特例，则有

$$H(z) = A \prod_i \frac{1 + \beta_{1i} z^{-1} + \beta_{2i} z^{-2}}{1 - \alpha_{1i} z^{-1} - \alpha_{2i} z^{-2}} = A \prod_i H_i(z) \tag{7.44}$$

式中，α、β 为实系数。这就是 IIR 数字滤波器级联形式的一般表达式。

一阶网络称为一阶节，二阶网络称为二阶节，可用标准型结构实现，如图 7.40 所示。

图 7.40 IIR 数字滤波器的一阶和二阶结构单元

一阶网络： $\qquad H(z) = \dfrac{1 + \beta z^{-1}}{1 - \alpha z^{-1}} \tag{7.45}$

二阶网络： $\qquad H(z) = \dfrac{1 + \beta_1 z^{-1} + \beta_2 z^{-2}}{1 - \alpha_1 z^{-1} - \alpha_2 z^{-2}} \tag{7.46}$

将系统分解为若干二阶子系统的目的是要保证算法中的系数为实数，避免复数出现。用若干二阶节和一个一阶节（也可以没有）级联就可以构成滤波器了，式（7.44）的实现框图如图 7.41 所示。

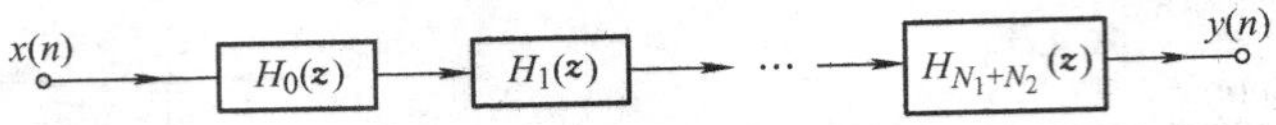

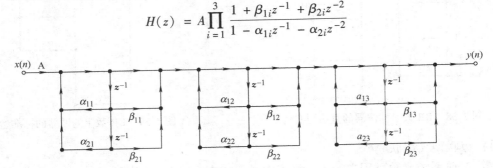

图 7.41　IIR 数字滤波器的级联形式

如果一个 IIR 数字滤波器是偶数阶，则可以由若干个二阶子网络组成。图 7.42 所示是一个六阶滤波器的实现结构。

$$H(z) = A \prod_{i=1}^{3} \frac{1 + \beta_{1i} z^{-1} + \beta_{2i} z^{-2}}{1 - \alpha_{1i} z^{-1} - \alpha_{2i} z^{-2}}$$

图 7.42　六阶 IIR 数字滤波器的级联

级联结构的优点是便于准确地实现数字滤波器的零、极点，也便于调整滤波器的性能。同时，级联结构中后面的网络输出不会再流回到前面，运算误差的累积相对较小。在级联实现时，零点和极点的配对方式和基本节的级联次序有很大的调整灵活性。

（4）并联型

将系统函数展开成部分分式之和，然后可用并联方式构成滤波器。

$$H(z) = \frac{\sum_{i=0}^{M} b_i z^{-i}}{1 - \sum_{k=1}^{N} a_k z^{-k}}$$

$$H(z) = G_0 + \sum_{i=1}^{N_1} \frac{r_i}{1 - \alpha_i z^{-1}} + \sum_{i=1}^{N_2} \frac{\gamma_{0i} + \gamma_{1i} z^{-1}}{1 - \alpha_{1i} z^{-1} - \alpha_{2i} z^{-2}} \tag{7.47}$$

式(7.47) 表明，可用 N_1 个一阶网络、N_2 个二阶网络以及一个常数 G_0 并联组成滤波器 $H(z)$。IIR 数字滤波器的并联形式如图 7.43 所示，其并联支路可能是常数、一阶网络或二阶网络。

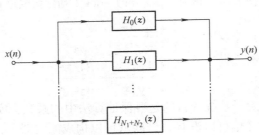

图 7.43　IIR 数字滤波器的并联形式

并联结构的一阶节和二阶节如图 7.44 所示。

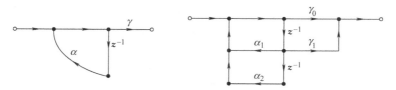

图 7.44　并联结构的一阶节和二阶节

一阶网络：

$$H(z) = \frac{\gamma}{1 - \alpha z^{-1}} \tag{7.48}$$

二阶网络：

$$H(z) = \frac{\gamma_0 + \gamma_1 z^{-1}}{1 - \alpha_1 z^{-1} - \alpha_2 z^{-2}} \tag{7.49}$$

一个三阶 IIR 数字滤波器的并联结构如图 7.45 所示。

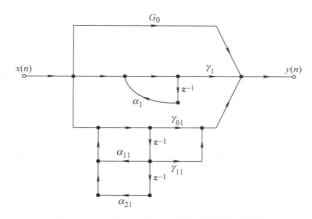

图 7.45　三阶 IIR 数字滤波器的并联结构

7.3　FIR 数字滤波器设计

IIR 数字滤波器是利用模拟滤波器成熟的理论及设计原理进行设计的，因而保留了一些典型模拟滤波器优良的选频特性。但设计中只考虑了幅频特性，没考虑相频特性，所设计的滤波器一般都是非线性相位的。为了得到线性相位特性，对 IIR 数字滤波器必须另外增加相位校正网络，使滤波器设计变得复杂，成本也高。FIR 数字滤波器在保证幅频特性满足技术要求的同时，很容易做到严格的线性相位特性，因此，FIR 数字滤波器的设计和 IIR 数字滤波器的设计有很大的不同。FIR 数字滤波器也获得了广泛的应用。

7.3.1　FIR 数字滤波器的线性相位特性

1. 线性相位定义

FIR 数字滤波器的差分方程描述为

$$y(n) = \sum_{i=0}^{N-1} a_i x(n - i) \tag{7.50}$$

对应的单位脉冲响应序列为 $h(n)$，其序列元素为差分方程的系数 a_i，即

$$h(n) = [a_i] \tag{7.51}$$

因为它是一种 LTI 系统，也可用卷积和形式表示，即

$$y(n) = \sum_{i=0}^{N-1} h(i) x(n-i) \tag{7.52}$$

对应的系统函数可写成

$$H(z) = \sum_{i=0}^{N-1} h(i) z^{-i} \tag{7.53}$$

FIR 数字滤波器的离散时间傅里叶变换（DTFT）为

$$H(e^{j\Omega}) = \sum_{n=0}^{N-1} h(n) e^{-j\Omega n} = H(\Omega) e^{j\theta(\Omega)} \tag{7.54}$$

线性相位意味着一个系统的相频特性是频率的线性函数，即

$$\theta(\Omega) = -\alpha\Omega \tag{7.55}$$

式中，α 为常数，此时通过这一系统的各频率分量的时延为一相同的常数，系统的群时延为

$$\tau_g = -\frac{d\theta(\Omega)}{d\Omega} = \alpha \tag{7.56}$$

$H(z)$ 恒稳定和线性相位特性是 FIR 数字滤波器的突出优点。FIR 数字滤波器的缺点是：①因为无原点外的极点，要获得好的过渡带特性，需以较高的阶数为代价；②无法利用模拟滤波器的设计结果，一般无解析设计公式，要借助计算机辅助设计程序完成。

2. 线性相位系统的时频对应特性

前面已经讲到，如式（7.54）所示，FIR 线性相位数字滤波器的 DTFT 为

$$H(e^{j\Omega}) = H(\Omega) e^{-j\alpha\Omega} = \sum_{n=0}^{N-1} h(n) e^{-j\Omega n}$$

式中，$H(\Omega)$ 是正或负的实函数。等式中间和等式右边的实部与虚部应当各自相等，同样实部与虚部的比值应当相等，即

$$\frac{\sin(\alpha\Omega)}{\cos(\alpha\Omega)} = \frac{\sum\limits_{n=0}^{N-1} h(n) \sin(\Omega n)}{\sum\limits_{n=0}^{N-1} h(n) \cos(\Omega n)}$$

将上式两边交叉相乘，再将等式右边各项移到左边，应用三角函数的恒等关系，得

$$\sum_{n=0}^{N-1} h(n) \sin[(\alpha-n)\Omega] = 0$$

满足上式的条件是

$$\begin{cases} \alpha = \dfrac{N-1}{2} \\ h(n) = h(N-1-n), \quad 0 \le n \le N-1 \end{cases} \tag{7.57}$$

此时的 FIR 数字滤波器是满足线性相位条件的，$h(n)$ 为偶对称情形，其相频特性如图 7.46 所示。

另外一种情况是，当 $h(n)$ 为奇对称情形时，除了上述的线性相位外，还有一附加的相位，即

$$\theta(\Omega)=\beta-\alpha\Omega \tag{7.58}$$

利用与偶对称情形类似的分析过程，可以得出另一组 FIR 数字滤波器的关系式为

$$\begin{cases}\alpha=\dfrac{N-1}{2}\\ \beta=\dfrac{\pi}{2}\\ h(n)=-h(N-1-n),\quad 0\leqslant n\leqslant N-1\end{cases} \tag{7.59}$$

其线性相位特性如图 7.47 所示。

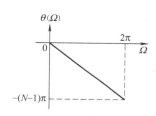

图 7.46　$h(n)$ 为偶对称的 FIR 数字滤波器相频特性

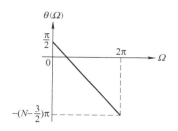

图 7.47　$h(n)$ 为奇对称的 FIR 数字滤波器相频特性

FIR 线性相位数字滤波器的 $h(n)$ 是一个有限长的离散时间信号，即有限长序列，根据 $h(n)$ 的点数不同，$h(n)$ 会有以下 4 种情况出现，如图 7.48、图 7.49 所示。

$$\begin{cases}\alpha=\dfrac{N-1}{2}\\ h(n)=h(N-1-n)\end{cases}$$

a) N为奇数　　b) N为偶数

图 7.48　$h(n)$ 为偶对称的分布情况

$$\begin{cases}\alpha=\dfrac{N-1}{2}\\ \beta=\dfrac{\pi}{2}\\ h(n)=-h(N-1-n)\end{cases}$$

a) N为奇数　　b) N为偶数

图 7.49　$h(n)$ 为奇对称的分布情况

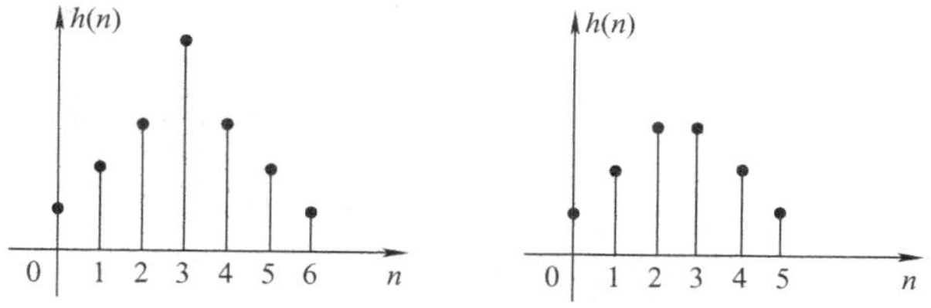

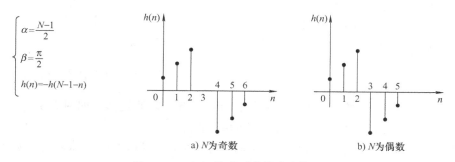

与上述 4 种 $h(n)$ 情形相对应，线性相位 FIR 数字滤波器的幅度特性也有 4 种情况，下面分别列写。

第一种情况：$h(n)$ 偶对称、N 为奇数，根据幅频特性的具体特点，尤其是 $\Omega = 0$ 以及 $\Omega = \pi$ 时的特征，高通、低通、带通、带阻四种滤波器都可设计，如图 7.50 所示。

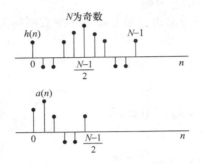
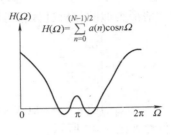

图 7.50 $h(n)$ 偶对称且 N 为奇数的幅频特性

对于一个给定的 $h(n)$，为表示方便，可约定 $a(n)$、$b(n)$、$c(n)$、$d(n)$ 如下：

$$a(n) = \begin{cases} h\left(\dfrac{N-1}{2}\right), & n = 0 \\ 2h\left(\dfrac{N-1}{2} - n\right), & n = 1, 2, \cdots, \dfrac{N-1}{2} \end{cases} \tag{7.60}$$

$$b(n) = 2h\left(\frac{N}{2} - n\right), \quad n = 1, 2, \cdots, \frac{N}{2}, \quad b(0) = 0 \tag{7.61}$$

$$c(n) = 2h\left(\frac{N}{2} - n\right), \quad n = 1, 2, \cdots, \frac{N-1}{2}, \quad c(0) = 0 \tag{7.62}$$

$$d(n) = 2h\left(\frac{N}{2} - n\right), \quad n = 1, 2, \cdots, \frac{N}{2}, \quad d(0) = 0 \tag{7.63}$$

第二种情况，$h(n)$ 偶对称、N 为偶数，可设计低、带通滤波器，不能设计高通和带阻滤波器，如图 7.51 所示。

第三种情况，$h(n)$ 奇对称、N 为奇数，只能设计带通滤波器，其他滤波器都不能设计，如图 7.52 所示。

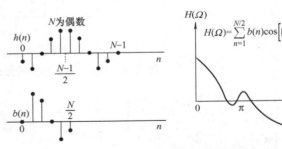

图 7.51 $h(n)$ 偶对称且 N 为偶数的幅频特性

第四种情况，$h(n)$ 奇对称、N 为偶数，可设计高通、带通滤波器，不能设计低通和带阻滤波器，如图 7.53 所示。

下面举例说明 FIR 线性相位数字滤波器的幅频特性。

【例 7.7】 $N = 5$，$h(0) = h(1) = h(3) = h(4) = -1/2$，$h(2) = 2$，求幅度函数 $H(\Omega)$。

解：N 为奇数并且 $h(n)$ 满足偶对称关系

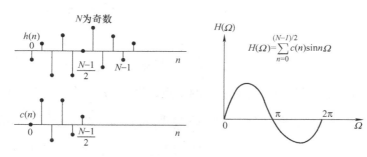

图 7.52　$h(n)$ 奇对称且 N 为奇数的幅频特性

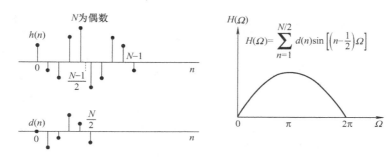

图 7.53　$h(n)$ 奇对称且 N 为偶数的幅频特性

$$a(0) = h(2) = 2$$
$$a(1) = 2h(1) = -1$$
$$a(2) = 2h(0) = -1$$

$$H(\Omega) = \sum_{n=0}^{\frac{N-1}{2}} a(n)\cos(n\Omega)$$

所以　　　　　$H(\Omega) = a(0)\cos0 + a(1)\cos\Omega + a(2)\cos2\Omega = 2 - \cos\Omega - \cos2\Omega$

$H(\Omega)$ 的图形如图 7.54 所示。

下面对线性相位 FIR 数字滤波器的频率特性做一个小结。

1）四种 FIR 数字滤波器的相位特性只取决于 $h(n)$ 的对称性，而与 $h(n)$ 的值无关。

2）幅度特性取决于 $h(n)$ 的对称性及取值。

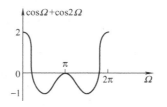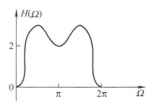

图 7.54　【例 7.7】 $H(\Omega)$ 的图形表示

3）设计 FIR 数字滤波器时，在保证 $h(n)$ 对称的条件下，只要完成幅度特性的逼近即可。

3. 线性相位系统 $H(z)$ 的零点分布特性

由于线性相位 FIR 数字滤波器的单位脉冲响应具有对称性，即

$$h(n) = \pm h(N-1-n) \tag{7.64}$$

式中，等式右边前面的"+"号对应偶对称、"-"号对应奇对称。所以经 $m = N - 1 - n$ 置换可得

$$H(z) = \sum_{n=0}^{N-1} h(n) z^{-n} = \pm z^{-(N-1)} \sum_{m=0}^{N-1} h(m) (z^{-1})^{-m} = \pm z^{-(N-1)} H(z^{-1}) \quad (7.65)$$

由式（7.65）可看出，若 $z = z_i$ 是 $H(z)$ 的零点，则 $z = z_i^{-1}$ 也一定是 $H(z)$ 的零点。由于 $h(n)$ 是实数，$H(z)$ 的零点还必须共轭成对，所以 $z = z_i^*$ 及 $z = \dfrac{1}{z_i^*}$ 也必是零点。所以线性相位滤波器的零点必须是互为倒数的共轭对，即成四出现，这种共轭对共有 4 种可能的情况，如图 7.55 所示。

1）不在单位圆上，也不在实轴上，有互为倒数的两组共轭对，如图 7.55a 所示。

2）在单位圆上，但不在实轴上，因倒数就是自己的共轭，所以有一对共轭零点，如图 7.55b 所示。

3）不在单位圆上，但在实轴上，是实数，共轭就是自己，所以有一对互为倒数的零点，如图 7.55c 所示。

4）既在单位圆上，又在实轴上，共轭和倒数都合为一点，所以成单出现，只有两种可能，如图 7.55d 所示。

从幅度响应的讨论中已经知道，对于第一种 FIR 数字滤波器，$h(n)$ 偶对称、N 为奇数，其零点情况可能为图 7.55a 或 b；对于第二种 FIR 数字滤波器，$h(n)$ 偶

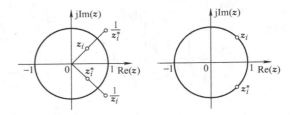

a) z_i 既不在单位圆上也不在实轴上　b) z_i 在单位圆上但不在实轴上

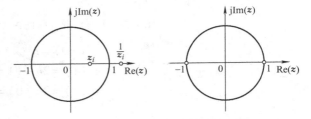

c) z_i 在实轴上但不在单位圆上　　d) z_i 既在单位圆上又在实轴上

图 7.55　FIR 线性相位滤波器的零点分布

对称，N 为偶数，$H(\pi) = 0$，即 $z = e^{j\pi} = -1$ 是 $H(z)$ 的零点，既在单位圆又在实轴，所以，必有图 7.55d 的一个单根；同样道理，对于第三种 FIR 数字滤波器，$h(n)$ 奇对称，N 为奇数，因 $H(0) = 0$，$H(\pi) = 0$，所以 $z = 1$，$z = -1$ 都是 $H(z)$ 的单根，如图 7.55d 所示；对于第四种滤波器，$h(n)$ 奇对称，N 为偶数，$H(0) = 0$，必有图 7.55d 的一个单根。

线性相位滤波器是 FIR 数字滤波器中最重要的一种，应用最广。实际使用时应根据需要选择其合适类型，并在设计时遵循其约束条件。

7.3.2　窗函数法设计 FIR 数字滤波器

在信号处理中，滤波器的设计是非常重要的一个环节，滤波器的主要作用是把信号中的噪声去掉，把感兴趣的信号从混合的信号中提取出来。

FIR 数字滤波器和 IIR 数字滤波器的区别在于：前者是非递归（No - Recursive）型，后者是递归（Recursive）型。也就是说，FIR 数字滤波器的输出只和当前及以前的输入信号有关。而 IIR 数字滤波器的输出不仅和当前及以前的输入信号有关，而且还和以前的输出信号有关，采用了以前的输出作为反馈来得到当前的输出。

设计 FIR 数字滤波器的方法大致归纳为三类：窗函数法、频率抽样法和最优设计法。本书主要讨论最常用的窗函数法。这三种方法的设计思路是不同的，窗函数设计法是时域响应逼近的思路，即按照时域响应进行 FIR 数字滤波器的设计；频率抽样法是频域响应逼近的思路，即按照所要求的滤波器频域特性进行插值来设计 FIR 数字滤波器；最优设计法也是频域响应逼近的思路，但它是采用了相应的误差准则进行频域等波纹最佳逼近，从而设计出满足要求的 FIR 数字滤波器。频域抽样法和最优设计法可统称为参数建模法。

FIR 数字滤波器设计的思维导图如图 7.56 所示，帮助读者学习时整理思路。

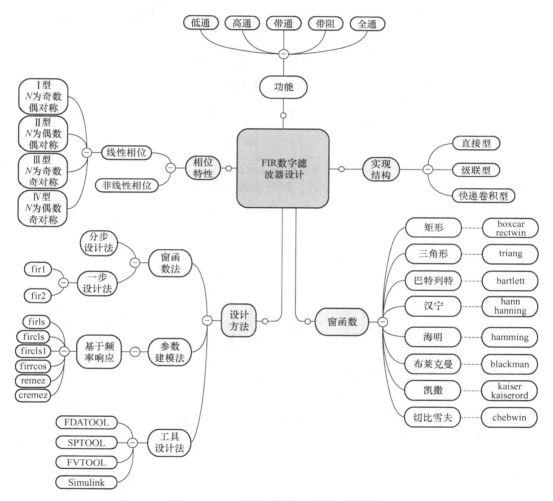

图 7.56　FIR 数字滤波器设计的思维导图

1. 窗函数设计法的基本原理

已知截止频率为 $\Omega_c = \pi/4$ 的理想低通滤波器的频率响应为

$$H_d(e^{j\Omega}) = \begin{cases} 1, & |\Omega| \leqslant \pi/4 \\ 0, & \Omega > \pi/4 \end{cases}$$

对上述理想频率特性求取序列傅里叶反变换，得

$$h_d(n) = \frac{1}{2\pi}\int_{-\pi}^{\pi}H_d(e^{j\Omega})e^{jn\Omega}d\Omega = \frac{1}{2\pi}\int_{-\pi/4}^{\pi/4}e^{jn\Omega}d\Omega = \frac{\sin\frac{\pi}{4}n}{\pi n} = \frac{1}{4}Sa\left(\frac{\pi}{4}n\right)$$

这一组傅里叶变换对如图 7.57 所示。

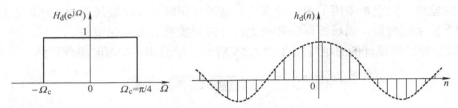

图 7.57　理想低通滤波器的傅里叶变换对

如果理想低通滤波器的频率特性中包含一个线性相位特性，即

$$H_d(e^{j\Omega}) = \begin{cases} e^{j\theta(\Omega)}, & |\Omega| \leqslant \dfrac{\pi}{4} \\ 0, & |\Omega| > \dfrac{\pi}{4} \end{cases} \tag{7.66}$$

$$\theta(\Omega) = -\alpha\Omega$$

则 $h_d(n)$ 的最大值位置将移动到 $n = \alpha$ 处，用公式表示即为

$$h_d(n) = \frac{1}{2\pi}\int_{-\pi}^{\pi}H_d(e^{j\Omega})e^{jn\Omega}d\Omega = \frac{1}{2\pi}\int_{-\pi/4}^{\pi/4}e^{j(n-\alpha)\Omega}d\Omega$$

$$= \frac{\sin\left[\dfrac{\pi}{4}(n-\alpha)\right]}{\pi(n-\alpha)} = \frac{1}{4}Sa\left[\frac{\pi}{4}(n-\alpha)\right] \tag{7.67}$$

由于 $H_d(\Omega)$ 是矩形频率特性，故 $h_d(n)$ 一定是无限长的非因果序列，如图 7.58 所示。

而所设计的 FIR 数字滤波器，其单位脉冲响应 $h(n)$ 必然是有限长的，所以要用有限长的 $h(n)$ 逼近无限长的 $h_d(n)$。最有效的办法是截断 $h_d(n)$，即用有限长的窗函数 $w(n)$ 与 $h_d(n)$ 相乘即实现了截断，如图 7.58 所示，时域表示式为

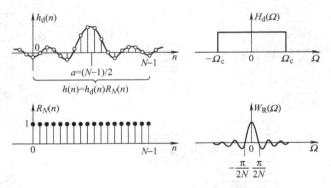

图 7.58　窗函数设计法的过程

$$h(n) = h_d(n)w(n) \tag{7.68}$$

这种设计方法就叫作窗函数设计法。窗函数 $w(n)$ 不仅影响原来信号在时域的形状，也影响其在频域的形状。如图 7.58 所示，$W_R(\Omega)$ 是矩形窗函数的频率特性，它将改变理想滤波器的频率特性形状。如果希望得到的滤波器的理想频率响应为 $H_d(e^{j\Omega})$，那么 FIR 数字滤波器的设计就在于寻找一个频率特性去逼近它。窗函数设计法是从单位脉冲响应序列着手，使 $h(n)$ 逼近理想的单位脉冲响应序列 $h_d(n)$，从而使 $H(e^{j\Omega})$ 逼近 $H_d(e^{j\Omega})$。

窗函数设计法的具体思路是：

$$H_d(e^{j\Omega}) \Longrightarrow h_d(n) \Longrightarrow h_d(n)w(n) \Longrightarrow h(n) \Longrightarrow H(e^{j\Omega})$$

逼近

怎样求 $H(e^{j\Omega})$？一般采用以下 3 种方法：

1）由定义：$H(e^{j\Omega}) = \sum\limits_{n=0}^{N-1} h(n)e^{-jn\Omega}$。

2）插值：$\mathrm{DFT}\{h(n)\} \to H(e^{j\Omega})$。

3）计算卷积：$H(e^{j\Omega}) = \dfrac{1}{2\pi}H_d(e^{j\Omega}) * W_R(e^{j\Omega})$。

下面举出具体的例子来说明窗函数法的设计过程。

2. 设计过程

（1）计算 $h_d(n)$

对于给定的理想低通滤波器 $H_d(e^{j\Omega})$，计算 $h_d(n)$。

$$H_d(e^{j\Omega}) = \begin{cases} 1 \cdot e^{-j\Omega\alpha}, & |\Omega| \leqslant \Omega_c \\ 0, & \Omega_c < |\Omega| < \pi \end{cases}, \alpha\text{ 是低通滤波器的延时，则}$$

$$h_d(n) = \frac{1}{2\pi}\int_{-\pi}^{\pi} H(e^{j\Omega})e^{j\Omega n}d\Omega = \frac{\sin[\Omega_c(n-\alpha)]}{\pi(n-\alpha)}$$

如图 7.59 所示，这是一个以 α 为中心的偶对称的无限长非因果序列，如果截取一段 $n = 0 \sim N-1$ 的 $h_d(n)$ 作为 $h(n)$，则为保证所得到的是线性相位 FIR 数字滤波器，延时 α 应为 $h(n)$ 长度 $N-1$ 的一半。

（2）计算 $h(n)$

$$h(n) = h_d(n)w(n) = \begin{cases} h_d(n), & 0 \leqslant n \leqslant N-1 \\ 0, & n < 0 \cup n \geqslant N \end{cases} \quad \text{其中 } w(n) = R_N(n)$$

利用矩形窗序列 $R_N(n)$ 对无限长理想滤波器序列 $h_d(n)$ 进行截断从而获取 $h(n)$ 的过程如图 7.60 所示。

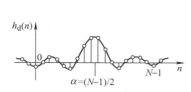

图 7.59　$h_d(n)$ 时域图形

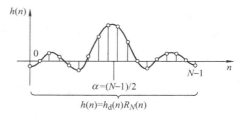

图 7.60　对 $h_d(n)$ 的处理

（3）计算 $H(e^{j\Omega})$

$$H(e^{j\Omega}) = \frac{1}{2\pi}H_d(e^{j\Omega}) * W_R(e^{j\Omega}) \tag{7.69}$$

设 $W_R(e^{j\Omega})$ 为窗函数的频谱，有

$$W_R(e^{j\Omega}) = \sum_{n=-\infty}^{\infty} w_R(n)e^{-j\Omega n} = \sum_{n=0}^{N-1} e^{-j\Omega n} = \frac{1-e^{-jN\Omega}}{1-e^{-j\Omega}} = e^{-j\Omega\left(\frac{N-1}{2}\right)}\frac{\sin(\Omega N/2)}{\sin(\Omega/2)}$$

用幅度函数和相位函数来表示，则有

$$W_R(e^{j\Omega}) = W_R(\Omega)e^{-j\Omega\alpha}$$

理想频率响应也可以写成幅度函数和相位函数的表示形式，即

$$H_d(e^{j\Omega}) = H_d(\Omega)e^{-j\Omega\alpha}$$

式中，幅度函数为

$$H_d(\Omega) = \begin{cases} 1, & |\Omega| \leqslant \Omega_c \\ 0, & \Omega_c < |\Omega| \leqslant \pi \end{cases}$$

两个信号时域的乘积对应于频域卷积，所以有

$$H(e^{j\Omega}) = \frac{1}{2\pi}H_d(e^{j\Omega}) * W_R(e^{j\Omega}) = \frac{1}{2\pi}\int_{-\pi}^{\pi} H_d(e^{j\theta})W_R(e^{j(\Omega-\theta)})d\theta$$

$$= \frac{1}{2\pi}\int_{-\pi}^{\pi} H_d(\theta)e^{-j\theta\alpha}W_R(\Omega-\theta)e^{-j(\Omega-\theta)\alpha}d\theta$$

$$= e^{-j\Omega\alpha}\left[\frac{1}{2\pi}\int_{-\pi}^{\pi} H_d(\theta)W_R(\Omega-\theta)d\theta\right]$$

$$= H(\Omega)e^{-j\Omega\alpha}$$

则有

$$H(\Omega) = \frac{1}{2\pi}\int_{-\pi}^{\pi} H_d(\theta)W_R(\Omega-\theta)d\theta \tag{7.70}$$

正好是理想滤波器幅度函数与窗函数幅度函数的卷积。

3. 窗函数对理想特性的影响

采用窗函数法设计 FIR 数字滤波器所得的滤波器幅频特性如图 7.61 所示。其中，矩形频率特性代表理想的滤波器频率特性，曲线代表所设计的滤波器频率特性。

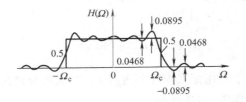

图 7.61　实际 FIR 数字滤波器的幅频特性

加入窗函数对理想特性主要有以下两个影响：

1）改变了理想频率响应的边沿特性，形成过渡带，宽为 $4\pi/N$，等于 $W_R(\Omega)$ 的主瓣宽度（取决于窗长）。

2）过渡带两旁产生肩峰和余振（带内、带外起伏），取决于 $W_R(\Omega)$ 的旁瓣，旁瓣多，余振多；旁瓣相对值大，肩峰强，与 N 无关（取决于窗口形状）。

主瓣附近可以做以下近似处理，即

$$W_R(\Omega) = \frac{\sin(\Omega N/2)}{\sin(\Omega/2)} \approx N\frac{\sin(\Omega N/2)}{N\Omega/2} = N\frac{\sin x}{x}$$

$$x = N\Omega/2$$

所以 N 的改变并不能改变主瓣与旁瓣幅值的比例关系，只能改变 $W_R(\Omega)$ 的绝对幅值大小和起伏的密度。当 N 增加时，幅值变大，频率轴紧缩，而最大肩峰总是约为 9%（对矩形窗而言），这是吉布斯（Gibbs）效应的体现。

图 7.62 所示的是用矩形窗设计的 $\Omega_c = \pi/2$ 的低通 FIR 数字滤波器幅频特性。

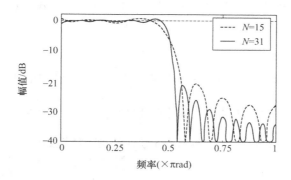

图 7.62　用矩形窗设计低通 FIR 数字滤波器的幅频特性

　　肩峰值的大小决定了滤波器通带内的平稳程度和阻带内的衰减，所以对滤波器的性能有很大的影响。改变窗函数的形状，可改善滤波器的特性。窗函数有许多种，但要满足以下两点要求：

　　1）窗谱主瓣宽度要窄，以获得较陡的过渡带。

　　2）相对于主瓣幅度，旁瓣要尽可能小，使能量尽量集中在主瓣，可以减小肩峰和余振，以提高阻带衰减和通带平稳性。

　　但实际上这两点不能兼得，一般总是通过增加主瓣宽度来换取对旁瓣的抑制。

4. 几种常用的窗函数

（1）矩形窗

　　矩形窗是最常使用的窗函数，其时域序列和频域特性的表达式如式（7.71）、式（7.72）所示。

$$\omega(n) = R_N(n) \tag{7.71}$$

$$W_R(\Omega) = \frac{\sin(\Omega N/2)}{\sin(\Omega/2)} \tag{7.72}$$

其主瓣宽度为 $4\pi/N$，其时域序列与对数幅频特性如图 7.63 所示。

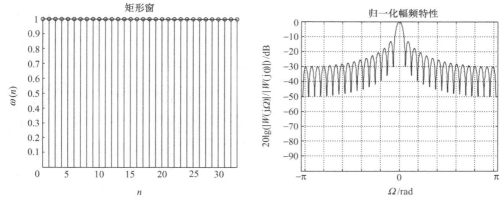

图 7.63　矩形窗的时域序列与对数幅频特性

（2）汉宁窗（升余弦窗）

汉宁窗的时域序列和频域特性的数学表达式如式(7.73)、式((7.74) 所示。

$$w(n) = \frac{1}{2}\left[1 - \cos\left(\frac{2\pi n}{N-1}\right)\right]R_N(n)$$

$$= 0.5R_N(n) - 0.25\left(e^{j\frac{2\pi n}{N-1}} + e^{-j\frac{2\pi n}{N-1}}\right)R_N(n) \tag{7.73}$$

$$W(\Omega) = 0.5W_R(\Omega) + 0.25\left[W_R\left(\Omega - \frac{2\pi}{N-1}\right) + W_R\left(\Omega + \frac{2\pi}{N-1}\right)\right] \tag{7.74}$$

汉宁窗的主瓣宽度为 $8\pi/N$，其时域序列与对数幅频特性如图 7.64 所示。

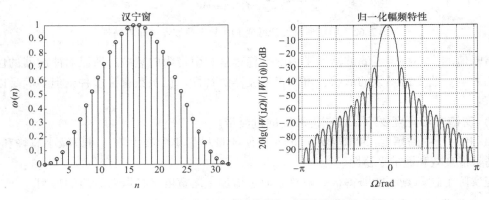

图 7.64　汉宁窗的时域序列与对数幅频特性

（3）海明窗（改进的升余弦窗）

海明窗的时域序列和频域特性的数学表达式如式(7.75)、式(7.76) 所示。

$$\omega(n) = \left[0.54 - 0.46\cos\left(\frac{2\pi n}{N-1}\right)\right]R_N(n) \tag{7.75}$$

$$W(\Omega) = 0.54W_R(\Omega) + 0.23\left[W_R\left(\Omega - \frac{2\pi}{N-1}\right) + W_R\left(\Omega + \frac{2\pi}{N-1}\right)\right] \tag{7.76}$$

海明窗的主瓣宽度为 $8\pi/N$，其时域序列和对数幅频特性如图 7.65 所示。

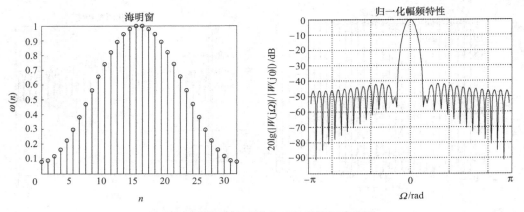

图 7.65　海明窗的时域序列和对数幅频特性

（4）布莱克曼窗（三阶升余弦窗）

布莱克曼窗的时域序列和频域特性的数学表达式如式(7.77)、式(7.78) 所示。

$$\omega(n) = \left[0.42 - 0.5\cos\left(\frac{2\pi n}{N-1}\right) + 0.08\cos\left(\frac{4\pi n}{N-1}\right)\right]R_N(n) \tag{7.77}$$

$$W(\Omega) = 0.42W_R(\Omega) + 0.25\left[W_R\left(\Omega - \frac{2\pi}{N-1}\right) + W_R\left(\Omega + \frac{2\pi}{N-1}\right)\right] +$$
$$0.04\left[W_R\left(\Omega - \frac{4\pi}{N-1}\right) + W_R\left(\Omega + \frac{4\pi}{N-1}\right)\right] \tag{7.78}$$

布莱克曼窗的主瓣宽度为 $12\pi/N$，其时域序列和对数幅频特性如图 7.66 所示。

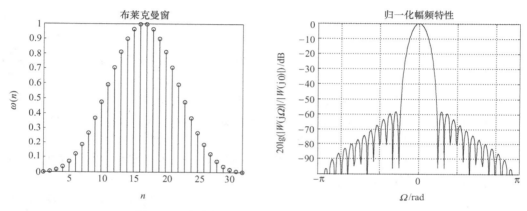

图 7.66　布莱克曼窗的时域序列和对数幅频特性

如果把上述 4 种窗函数的时域序列的包络线画在一张图里，可以看出以中心点为对称点的序列变化趋势，即窗函数的形状还是有很大区别的。这些形状的区别导致了所设计的 FIR 数字滤波器通带及阻带性能的差异。比较上述 4 种窗函数的频域特性（以对数幅频特性为代表），可以明显看到 4 种对数幅频特性的主瓣宽度和旁瓣衰减差别是比较大的。

将 4 种常用窗函数所对应的主瓣宽度、过渡带宽、旁瓣峰值衰减以及阻带最小衰减的参数列在表 7.6 中。在设计 FIR 数字滤波器时，应依据此表来选择合适的窗函数以及合适的阶数 N。

表 7.6　常用 4 种窗函数的设计参数

窗　函　数	主瓣宽度	过渡带宽	旁瓣峰值衰减/dB	阻带最小衰减/dB
矩形窗	$4\pi/N$	$1.8\pi/N$	-13	-21
汉宁窗	$8\pi/N$	$6.2\pi/N$	-31	-44
海明窗	$8\pi/N$	$6.6\pi/N$	-41	-53
布莱克曼窗	$12\pi/N$	$11\pi/N$	-57	-74

【例7.8】　试用窗函数法设计一线性相位 FIR 数字滤波器，并满足如下技术指标：在 $\omega_p = 30\pi$ rad/s 处衰减不大于 -3dB；在 $\omega_{st} = 46\pi$rad/s 处衰减不小于 -40dB；对模拟信号进行抽样的周期 $T_s = 0.01$s。

解： 根据截止频率 ω_{st} 要求，对照窗函数性能表，确定选用海明窗。

确定窗宽 N。因为海明窗过渡带宽为 $6.6\pi/N$，所以可得

$$N > \frac{6.6\pi}{0.46\pi - 0.3\pi} \approx 41.25$$

因此选 $N = 43$。确定相移 $\alpha = \dfrac{43-1}{2} = 21$。所以单位脉冲响应为

$$h(n) = \frac{\sin[0.3\pi(n-21)]}{\pi(n-21)}\left[0.54 - 0.46\cos\left(\frac{2\pi n}{42}\right)\right], \ 0 \leqslant n \leqslant 42$$

FIR 数字滤波器输出为

$$y(n) = \sum_{k=0}^{N-1} h(k)x(n-k) = h(0)x(n) + h(1)x(n-1) + \cdots + h(42)x(n-42)$$

归纳上述 FIR 数字滤波器的窗函数法，可以看到这种方法具有以下特点：

1）在设计时，需要根据滤波器的设计指标选择适当的窗函数，可以有多种选择。

2）窗口长度 N 可以为任意值，但最好为 2 的 n 次方，方便数字化运算。

3）FIR 数字滤波器的阶数 N 越大，过渡带降落越陡，但实现该滤波器的卷积运算量会大大增加，所以应选择适当的阶数 N。

4）调整 FIR 数字滤波器的窗口长度 N 可以控制过渡带的宽度，但不能减小尖峰的大小。

5）改变窗的形状可以减小带内波动和加大阻带衰减。

6）FIR 数字滤波器所需的计算时间加上系统所需的额外时间应该小于抽样间隔时间。

以上是以低通 FIR 数字滤波器为例，对设计高通等其他 FIR 滤波器，设计要点完全一样。

5. 高通、带通、带阻 FIR 数字滤波器的设计

（1）高通 FIR 数字滤波器的设计

待设计的高通滤波器的频率特性可表示为

$$H_d(e^{j\Omega}) = \begin{cases} e^{-j\Omega\alpha}, & \Omega_c \leqslant |\Omega| \leqslant \pi \\ 0, & 0 \leqslant |\Omega| < \Omega_c \end{cases} \tag{7.79}$$

应用窗函数法设计的高通 FIR 数字滤波器 $h(n)$ 的时域序列可表示为

$$h(n) = \frac{\sin[(n-\alpha)\pi] - \sin[(n-\alpha)\Omega_c]}{(n-\alpha)\pi}, \ \alpha = \frac{N-1}{2} \tag{7.80}$$

从 $h(n)$ 的时域表达式可以看出，一个高通 FIR 数字滤波器相当于用一个截止频率在 π 处的低通滤波器（实际上是全通滤波器）减去一个截止频率在 Ω_c 处的低通滤波器。

（2）带通 FIR 数字滤波器的设计

待设计的带通滤波器的频率特性可表示为

$$H_{d}(e^{j\Omega}) = \begin{cases} e^{-j\Omega\alpha}, & \Omega_{l} \leqslant |\Omega| \leqslant \Omega_{h} \\ 0, & 0 \leqslant |\Omega| \leqslant \Omega_{l}, \ \Omega_{h} < |\Omega| \leqslant \pi \end{cases} \tag{7.81}$$

应用窗函数法设计的带通 FIR 数字滤波器 $h(n)$ 的时域序列可表示为

$$h(n) = \frac{\sin[(n-\alpha)\Omega_{h}] - \sin[(n-\alpha)\Omega_{l}]}{(n-\alpha)\pi}, \ \alpha = \frac{N-1}{2} \tag{7.82}$$

从 $h(n)$ 的时域表达式可以看出，一个带通 FIR 数字滤波器相当于用一个截止频率在 Ω_{h} 处的低通滤波器减去一个截止频率在 Ω_{l} 处的低通滤波器。

（3）带阻 FIR 数字滤波器的设计

待设计的带阻滤波器的频率特性可表示为

$$H_{d}(e^{j\Omega}) = \begin{cases} e^{-j\Omega\alpha}, & 0 \leqslant |\Omega| \leqslant \Omega_{l}, \ \Omega_{h} \leqslant |\Omega| \leqslant \pi \\ 0, & \Omega_{l} < |\Omega| < \Omega_{h} \end{cases} \tag{7.83}$$

应用窗函数法设计的带阻 FIR 数字滤波器 $h(n)$ 的时域序列可表示为

$$h(n) = \frac{\sin[(n-\alpha)\Omega_{l}] + \sin[(n-\alpha)\pi] - \sin[(n-\alpha)\Omega_{h}]}{(n-\alpha)\pi}, \ \alpha = \frac{N-1}{2} \tag{7.84}$$

从 $h(n)$ 的时域表达式可以看出，一个带阻 FIR 数字滤波器相当于用一个截止频率在 Ω_{l} 处的低通滤波器加上一个截止频率在 Ω_{h} 处的高通滤波器。

7.3.3 FIR 数字滤波器的结构实现

1. FIR 数字滤波器的结构特点

为了方便说明，下面再次写出 FIR 数字滤波器系统函数 $H(z)$ 的表达式以及它的差分方程形式：

$$H(z) = \sum_{n=0}^{N-1} h(n)z^{-n}$$

$$y(n) = \sum_{m=0}^{N-1} h(m)x(n-m) = \sum_{m=0}^{N-1} h(n-m)x(m)$$

1）系统的单位脉冲响应 $h(n)$ 为有限长。

2）系统函数 $H(z)$ 在 $|z| > 0$ 处收敛，在 $|z| > 0$ 处只有零点，全部极点都在 $z = 0$ 处（因果系统）。

3）采用非递归结构，无反馈。

2. FIR 数字滤波器的实现形式

（1）直接型

直接由差分方程可画出对应的结构如图 7.67 所示。

（2）级联型

当需要控制滤波器的传输零点时，可将系统函数分解为二阶实系数因子的形式为

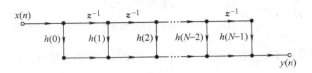

图 7.67　FIR 数字滤波器的直接型实现

$$H(z) = \sum_{n=0}^{N-1} h(n)z^{-n} = \prod_{i=1}^{\left[\frac{N}{2}\right]} (\beta_{0i} + \beta_{1i}z^{-1} + \beta_{2i}z^{-2})$$

系统可用二阶节级联构成，每一个二阶节控制一对零点。当 N 为奇数时，FIR 数字滤波器的级联型结构如图 7.68 所示。

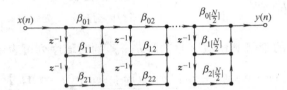

图 7.68　FIR 数字滤波器的级联型结构（N 为奇数）

（3）快速卷积型

设 LTI FIR 数字滤波器的单位脉冲响应为 $h(n)$，输入信号为 $x(n)$，输出信号为 $y(n)$，则在零初始状态下有如下关系式成立：

$$y(n) = x(n) * h(n) = \sum_{m=0}^{N-1} h(m)x(n-m)$$

$$Y(k) = X(k)H(k)$$

$$y(n) = \text{IFFT}\{Y(k)\}$$

若 $h(n)$ 的点数为 N，$x(n)$ 的点数为 M，则 $L \geqslant N + M - 1$，FIR 数字滤波器的快速卷积结构如图 7.69 所示。

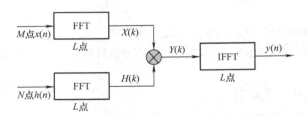

图 7.69　FIR 数字滤波器的快速卷积结构

7.3.4　IIR 数字滤波器与 FIR 数字滤波器的比较

数字滤波器在通信、图像处理、模式识别、信号检测等领域都有广泛的应用，其设计类型主要分为两大类：IIR 数字滤波器和 FIR 数字滤波器。这两种数字滤波器在系统函数上各具特点，因此它们的设计方法和性能也不同。下面分几个方面加以比较。

1. 实现结构

1）IIR 数字滤波器：IIR 数字滤波器采用递归型结构，即结构上带有反馈环路，这是由系统函数的形式决定的。IIR 数字滤波器运算结构通常有直接型、标准型、级联型和并联型 4 种结构形式，都具有反馈回路。由于运算中的舍入处理，使误差不断累积，有时会产生寄生振荡。另外，IIR 数字滤波器的极点必须在单位圆内，否则系统将不稳定。

2）FIR 数字滤波器：FIR 数字滤波器采用非递归结构，不存在反馈。FIR 数字滤波器可以采用快速傅里叶变换（FFT）算法进行计算，运算误差较小。另外，$H(z)$ 极点全部在原点，不存在稳定性问题，永远稳定。

2. 设计方法

1）IIR 数字滤波器：可以借助模拟滤波器的已有成果，如巴特沃斯、切比雪夫和椭圆滤波器等，一般都有现成的设计公式或图表可查，计算工作量较小，设计过程相对简单。可以手工计算，也可以用计算机软件程序计算。通常是根据技术指标先写出模拟滤波器的系统函数公式，然后通过一定的变换方法（如冲激响应不变法、双线性变换法），将模拟滤波器的公式转换成数字滤波器的公式。

2）FIR 数字滤波器：一般 FIR 数字滤波器的设计都依赖计算机程序来实现，在相同阶数条件下，运算速度快得多。没有统一的设计公式，如窗函数法只对窗函数可以给出计算公式，但计算通带阻带衰减并没有显式表达式。

3. 滤波器性能

1）IIR 数字滤波器：IIR 数字滤波器能得到较好的幅频特性，如低通、高通、带通及带阻等，但相位特性不好控制，对相位要求较高时，需加相位校准网络。IIR 数字滤波器系统函数的极点可以位于单位圆内的任何位置，因此可以用较低的阶数获得高的频率选择性，物理实现上所用的存储单元少，效率高。但是这个高效率是以相位的非线性为代价的。

2）FIR 数字滤波器：FIR 数字滤波器可以得到多带的幅频特性和严格的线性相位。由于 FIR 数字滤波器系统函数的极点都固定在原点，所以只能用较高的阶数达到高的选择性。对于同样的滤波器设计指标，FIR 数字滤波器所需的阶数比 IIR 数字滤波器的阶数高 5 ~ 10 倍，硬件成本较高，信号延时较大。

IIR 数字滤波器比 FIR 数字滤波器最大的优点是达到同样的滤波器矩形系数所需的阶数少，具有更好的频率选择性，而 FIR 数字滤波器比 IIR 数字滤波器更加灵活，易于适应某些特殊的应用，可构成微分器、积分器，或用于巴特沃斯、切比雪夫等逼近不可能达到预定指标的情况，例如，由于某些原因要求三角形幅度响应或一些更复杂的幅度响应。随着阶数的增加，FIR 数字滤波器过渡带越来越窄，而且是线性相位的，无论多少阶，在通带内的信号群时延相等，没有色散，对于有相位要求的信号传输尤为重要。

可以看到，IIR 数字滤波器和 FIR 数字滤波器各有所长，在实际应用中应从多方面考虑来选择。例如，语音信号对相位的非线性不很敏感，可采用 IIR 数字滤波器，数据和图像信号则往往对滤波器提出线性相位的要求，就必须采用 FIR 数字滤波器。总之，IIR 数字滤波器和 FIR 数字滤波器各有特点，在应用时要根据各方面的指标，加以综合考虑。

7.4 MATLAB 编程及上机实践

7.4.1 与本章有关的 MATLAB 函数举例

1. butter

功能：巴特沃斯滤波器设计。

格式及说明：

$[b,a] = butter(n,Wn)$

$[b,a] = butter(n,Wn,'ftype')$

$[b,a] = butter(n,Wn,'s')$

$[b,a] = butter(n,Wn,'ftype','s')$

$[z,p,k] = butter(\cdots)$

$[A,B,C,D] = butter(\cdots)$

butter 函数可以设计模拟或数字的低通、高通、带通和带阻巴特沃斯滤波器。

（1）数字域

$[b,a] = butter(n,Wn)$ 可设计出截止频率为 Wn 的 n 阶低通巴特沃斯滤波器，其滤波器为

$$H(z) = \frac{B(z)}{A(z)} = \frac{b(1) + b(2)z^{-1} + \cdots + b(n+1)z^{-n}}{1 + a(1) + a(2)z^{-1} + \cdots + a(n+1)z^{-n}}$$

截止频率是滤波器幅度响应下降至 $1/\sqrt{2}$ 处的频率，$Wn \in [0, 1]$，其中 1 对应于抽样频率的 1/2（即奈奎斯特频率）。

当 $Wn = [W1, W2]$（$W1 < W2$）时，butter 函数产生一个 2n 阶的数字带通滤波器，其通带为 $W1 < \Omega < W2$。

$[b,a] = butter(n,Wn,'ftype')$ 可设计出高通或带阻滤波器。

当 ftype = high 时，可设计出截止频率为 Wn 的高通滤波器。

当 ftype = stop 时，可设计带阻滤波器，这时 $Wn = [W1, W2]$，且阻带为 $W1 < \Omega < W2$。

利用输出变量个数的不同，还可得到滤波器的另外两种表示：零极点增益和状态方程形式。

$[z,p,k] = butter(\cdots)$ 可得到滤波器的零极点增益表示。

$[A,B,C,D] = butter(\cdots)$ 可得到滤波器的状态空间表示。

一般地，离散系统的状态空间表示为

$$\begin{cases} x(n+1) = Ax(n) + Bu(n) \\ y(n) = Cx(n) + Du(n) \end{cases}$$

（2）模拟域

$[b,a] = butter(n,Wn,'s')$ 与 $[b,a] = butter(n,Wn,'ftype','s')$ 可设计截止频率为 Wn 的 n 阶低通、高通、带通（此时 Wn 为数组）及带阻模拟巴特沃斯滤波器为

$$H(s) = \frac{B(s)}{A(s)} = \frac{b(1)s^n + b(2)s^{n-1} + \cdots + b(n+1)}{s^n + a(2)s^{n-1} + \cdots + a(n+1)}$$

其中截止频率 Wn > 0，在设计模拟滤波器时，Wn 采用真实频率，单位为 Hz。模拟域的 butter 函数的用法与数字域的用法类似。

2. buttord

功能：巴特沃斯滤波器阶的选择。

格式及说明：

[n, Wn] = buttord(Wp, Ws, Rp, Rs)

[n, Wn] = buttord(Wp, Ws, Rp, Rs, 's')

buttord 函数在给定滤波器性能指标的情况下，可以确定数字或模拟巴特沃斯低通、高通、带通和带阻滤波器的最小阶次 n，同时返回实际的截止频率 Wn。Wp 和 Ws 分别是通带和阻带的截止频率，Rp 和 Rs 分别为通带和阻带的波纹系数。

[n, Wn] = buttord(Wp, Ws, Rp, Rs) 用于数字巴特沃斯滤波器，此时采用的是相对频率，1 对应于抽样频率的 1/2（即奈奎斯特频率）。

[n, Wn] = buttord(Wp, Ws, Rp, Rs, 's') 用于模拟巴特沃斯滤波器最小阶次的选择。此时采用的频率单位是 rad/s。

当 Wp < Ws 时，对应低通滤波器；当 Wp > Ws 时，对应高通滤波器；当 Wp、Ws 为二元向量时，对应带通或带阻滤波器。若 Wp(1) > Ws(1) 且 Wp(2) < Ws(2)，则为带通滤波器；若 Wp(1) < Ws(1) 且 Wp(2) > Ws(2)，则为带阻滤波器。

3. ellip

功能：椭圆（考尔）数字及模拟滤波器设计。

格式及说明：

[B, A] = ellip(N, Rp, Rs, Wp)

设计一个 N 阶低通数字椭圆滤波器，Rp 是峰峰纹波的分贝值，Rs 是最小阻带衰减分贝值。该函数返回滤波器系数为分子矢量 B 和分母矢量 A，长度都是 N + 1。通带截止频率必须是 0.0 < Wp < 1.0，1.0 对应于抽样频率的一半。在不易选择的情况下，可采用 Rp = 0.5 和 Rs = 20 作为起始点开始设计。如果 Wp = [W1, W2]，该函数返回一个 2N 阶带通滤波器，通带为 W1 < W < W2。

[B, A] = ellip(N, Rp, Rs, Wp, 'high')

用来设计高通滤波器。

[B, A] = ellip(N, Rp, Rs, Wp, 'low')

用来设计低通滤波器。

[B, A] = ellip(N, Rp, Rs, Wp, 'stop')

用来设计带阻滤波器，条件是 Wp = [W1, W2]。

[Z, P, K] = ellip(⋯)

返回滤波器的零点 Z、极点 P 和增益 K，Z 和 P 是长度为 N 的列向量，K 为标量。

[A, B, C, D] = ellip(⋯)

返回滤波器的状态空间矩阵。

ellip(N,Rp,Rs,Wp,'s'), ellip(N,Rp,Rs,Wp,'high','s') 和 ellip(N,Rp,Rs,Wp,'stop','s') 用来设计模拟椭圆滤波器。这时 Wp 的量纲是 rad/s，可以大于 1。

4. ellipord

功能：选择椭圆滤波器的阶数。

格式及说明：

[N,Wq] = ellipord(Wp, Ws, Rp, Rs)

返回最低阶的数字椭圆滤波器的阶数 N，通带纹波不大于 Rp（dB），阻带衰减至少为 Rs（dB），Wp 和 Ws 是归一化通带和阻带截止频率，取值在 0 ~ 1 之间，1 的位置对应于 πrad/sample。该函数也返回另一个参数 Wq，它是椭圆自然频率。

[N,Wq] = ellipord(Wp, Ws, Rp, Rs, 's')

实现对模拟滤波器的计算，Wp 和 Ws 的量纲是 rad/s。如果 Rs 比 Rp 大很多，或者 Wp 和 Ws 太接近，所得出的阶数可能会是无穷大。

5. bilinear

功能：将模拟滤波器转换成数字滤波器的双线性变换。

格式及说明：

[zd,pd,kd] = bilinear(z,p,k,Fs)

将 s 域零极点增益形式(z, p, k) 的模拟滤波器转换为 z 域零极点增益形式（zd, pd, kd）的数字滤波器。

[zd,pd,kd] = bilinear(z,p,k,Fs,Fp)

将 s 域零极点增益形式（z, p, k）的模拟滤波器按指定的预扭曲参数 Fp 转换为 z 域零极点增益形式（zd, pd, kd）的数字滤波器。

[numd,dend] = bilinear(num,den,Fs)

将 s 域传递函数形式（num, den）的模拟滤波器转换为 z 域传递函数形式（numd, dend）的数字滤波器。num、den 为 s 域传递函数的分子和分母的系数，numd、dend 为 z 域传递函数的分子和分母的系数。

[numd,dend] = bilinear(num,den,Fs,Fp)

将 s 域传递函数形式(num, den) 的模拟滤波器按指定的预扭曲参数 Fp 转换为 z 域传递函数形式（numd, dend）的数字滤波器。

[Ad,Bd,Cd,Dd] = bilinear(A,B,C,D,Fs)

将连续状态空间方程的模拟滤波器系数矩阵［A,B,C,D］转换为离散状态空间方程的数字滤波器系数矩阵［Ad, Bd, Cd, Dd］。

[Ad,Bd,Cd,Dd] = bilinear(A,B,C,D,Fs,Fp)

将连续状态空间方程的模拟滤波器系数矩阵［A,B,C,D］按指定的预扭曲参数 Fp 转换为离散状态空间方程的数字滤波器系数矩阵［Ad,Bd,Cd,Dd］。

双线性变换的映射关系为

$$H(z) = H(s)\Big|_{s = 2F_s\frac{z-1}{z+1}}$$

这种变换将 $j\omega$ 轴（$-\infty < \omega < \infty$）映射成单位圆 $\exp(j\Omega)$，$\Omega \in [-\pi, \pi]$，即

$$\Omega = 2\arctan\left(\frac{\omega}{2F_s}\right)$$

双线性变换函数 bilinear 还可指定一个可选的预扭曲参数 Fp，单位为 Hz，以指定一个匹配频率，使变换后在该频率附近，频率响应保持一致。这时的变换关系为

$$H(z) = H(s)\bigg|_{s = \frac{2\pi f_p(z-1)}{\tan\left(\frac{\pi f_p}{f_s}\right)(z+1)}}$$

此时

$$\Omega = 2\arctan\left[\frac{\omega \tan\left(\dfrac{\pi f_p}{f_s}\right)}{2\pi F_p}\right]$$

6. impinvar

功能：冲激响应不变法。

格式及说明：

$[bz, az] = impinvar(b, a, Fs)$

可将模拟滤波器（b，a）变换成数字滤波器（bz，az）。

$[bz, az] = impinvar(b, a)$

可将模拟滤波器（b，a）变换成数字滤波器（bz，az），采用 Fs 的默认值 1Hz。

7. fir1

功能：基于窗函数的标准频率响应 FIR 数字滤波器设计，可设计出标准的低通、高通、带通和带阻滤波器。

格式及说明：

$b = fir1(n, Wn)$

可得到 n 阶低通 FIR 数字滤波器，滤波器系数包含在 b 中，可表示为

$$B(z) = b(1) + b(2)z^{-1} + \cdots + b(n+1)z^{-n}$$

这是一个截止频率为 Wn 的加海明窗的线性相位 FIR 数字滤波器，$0 \leqslant Wn \leqslant 1$，$Wn = 1$ 对应于抽样频率的 1/2，即奈奎斯特频率。当 Wn = [W1，W2] 时，fir1 函数可得到带通滤波器，其通带为 $W1 < \omega < W2$。

$b = fir1(n, Wn, 'ftype')$

可设计高通和带阻滤波器，由 ftype 决定：当 ftype = high 时，表明设计高通 FIR 数字滤波器；当 ftype = stop 时，表明设计带阻 FIR 滤波器。

在设计高通和带阻滤波器时，fir1 函数总是使用阶次 n 为偶数的结构，因此当输入的阶次为奇数时，fir1 函数会自动将阶次加 1。这是因为对奇次阶的滤波器，其在奈奎斯特频率处的频率响应为零，因此不适用用于设计高通和带阻滤波器。

$b = fir1(n, Wn, window)$

利用列向量 window 中指定的窗函数进行滤波器设计，window 的长度应为 n + 1。如果不

指定 window 参数，则 fir1 函数使用海明窗。

  b = fir1(n,Wn,'ftype',window)

用于设计定制窗函数的高通和带阻滤波器的设计。

另外需要注意，由 fir1 函数设计的 FIR 数字滤波器的群延迟均为 n/2。

8. fir2

功能：基于窗函数的任意频率响应 FIR 数字滤波器设计。

格式及说明：

  b = fir2(n,f,m)

可设计一个 n 阶的 FIR 数字滤波器，其滤波器的频率特性由向量 f 和 m 决定，有关 f 和 m 的约定可参见 yulewalk 函数。

  b = fir2(n,f,m,window)

可将列向量 window 中指定的窗函数用于滤波器设计，如省略 window，则自动选取海明窗。

  b = fir2(n,f,m,npt)

可利用参数 npt 指定 fir2 对频率响应进行内插的点数。

  b = fir2(n,f,m,npt,window)

可将列向量 window 中指定的窗函数用于滤波器设计，利用参数 npt 指定 fir2 对频率响应进行内插的点数。

  b = fir2(n,f,m,npt,lap)

可设计一个 n 阶的 FIR 滤波器，利用参数 npt 指定 fir2 对频率响应进行内插的点数，利用参数 lap 指定 fir2 在重复频率点附近插入的区域大小。

  b = fir2(n,f,m,npt,lap,window)

可将列向量 window 中指定的窗函数用于滤波器设计，利用参数 npt 指定 fir2 对频率响应进行内插的点数，利用参数 lap 指定 fir2 在重复频率点附近插入的区域大小。

9. yulewalk

功能：基于离散区域上的特征值，使用最小二乘拟合回归逼近给定的频率特性。

格式及说明：

  [b,a] = yulewalk(n,f,m)

该函数返回递归数字滤波器的系数矩阵 [b，a]；其中矩阵 f 和 m 是已知的频率响应；n 是滤波器的阶数。其中频率矩阵 f 的元素必须处于 [0，1] 范围之内，而且必须是升序排列，以 0 开始，以 1 结束，m 是对应的幅度矩阵。

7.4.2 上机实践举例

【例 7.9】 设计一个数字巴特沃斯低通滤波器，指标是：$\Omega_p = 0.2\pi$，$\Omega_{st} = 0.4\pi$，$\delta_p = -1\text{dB}$，$\delta_s = -20\text{dB}$。

  解：

```
% 数字巴特沃斯低通滤波器设计
wp = 0.2 * pi;
```

```
ws = 0.4 * pi;
Rp = 1;
Rs = 20;
T = 1;
OmegaP = (2/T) * tan(wp/2);
OmegaS = (2/T) * tan(ws/2);
[N,wn] = buttord(OmegaP,OmegaS,Rp,Rs,'s');
wn = wn/pi;
[b,a] = butter(N,wn);
freqz(b,a)
```

代码执行结果如图 7.70 所示。

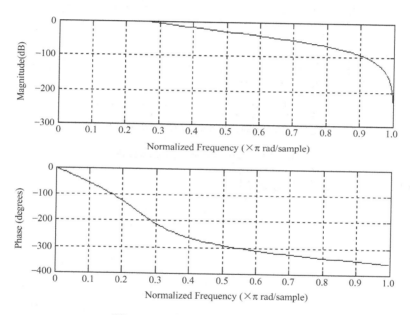

图 7.70　巴特沃斯数字低通滤波器

【例 7.10】　设计一个数字巴特沃斯高通滤波器，指标是：$\Omega_p = 0.8\pi$，$\Omega_{st} = 0.6\pi$，$\delta_p = -1\,\mathrm{dB}$，$\delta_s = -20\,\mathrm{dB}$。

解：

```
% 数字巴特沃斯高通滤波器设计
wp = 0.8 * pi;
ws = 0.6 * pi;
Rp = 1;
As = 20;
wp = wp/pi;
ws = ws/pi;
[N,wn] = buttord(wp,ws,Rp,As);
```

```
[b,a] = butter(N,wn,'high');
freqz(b,a)
```

代码执行结果如图7.71所示。

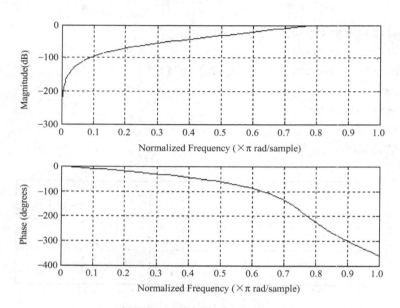

图 7.71 巴特沃斯数字高通滤波器

【例 7.11】 设计一个椭圆低通滤波器。

解：

```
% 椭圆滤波器设计
close all;
f1 = 5;
f2 = 8;
Wp = 2* f1* pi;
Ws = 2* f2* pi;
Rp = 5;
Rs = 40;
[N,Wn] = ellipord(Wp,Ws,Rp,Rs,'s');    % 利用 ellipord 函数求滤波器最小阶数
Fs = 100;
[b,a] = ellip(5,0.1,40,5* 2/Fs);        % 求 H(z)的系数 a,b
[H,f] = freqz(b,a,512,100);             % 求幅值 H,频率 f
subplot(121);
plot(f,abs(H)); grid on;
xlabel('频率/Hz');
ylabel('幅值');
title('椭圆低通滤波器');
subplot(122);
```

```
H1 = 20 * log10(abs(H));
plot(f,H1); grid on;
xlabel('频率/Hz');
ylabel('幅值/dB');
title('椭圆低通滤波器');
```

代码执行结果如图 7.72 所示。

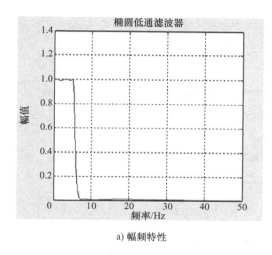

a) 幅频特性

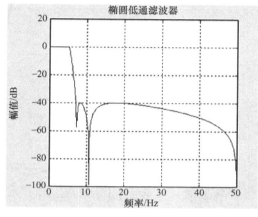

b) 对数幅频特性

图 7.72　椭圆低通滤波器设计

【例 7.12】　采用 yulewalk 函数设计 IIR 数字滤波器。

解: 所设计的 IIR 数字滤波器的系统函数为

$$\frac{B(z)}{A(z)} = \frac{b(1) + b(2)z^{-1} + \cdots + b(n)z^{n-1}}{1 + a(2)z^{-1} + \cdots + a(n)z^{n-1}}$$

其中, $b = [b(1)\ b(2)\ \cdots b(n)]$,$a = [1\ a(2)\ \cdots a(n)]$。

```
% 采用 yulewalk 函数设计 IIR 数字滤波器
close all;
n = 4;
f = [0 0.1 0.2 0.3 0.4 0.5 0.6 0.7 0.8 0.9 1.0];
m = [1 0.99 0.98 0.8 0.3 0.1 0.09 0.09 0.08 0.1 0.06];
[b,a] = yulewalk(n,f,m);
plot(f,m,'r');grid on
xlabel('频率 f');
ylabel('幅值 m');
figure;
freqz(b,a);
```

代码执行结果如图 7.73 所示。

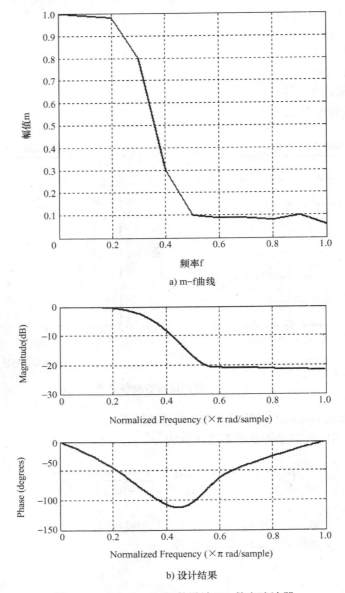

a) m-f曲线

b) 设计结果

图 7.73　用 yulewalk 函数设计 IIR 数字滤波器

习　题　七

7.1　用直接型和标准型结构实现以下系统函数：

（1）$H(z) = \dfrac{-5 + 2z^{-1} - 0.5z^{-2}}{1 + 3z^{-1} + 3z^{-2} + z^{-3}}$　　　　（2）$H(z) = \dfrac{-z + 2}{8z^2 - 2z - 3}$

7.2　用级联型和并联型结构实现以下系统函数：

（1）$H(z) = \dfrac{3z^3 - 3.5z^2 + 2.5z}{(z^2 - z + 1)(z - 0.5)}$　　　　（2）$H(z) = \dfrac{4z^3 - 2.8284z^2 + z}{(z^2 - 1.4242z + 1)(z + 0.7071)}$

7.3 利用冲激响应不变法设计一个低通 IIR 数字滤波器，当 $T = 0.125$ms 时，通过对一个通带截止频率 $f_p = 2$kHz 的模拟低通滤波器进行变换，如果没有混叠，数字滤波器的归一化通带截止频率 Ω_p 是什么？如果使用双线性变换，数字滤波器的归一化通带截止频率 Ω_p 又是什么？

7.4 用双线性变换法把 $H(s) = \dfrac{s-2}{s^2 - 2s + 1}$ 变换成数字滤波器的系统函数 $H(z)$，并求数字滤波器的单位脉冲响应 $h(n)$（设 $T = 2$s）。题中给出的 $H(s)$ 能否用冲激响应不变法转换成数字滤波器 $H(z)$？为什么？

7.5 用窗函数法（建议选海明窗）设计一个阶数 $N = 24$ 的线性相位 FIR 数字滤波器，以逼近以下的理想频率响应幅度：

$$|H(j\Omega)| = \begin{cases} 1, & |\Omega| \leqslant 0.2\pi \\ 0, & 0.2\pi < |\Omega| \leqslant \pi \end{cases}$$

7.6 设线性相位 FIR 数字滤波器的单位脉冲响应 $h(n) = [2, 0.5, 2]_0$。回答下列问题：

（1）求出该滤波器的系统函数，画出其零极点图。

（2）求出其幅度特性和相位特性。

（3）画出幅频特性和相频特性示意图。

（4）画出其直接型结构实现。

附　　录

附录 A　与本书有关的著名科学家简介

1. 傅里叶

让·巴布蒂斯特·约瑟夫·傅里叶（Jean Baptiste Joseph Fourier，1768—1830），法国著名数学家、物理学家，8 岁时沦为孤儿，1780 年就读于地方军校，1794 年成为巴黎高等师范学校的首批学员，1795 年到巴黎综合工科学校执教，1817 年当选为巴黎科学院院士，1822 年任该院终身秘书，后又任法兰西学院终身秘书和理工科大学校务委员会主席。他的主要贡献是在研究热的传播时创立了一套数学理论，在其论文代表作《热的解析理论》（Analytical theory of heat）中推导出著名的热传导方程，并在求解该方程时发现解函数可以由三角函数构成的级数形式表示，从而提出任一函数都可以展开成三角函数形式的无穷级数，傅里叶级数、傅里叶分析等理论均产生于此。为了纪念傅里叶，傅里叶变换以其名字来命名；第 10101 号小行星被命名为傅里叶星；傅里叶的名字被刻在埃菲尔铁塔上，是七十二位法国科学家与工程师其中的一位；还在其家乡建立了约瑟夫·傅里叶大学。

2. 欧拉

莱昂哈德·欧拉（Leonhard Euler，1707—1783），瑞士数学家和物理学家，近代数学先驱之一。他 13 岁时入读巴塞尔大学，15 岁大学毕业，16 岁获硕士学位，是一位数学神童，并先后任教于圣彼得堡科学院和柏林科学院。欧拉在数学方面做出了非常重要的贡献，如在微分方程、曲面微分几何、组合数学、拓扑学等多个数学领域的研究都具有开创性，他所写的《无穷分析引论》《微分学原理》《积分学原理》等都是数学中的经典著作。欧拉提出函数的概念，创立了函数的符号，他最大的功绩是扩展了微积分的领域，为微分几何及分析学的一些重要分支（如无穷级数、微分方程等）的产生与发展奠定了基础。另外，他是刚体力学和流体力学的奠基者，弹性系统稳定性理论的开创人，创立了分析力学。在许多数学和物理分支中经常见到以他的名字命名的重要常数、公式和定理，例如：欧拉公式（复变函数）、欧拉多角曲线（微分方程）、欧拉齐性函数定理（微分方程）、欧拉常数（无穷级数）、欧拉变换（无穷级数）、欧拉–傅里叶公式（三角函数）、欧拉–马克劳林公式（数学分析）、欧拉角（刚体运动）、欧拉方程（流体力学）、伯努利–欧拉定律（弹性力学）以及欧拉–拉格朗日方程（理论力学）等。

欧拉在 28 岁时一只眼睛失明，59 岁时另一只眼睛也失去了光明，但他仍以极大的热情继续科学探索，直到生命的最后一息。小行星欧拉 2002 是为了纪念欧拉而命名的。

3. 拉普拉斯

皮埃尔–西蒙·拉普拉斯（Pierre – Simon marquis de Laplace，1749—1827），法国著名的天文学家和数学家。16 岁时进入开恩大学，并在学习期间写了十篇关于有限差分的论文。曾任巴黎军事学院数学教授，1795 年任巴黎综合工科学校教授，后又在高等师范学校任教授。1816 年被选为法兰西学院院士，1817 年任该院院长。拉普拉斯曾任拿破仑的老师，所以和拿破仑结下不解之缘，在拿破仑皇帝时期和路易十八时期两度获颁爵位。1812 年发表了重要的《分析概率论》一书，在该书中对概率论的基本理论作了系统的整理，论述了概率论在许多方面的应用，著名的拉普拉斯变换就是首先在该书中提到的。拉普拉斯的研究领域是多方面的，有天体力学、概率论、微分方程、复变函数、势函数理论、代数、测地学、毛细现象理论等，并有卓越的创见。他的代表作有：《宇宙体系论》《分析概率论》《天体力学》等。拉普拉斯在研究天体问题的过程中，创造和发展了许多数学的方法，例如：以他的名字命名的拉普拉斯变换、拉普拉斯定理和拉普拉斯方程等，这些成果在科学技术的各个领域有着广泛的应用。

4. 奈奎斯特

哈利·奈奎斯特（Harry Nyquist，1889—1976），美国物理学家，为近代信息理论做出了突出贡献。他 1912 年考入美国北达科他州立大学，1914 年获得理学学士学位，1915 年获得理学硕士学位，1917 年获得耶鲁大学哲学博士学位。1917—1934 年间在 AT&T 公司工作。1934 – 1954 年间在贝尔实验室工作。奈奎斯特 1928 年发表了《电报传输理论的一定论题》，阐述了如下观点：如果对某一带宽的有限时间连续信号（模拟信号）进行抽样，且在抽样率达到一定数值时，根据这些抽样值可以在接收端准确地恢复原信号；为不使恢复的原波形产生失真，抽样率至少应为信号最高频率的两倍。这就是著名的奈奎斯特抽样定理。信息科学的迅猛发展有力证明了奈奎斯特抽样定理是信息论，特别是通信与信号处理学科中的一个重要基本理论。

附录 B　常用数学公式

1. 三角恒等式

$$\cos\left(x \pm \frac{\pi}{2}\right) = \mp \sin x$$

$$\sin\left(x \pm \frac{\pi}{2}\right) = \pm \cos x$$

$$2\sin x\cos x = \sin 2x$$

$$\sin^2 x + \cos^2 x = 1$$

$$\cos^2 x - \sin^2 x = \cos 2x$$

$$\cos^2 x = \frac{1}{2}(1 + \cos 2x)$$

$$\sin^2 x = \frac{1}{2}(1 - \cos 2x)$$

$$\cos^3 x = \frac{1}{4}(3\cos x + \cos 3x)$$

$$\sin^3 x = \frac{1}{4}(3\sin x - \sin 3x)$$

$$\sin(x \pm y) = \sin x \cos y \pm \cos x \sin y$$

$$\cos(x \pm y) = \cos x \cos y \mp \sin x \sin y$$

$$\tan(x \pm y) = \frac{\tan x \pm \tan y}{1 \mp \tan x \tan y}$$

$$\sin x \sin y = \frac{1}{2}\big[\cos(x - y) - \cos(x + y)\big]$$

$$\cos x \cos y = \frac{1}{2}\big[\cos(x - y) + \cos(x + y)\big]$$

$$\sin x \cos y = \frac{1}{2}\big[\sin(x - y) + \sin(x + y)\big]$$

$$a\cos x + b\sin x = c\cos(x + \theta) , \ c = \sqrt{a^2 + b^2} , \ \theta = \arctan\left(\frac{-b}{a}\right)$$

2. 导数

$$\frac{\mathrm{d}}{\mathrm{d}x} f(u) = \frac{\mathrm{d}}{\mathrm{d}u} f(u) \frac{\mathrm{d}u}{\mathrm{d}x}$$

$$\frac{\mathrm{d}}{\mathrm{d}x}(uv) = u\frac{\mathrm{d}v}{\mathrm{d}x} + v\frac{\mathrm{d}u}{\mathrm{d}x}$$

$$\frac{\mathrm{d}}{\mathrm{d}x}\left(\frac{u}{v}\right) = \frac{v\dfrac{\mathrm{d}u}{\mathrm{d}x} - u\dfrac{\mathrm{d}v}{\mathrm{d}x}}{v^2}$$

$$\frac{\mathrm{d}x^n}{\mathrm{d}x} = nx^{n-1}$$

$$\frac{\mathrm{d}}{\mathrm{d}x}\ln x = \frac{1}{x}$$

$$\frac{\mathrm{d}}{\mathrm{d}x}\log_a x = \frac{1}{x\ln a}$$

$$\frac{\mathrm{d}}{\mathrm{d}x}\mathrm{e}^{bx} = b\mathrm{e}^{bx}$$

$$\frac{\mathrm{d}}{\mathrm{d}x}a^{bx} = b(\ln a)a^{bx}$$

$$\frac{\mathrm{d}}{\mathrm{d}x}\sin ax = a\cos ax$$

$$\frac{\mathrm{d}}{\mathrm{d}x}\cos ax = -a\sin ax$$

$$\frac{\mathrm{d}}{\mathrm{d}x}\tan ax = \frac{a}{\cos^2 ax}$$

$$\frac{\mathrm{d}}{\mathrm{d}x}(\arcsin ax) = \frac{a}{\sqrt{1-a^2x^2}}$$

$$\frac{\mathrm{d}}{\mathrm{d}x}(\arccos ax) = \frac{-a}{\sqrt{1-a^2x^2}}$$

$$\frac{\mathrm{d}}{\mathrm{d}x}(\arctan ax) = \frac{a}{1+a^2x^2}$$

3. 不定积分

$$\int u\mathrm{d}v = uv - \int v\mathrm{d}u$$

$$\int f(x)g'(x)\mathrm{d}x = f(x)g(x) - \int f'(x)g(x)\mathrm{d}x$$

$$\int \sin ax\mathrm{d}x = -\frac{1}{a}\cos ax$$

$$\int \cos ax\mathrm{d}x = \frac{1}{a}\sin ax$$

$$\int \sin^2 ax\mathrm{d}x = \frac{x}{2} - \frac{\sin 2ax}{4a}$$

$$\int \cos^2 ax\mathrm{d}x = \frac{x}{2} + \frac{\sin 2ax}{4a}$$

$$\int x\sin ax\mathrm{d}x = \frac{1}{a^2}(\sin ax - ax\cos ax)$$

$$\int x\cos ax\mathrm{d}x = \frac{1}{a^2}(\cos ax + ax\sin ax)$$

$$\int x^2\sin ax\mathrm{d}x = \frac{1}{a^3}(2ax\sin ax + 2\cos ax - a^2x^2\cos ax)$$

$$\int x^2\cos ax\mathrm{d}x = \frac{1}{a^3}(2ax\cos ax - 2\sin ax + a^2x^2\sin ax)$$

$$\int \sin ax\sin bx\mathrm{d}x = \frac{\sin(a-b)x}{2(a-b)} - \frac{\sin(a+b)x}{2(a+b)}, \ a^2 \neq b^2$$

$$\int \sin ax\cos bx\mathrm{d}x = -\frac{\cos(a-b)x}{2(a-b)} - \frac{\cos(a+b)x}{2(a+b)}, \ a^2 \neq b^2$$

$$\int \cos ax\cos bx\mathrm{d}x = \frac{\sin(a-b)x}{2(a-b)} + \frac{\sin(a+b)x}{2(a+b)}, \ a^2 \neq b^2$$

$$\int \mathrm{e}^{ax}\mathrm{d}x = \frac{1}{a}\mathrm{e}^{ax}$$

$$\int x\mathrm{e}^{ax}\mathrm{d}x = \frac{\mathrm{e}^{ax}}{a^2}(ax - 1)$$

$$\int x^2 e^{ax} dx = \frac{e^{ax}}{a^3}(a^2 x^2 - 2ax + 2)$$

$$\int e^{ax}\sin bx dx = \frac{e^{ax}}{a^2 + b^2}(a\sin bx - b\cos bx)$$

$$\int e^{ax}\cos bx dx = \frac{e^{ax}}{a^2 + b^2}(a\cos bx + b\sin bx)$$

$$\int \frac{1}{x^2 + a^2} dx = \frac{1}{a}\arctan\frac{x}{a}$$

$$\int \frac{x}{x^2 + a^2} dx = \frac{1}{2}\ln(x^2 + a^2)$$

4. 定积分

$$\int_0^\infty \left(\frac{a}{a^2 + x^2}\right) dx = \frac{\pi}{2}, \ a > 0$$

$$\int_0^\infty x^n e^{-ax} dx = \frac{n!}{a^{n+1}}, \ a > 0, n \ \text{为正整数}$$

$$\int_0^\infty e^{-a^2 x^2} dx = \frac{\sqrt{\pi}}{2a}, \ a > 0$$

$$\int_0^\pi \sin^2(ax) dx = \int_0^\pi \cos^2(ax) dx = \frac{\pi}{2}$$

$$\int_0^\pi \sin ax \sin bx dx = \int_0^\pi \cos ax \cos bx dx = 0, \ a \neq b$$

$$\int_0^\pi \sin ax \cos bx dx = \begin{cases} \dfrac{2a}{a^2 - b^2}, & a - b \ \text{为奇数} \\ 0, & a - b \ \text{为偶数} \end{cases}$$

$$\int_0^\infty \frac{\sin x}{x} dx = \frac{\pi}{2}$$

$$\int_0^\infty \frac{\sin^2 x}{x^2} dx = \frac{\pi}{2}$$

$$\int_0^\infty e^{-ax}\cos(bx) dx = \frac{a}{a^2 + b^2}, \ a > 0$$

$$\int_0^\infty e^{-ax}\sin(bx) dx = \frac{b}{a^2 + b^2}, \ a > 0$$

$$\int_a^b f(x)\left[\frac{dg(x)}{dx}\right] dx = f(x)g(x)\Big|_a^b - \int_a^b g(x)\left[\frac{df(x)}{dx}\right] dx$$

5. 复数

$$e^{\pm j\theta} = \cos\theta \pm j\sin\theta$$

$$e^{\pm j\frac{\pi}{2}} = \pm j$$

$$e^{\pm j\frac{n\pi}{2}} = \begin{cases} \pm j, & n = 1, 5, 9, 13, \cdots \\ \mp j, & n = 3, 7, 11, 15, \cdots \end{cases}$$

$$\mathrm{e}^{\pm jn\pi} = \begin{cases} 1, & n \text{ 是偶数} \\ -1, & n \text{ 是奇数} \end{cases}$$

$$\cos x = \frac{1}{2}(\mathrm{e}^{jx} + \mathrm{e}^{-jx})$$

$$\sin x = \frac{1}{2j}(\mathrm{e}^{jx} - \mathrm{e}^{-jx})$$

$$a + bj = r\mathrm{e}^{j\theta}, \ r = \sqrt{a^2 + b^2}, \ \theta = \arctan\left(\frac{b}{a}\right)$$

$$(r\mathrm{e}^{j\theta})^k = r^k\mathrm{e}^{jk\theta}$$

$$\frac{r_1\mathrm{e}^{j\theta_1}}{r_2\mathrm{e}^{j\theta_2}} = \frac{r_1}{r_2}\mathrm{e}^{j(\theta_1 - \theta_2)}$$

$$(r_1\mathrm{e}^{j\theta_1})(r_2\mathrm{e}^{j\theta_2}) = r_1 r_2\mathrm{e}^{j(\theta_1 + \theta_2)}$$

6. 级数

泰勒（Taylor）级数：$f(x) = f(a) + \frac{(x-a)}{1!}f'(a) + \frac{(x-a)^2}{2!}f''(a) + \cdots$

麦克劳林（Maclaurin）级数：$f(x) = f(0) + \frac{x}{1!}f'(0) + \frac{x^2}{2!}f''(0) + \cdots$

7. 幂级数

$$\mathrm{e}^x = 1 + x + \frac{x^2}{2!} + \frac{x^3}{3!} + \cdots + \frac{x^n}{n!} + \cdots$$

$$\sin x = x - \frac{x^3}{3!} + \frac{x^5}{5!} - \frac{x^7}{7!} + \cdots$$

$$\cos x = 1 - \frac{x^2}{2!} + \frac{x^4}{4!} - \frac{x^6}{6!} + \frac{x^8}{8!} - \cdots$$

$$\frac{1}{1-x} = 1 + x + x^2 + x^3 + \cdots, \ |x| < 1$$

$$(1+x)^n = 1 + nx + \frac{n(n-1)}{2!}x^2 + \frac{n(n-1)(n-2)}{3!}x^3 + \cdots + x^n \approx 1 + nx, \ |x| < 1$$

8. 有限项级数求和公式

$$\sum_{k=0}^{n} k = \frac{n(n+1)}{2}$$

$$\sum_{k=0}^{n} k^2 = \frac{n(n+1)(2n+1)}{6}$$

$$\sum_{k=m}^{n} r^k = \frac{r^m - r^{n+1}}{1-r}, \ r \neq 1$$

$$\sum_{k=0}^{n} kr^k = \frac{r + [n(r-1)-1]r^{n+1}}{(r-1)^2}, \ r \neq 1$$

附录 C MATLAB 常用命令函数

MATLAB 系统提供近 20 类基本命令函数，它们有一部分是 MATLAB 的内部命令，有一部分是以 M 文件形式出现的函数，这些 M 文件按类归于某个子目录下，每个子目录中除了以 M 文件表示的函数命令之外，还有一个特殊的文件 contents.m，它包含了该目录各个 M 文件的简介。每个函数文件中都包含了该函数的用法指南，因此可用命令

    help fn

来显示有关函数 fn 的帮助信息（fn 为 M 文件名），也可用命令

    help dn

来显示该目录下各函数文件的简要说明（dn 为目录名）。

表 C.1 为 11 类基本命令函数的目录及其含义，表 C.2 ~ C.12 中列出各类函数的简要说明，以供参考。

表 C.1 基本命令函数目录

目 录 名	命 令 函 数	索 引
general	通用命令	表 C.2
ops	操作符和特殊字符	表 C.3
elfun	基本数学函数	表 C.4
elmat	基本矩阵和矩阵操作	表 C.5
datafun	数据分析和傅里叶变换函数	表 C.6
graphics	通用图形函数	表 C.7
plotxy	二维图形函数	表 C.8
plotxyz	三维图形函数	表 C.9
lang	语言结构和调试	表 C.10
sounds	音频处理函数	表 C.11
iofun	低级文件 I/O 函数	表 C.12

表 C.2 通用命令

类 别	函 数 名	功 能
管理命令和函数	help	在线帮助文件
	doc	装入超文本说明
	what	M、MAT、MEX 文件的目录列表
	type	列出 M 文件
	lookfor	通过 help 条目搜索关键字
	which	定位函数和文件
	demo	运行演示程序
	path	控制 MATLAB 的搜索路径

（续）

类　　别	函　数　名	功　　能
管理变量和工作空间	who	列出当前变量
	whos	列出当前变量的细节
	load	从磁盘文件中恢复变量
	save	保存工作空间变量
	clear	从内存中清除变量和函数
	pack	整理工作空间内存
	size	矩阵的尺寸
	length	向量的长度
	disp	显示矩阵或文本
与文件和操作系统有关的命令	cd	改变当前工作目录
	dir	目录列表
	delete	删除文件
	getenv	获取环境变量值
	!	执行操作系统命令
	unix	执行操作系统命令并返回结果
	diary	保存 MATLAB 任务
控制命令窗口	cedit	设置命令行编辑
	clc	清命令窗口
	home	光标置左上角
	format	设置输出格式
	echo	MATLAB 文件内使用的回显命令
	more	在命令窗口中控制分页输出

表 C.3　操作符和特殊字符

类　　别	函　数　名	功　　能
操作符和特殊字符	+	加
	−	减
	*	矩阵乘法
	.*	数组乘法
	^	矩阵幂
	.^	数组幂
	\	左除或反斜杠
	/	右除或斜杠
	./	数组除
	kron	Kronecker 张量积
	:	冒号
	( )	圆括号
	[ ]	方括号
	.	小数点
	..	父目录
	...	继续

（续）

类　别	函　数　名	功　能
操作符和特殊字符	,	逗号
	;	分号
	%	注释
	!	感叹号
	'	转置或引用
	=	赋值
	= =	相等
	~ =	不相等
	<	小于
	>	大于
	< =	小于等于
	> =	大于等于
	&	逻辑与
	|	逻辑或
	~	逻辑非
	xor	逻辑异或

表 C.4　基本数学函数

类　别	函　数　名	功　能
三角函数	sin	正弦
	sinh	双曲正弦
	asin	反正弦
	asinh	反双曲正弦
	cos	余弦
	cosh	双曲余弦
	acos	反余弦
	acosh	反双曲余弦
	tan	正切
	tanh	双曲正切
	atan	反正切
	atan2	四象限反正切
	atanh	反双曲正切
	sec	正割
	sech	双曲正割
	asec	反正割
	asech	反双曲正割
	csc	余割
	csch	双曲余割
	acsc	反余割
	acsch	反双曲余割
	cot	余切
	coth	双曲余切
	acot	反余切
	acoth	反双曲余切

（续）

类　　别	函　数　名	功　　能
指数函数	exp	指数
	log	自然对数
	log10	常用对数
	sqrt	二次方根
复数函数	abs	绝对值/模
	angle	相角
	conj	复共轭
	image	复数虚部
	real	复数实部
数值函数	fix	朝零方向取整
	floor	朝负无穷大方向取整
	ceil	朝正无穷大方向取整
	round	朝最近的整数取整
	rem	除后余数
	sign	符号函数

表 C.5　基本矩阵和矩阵操作

类　　别	函　数　名	功　　能
基本矩阵	zeros	零矩阵
	ones	全 "1" 矩阵
	eye	单位矩阵
	rand	均匀分布的随机数矩阵
	randn	正态分布的随机数矩阵
	linspace	线性间隔的向量
	logspace	对数间隔的向量
	meshgrid	三维图形的 X 和 Y 数组
	:	规则间隔的向量
特殊变量和常数	ans	当前的答案
	eps	相对浮点精度
	realmax	最大浮点数
	realmin	最小浮点数
	pi	圆周率 3.1415926535897……
	i, j	虚数单位
	inf	无穷大
	nan	非数值
	flops	浮点运算次数
	nargin	函数输入变量数
	nargout	函数输出变量数
	computer	计算机类型
	isieee	当采用 IEEE 算术标准时，其值为真
	why	简明的答案
	version	MATLAB 版本号

（续）

类　别	函数名	功　能
矩阵操作	diag	建立或提取对角阵
	fliplr	矩阵做左右翻转
	flipud	矩阵做上下翻转
	reshape	改变矩阵大小
	rot90	矩阵旋转 90°
	tril	提取矩阵的下三角部分
	triu	提取矩阵的上三角部分
	:	矩阵的索引号，重新排列矩阵

表 C. 6　数据分析和傅里叶变换函数

类　别	函数名	功　能
基本操作	max	取最大分量
	min	取最小分量
	mean	求均值
	median	求中值
	std	求标准差
	sort	按升序排列
	sum	求各元素之和
	prod	求各元素之积
	cumsum	求元素累加和
	cumprod	求元素累积积
	trapz	利用梯形法计算数值积分
有限差分	diff	计算差分和近似微分
	gradient	计算近似梯度
	del2	5 点离散拉普拉斯变换
向量操作	cross	向量的矢量积
	dot	向量的点积
相关	corrcoef	求相关系数
	cov	求协方差矩阵
	subspace	子空间之间的夹角
滤波和卷积	filter	一维数字滤波器
	filter2	二维数字滤波器
	conv	卷积或多项式乘法
	conv2	二维卷积
	deconv	反卷积或多项式除法
傅里叶变换	fft	一维离散傅里叶变换
	fft2	二维离散傅里叶变换
	ifft	一维离散傅里叶反变换
	ifft2	二维离散傅里叶反变换
	abs	取模（绝对值）
	angle	取相角
	unwrap	相位角度值解卷绕
	fftshift	将零点平移到频谱中心
	cplxpair	将复数分类成复共轭对
	nextpow2	最靠近 2 的幂次

表 C.7　通用图形函数

类　别	函　数　名	功　　能
建立和控制图形窗口	figure	建立图形窗口
	gcf	获取当前图形的句柄
	clf	消除当前图形
	close	关闭图形
建立和控制坐标系	subplot	在标定位置上建立坐标系
	axes	在任意位置上建立坐标系
	gca	获取当前坐标系的句柄
	cla	消除当前坐标系
	axis	控制坐标系的刻度和形式
	caxis	控制伪彩色坐标刻度
	hold	保持当前图形
句柄图形对象	figure	建立图形窗口
	axes	建立坐标系
	line	建立曲线
	text	建立文本串
	patch	建立图形填充块
	surface	建立曲面
	image	建立图像
	uicontrol	建立用户界面控制
	uimenu	建立用户界面菜单
句柄图形操作	set	设置对象特性
	get	获取对象特性
	reset	重置对象特性
	delete	删除对象
	gco	获取当前对象的句柄
	drawnow	填充未完成绘图事件
	newplot	预测 NextPlot 性质的 M 文件
	findobj	寻找指定特性值的对象
打印和存储	print	打印图形或保存图形
	printopt	配置本地打印机缺省值
	orient	设置纸张取向
	capture	抓取屏幕当前图形

表 C.8　二维图形函数

类　别	函　数　名	功　能
基本 X－Y 图形	plot	线性图形
	loglog	对数坐标图形
	semilogx	半对数坐标图形（X 轴为对数坐标）
	semilogy	半对数坐标图形（Y 轴为对数坐标）
	fill	绘制二维多边形填充图

（续）

类　别	函 数 名	功　能
特殊 X – Y 图形	polar	极坐标图
	bar	条形图
	stem	离散序列图或杆图
	stairs	阶梯图
	errorbar	误差条图
	hist	直方图
	rose	角度直方图
	compass	区域图
	feather	箭头图
	fplot	绘图函数
	comet	星点图
图形注释	title	图形标题
	xlabel	X 轴标记
	ylabel	Y 轴标记
	text	文本注释
	gtext	用鼠标放置文本
	grid	网格线

表 C.9　三维图形函数

类　别	函 数 名	功　能
曲线和区域填充命令	plot3	在三维空间中绘制曲线和点
	fill3	在三维空间中绘制并填充三维多边形
	comet3	三维星点图
三维数据的等高线和其他二维图形	contour	等高线图
	contour3	三维等高线图
	clabel	在等高线图上标注高度
	contourc	等高线图计算
	pcolor	伪彩色图
	quiver	箭头图
曲面和网格图形	mesh	三维网格曲面
	meshc	网格和等高线混合图形
	meshz	带零平面的三维网格图
	surf	三维曲面阴影图
	surfc	曲面和等高线混合图形
	surfl	带亮度的三维曲面阴影图
	waterfall	落差图
立体可视化	slice	立体可视图

（续）

类　别	函　数　名	功　能
图形外形	view	指定三维图形视点
	viewmtx	显示变换矩阵
	hidden	设置网格消隐方式
	shading	彩色阴影方式
	axis	坐标轴刻度和外形
	caxis	伪彩色坐标轴刻度
	colormap	颜色对照表
图形注释	title	图形标题
	xlabel	X 轴标记
	ylabel	Y 轴标记
	zlabel	Z 轴标记
	text	文本注释
	gtext	用鼠标放置文本
	grid	网格线
三维对象	cylinder	产生圆柱体
	sphere	产生球体

表 C.10　语言结构和调试

类　别	函　数　名	功　能
MATLAB 编程语言	script	有关 MATLAB 的底稿文件和 M 文件的说明
	function	增加新的函数
	eval	执行由表达式构成的字串或执行由字符串指定的函数
	feval	定义全局变量
	global	有效的输入变量数
	nargchk	保持出错信息
	lasterr	显示最后一条信息
程序控制流	if	条件执行语句
	else	与 if 命令配合使用
	elseif	与 if 命令配合使用
	end	for，while 和 if 语句的结束
	for	重复执行指定次数循环
	while	重复执行不定次数循环
	break	终止循环的执行
	return	返回引用的函数
	error	显示信息并终止函数执行
交互输入	input	提示用户输入
	keyboard	使用键盘输入
	menu	产生由用户输入选择的菜单
	pause	等待用户响应
	uimenu	建立用户界面菜单
	uicontrol	建立用户界面控制

表 C.11　音频处理函数

类　　别	函 数 名	功　　能
一般音频函数	sound	变向量为音频信号
	saxis	音频轴刻度
特定计算机音频函数	auwrite	写按 Wu－law 编码的音频文件
	auread	读按 Wu－law 编码的音频文件
	wavwrite	写 MS Windows 的 .WAV 音频文件
	wavread	读 MS Windows 的 .WAV 音频文件
	mu2lin	变 Wu－law 编码音频信号为线性音频信号
	lin2mu	变线性音频信号为 Wu－law 编码音频信号

表 C.12　低级文件 I/O 函数

类　　别	函 数 名	功　　能
打开和关闭文件	fopen	打开文件
	fclose	关闭文件
未格式化 I/O	fread	从文件读二进制数据
	fwrite	二进制数据写入到文件
格式化 I/O	fscanf	从文件中读格式化的数据
	fprintf	将格式化数据写入到文件
	fgetl	从文件中读行，并丢弃换行符
	fgets	从文件中读行，并保持换行符
字符串变换	sprintf	将格式化数据写到字符串
	sscanf	从字符串中读取与指定格式相符的数据
文件 I/O	wk1const	WK1 记录定义
	wk1read	读 WK1 文件
	wk1write	在 WK1 格式化文件中写矩阵
	wk1wrec	写 WK1 记录头
	csvread	从逗号间隔的格式化文件中读一矩阵
	csvwrite	写一矩阵到逗号间隔的格式化文件中
	dlmread	从以 ASCII 码限界的文件中读一矩阵
	dlmwrite	按 ASCII 码限界的文件格式写一矩阵

附录 D　MATLAB 信号处理工具箱常用函数

由于 MATLAB 软件系统的可扩充性，各个领域的专家学者相继推出了十几种 MATLAB 专业工具箱，信号处理工具箱就是其中之一，借助这一工具箱进行信号处理方面的研究，可大大节省时间。这些工具箱函数的使用可通过 help 命令得到。表 D.1 列出了信号处理工具箱（Signal Toolbox）的主要函数，以备查阅。

表 D.1　信号处理工具箱函数

类　别	函　数　名	功　能
波形产生	sawtooth	产生锯齿波或三角波
	square	产生方波
	sinc	产生 $\dfrac{\sin \pi t}{\pi t}$ 函数
	diric	产生狄利克雷函数或周期 sinc 函数
滤波器分析和实现	abs	取绝对值/模
	angle	取相角
	conv	求卷积
	fftfilt	重叠相加法 DFT 滤波器实现
	filter	一维数字滤波器直接实现
	filtfilt	零相位数字滤波
	filtic	filter 函数初始条件选择
	freqs	模拟滤波器频率响应
	freqspace	频率响应中的频率间隔
	freqz	数字滤波器频率响应
	grpdelay	平均滤波延迟（群延迟）
	impz	数字滤波器的冲激响应
	zplane	离散系统零极点图
线性系统变换	convmtx	卷积矩阵
	poly2rc	从多项式系数中计算反射系数
	rc2poly	从反射系数中计算多项式系数
	residuez	z 变换部分分式展开或留数计算
	sos2ss	变系统二阶节级联形式为状态空间形式
	sos2tf	变系统二阶节级联形式为传递函数形式
	sos2zp	变系统二阶节级联形式为零极点增益形式
	ss2sos	变系统状态空间形式为二阶节级联形式
	ss2tf	变系统状态空间形式为传递函数形式
	ss2zp	变系统状态空间形式为零极点增益形式
	tf2sos	变系统传递函数形式为二阶节级联形式
	tf2ss	变系统传递函数形式为状态空间形式
	tf2zp	变系统传递函数形式为零极点增益形式
	zp2sos	变系统零极点增益形式为二阶节级联形式
	zp2ss	变系统零极点增益形式为状态空间形式
	zp2tf	变系统零极点增益形式为传递函数形式
变换	czt	线性调频 z 变换
	dct	离散余弦变换
	idct	离散余弦反变换
	dftmtx	离散傅里叶变换矩阵
	fft	一维离散傅里叶变换
	ifft	一维离散傅里叶反变换
	fftshift	将零点平移到频谱的中心
	hilbert	希尔伯特（Hilbert）变换

（续）

类　　别	函　数　名	功　　能
IIR 滤波器阶的选择	buttord	巴特沃斯滤波器阶的选择
	cheb1ord	切比雪夫 I 型滤波器阶的选择
	cheb2ord	切比雪夫 II 型滤波器阶的选择
	ellipord	椭圆滤波器阶的选择
IIR 滤波器设计	besself	贝塞尔模拟滤波器设计
	butter	巴特沃斯滤波器设计
	cheby1	切比雪夫 I 型滤波器设计
	cheby2	切比雪夫 II 型滤波器设计
	ellip	椭圆滤波器设计
	yulewalk	递归数字滤波器设计
模拟原型滤波器设计	besselap	贝塞尔模拟低通滤波器原型
	buttap	巴特沃斯模拟低通滤波器原型
	cheb1ap	切比雪夫 I 型模拟低通滤波器原型
	cheb2ap	切比雪夫 II 型模拟低通滤波器原型
	ellipap	椭圆模拟低通滤波器原型
频率变换	lp2bp	低通到带通模拟滤波器变换
	lp2hp	低通到高通模拟滤波器变换
	lp2bs	低通到带阻模拟滤波器变换
	lp2lp	低通到低通模拟滤波器变换
滤波器离散化	bilinear	双线性变换
	impinvar	冲激响应不变法实现模拟到数字的滤波器变换
FIR 滤波器设计	fir1	基于窗函数设计 FIR 滤波器——标准响应
	fir2	基于窗函数设计 FIR 滤波器——任意响应
	firls	最小二乘 FIR 滤波器设计
	intfilt	内插 FIR 滤波器设计
	remez	Parks - McCellan 最优 FIR 滤波器设计
	remezord	Parks - McCellan 最优 FIR 滤波器阶估计
窗函数	boxcar	矩形窗
	triang	三角窗
	bartlett	巴特利特窗
	hamming	海明窗
	hanning	汉宁窗
	blackman	布莱克曼窗
	chebwin	切比雪夫窗
	kaiser	凯撒窗
其他	conv2	二维卷积
	cplxpair	将复数分类成复共轭对
	detrend	删除线性趋势
	fft2	二维离散傅里叶变换
	ifft2	二维离散傅里叶反变换
	filter2	二维数字滤波器
	polystab	稳定多项式
	xcorr2	二维互相关

参 考 文 献

[1] 吴京，等．信号分析与处理 [M]．北京：电子工业出版社，2008.

[2] 陈亚勇，等．MATLAB 信号处理详解 [M]．北京：人民邮电出版社，2001.

[3] 曾禹村，张宝俊，沈庭芝，等．信号与系统 [M]．2 版．北京：北京理工大学出版社，2008.

[4] 程佩青，等．数字信号处理教程 [M]．4 版．北京：清华大学出版社，2013.

[5] 程佩青，李振松．数字信号处理教程习题分析与解答 [M]．4 版．北京：清华大学出版社，2014.

[6] 郑君里，应启珩，杨为理．信号与系统：上、下册 [M]．3 版．北京：高等教育出版社，2011.

[7] 谷源涛．信号与系统习题解析 [M]．3 版．北京：高等教育出版社，2011.

[8] 谷源涛，应启珩，郑君里．信号与系统——MATLAB 综合实验 [M]．北京：高等教育出版社，2008.

[9] 胡广书．数字信号处理导论 [M]．2 版．北京：清华大学出版社，2013.

[10] 胡广书．数字信号处理理论、算法与实现 [M]．3 版．北京：清华大学出版社，2012.

[11] 胡广书．数字信号处理题解及电子课件 [M]．2 版．北京：清华大学出版社，2014.

[12] 胡广书．现代信号处理教程 [M]．北京：清华大学出版社，2004.

[13] 宋爱国，刘文波，王爱民．测试信号分析与处理 [M]．北京：机械工业出版社，2007.

[14] 陈后金．信号与系统 [M]．北京：高等教育出版社，2008.

[15] 陈后金．信号分析与处理实验 [M]．北京：高等教育出版社，2006.

[16] 陈后金．数字信号处理 [M]．2 版．北京：高等教育出版社，2008.

[17] 丁玉美，高西全．数字信号处理 [M]．2 版．西安：西安电子科技大学出版社，2001.

[18] 高西全，丁玉美．数字信号处理学习指导 [M]．2 版．西安：西安电子科技大学出版社，2001.

[19] 朱明武，李永新，卜雄洙．测试信号处理与分析 [M]．北京：北京航空航天大学出版社，2006.

[20] 吴湘淇，肖熙，郝晓莉．信号、系统与信号处理的软硬件实现 [M]．北京：电子工业出版社，2002.

[21] 张国雄．测控电路 [M]．3 版．北京：机械工业出版社，2008.

[22] 赵光宙．信号分析与处理 [M]．2 版．北京：机械工业出版社，2006.

[23] 罗永光，王里生．信号与系统分析 [M]．长沙：国防科技大学出版社，1989.

[24] Alan V Oppenheim．信号与系统 [M]．2 版．刘树棠，译．北京：电子工业出版社，2006.

[25] Alan V Oppenheim, Ronaid W Schafer．离散时间信号处理 [M]．2 版．北京：电子工业出版社，2001.

[26] Won Y Yang, Tae G Chang, Ik H Song, et. al．信号与系统：MATLAB 版 [M]．北京：电子工业出版社，2012.

[27] Edward W Kamen, Bonnie S Heck．信号与系统基础教程：MATLAB 版 [M]．北京：电子工业出版社，2007.

[28] Sanjit K Mitra．数字信号处理——基于计算机的方法 [M]．2 版．北京：清华大学出版社，2001.

[29] Sophocles J Orfanidis．信号处理导论 [M]．北京：清华大学出版社，1999.

[30] Paulo S R Diniz, Eduardo A B da Silva, Sergio L Netto．数字信号处理：系统分析与设计 [M]．张太镒等．译．北京：机械工业出版社，2013.

[31] 胡长岭，李长星，高理．测试信号处理 [M]．北京：机械工业出版社，2008.

[32] 陈怀琛．数字信号处理教程 MATLAB 释义与实现 [M]．北京：电子工业出版社，2013.

[33] 党宏社．信号与系统实验：MATLAB 版 [M]．西安：西安电子科技大学出版社，2007.

[34] 张贤达．信号分析与处理 [M]．北京：清华大学出版社，2011.

[35] 钱同惠．信号分析与处理 [M]．北京：机械工业出版社，2007.

[36] 何子述. 现代数字信号处理及其应用 [M]. 北京：清华大学出版社，2009.

[37] 焦瑞莉，等. 数字信号处理 [M]. 北京：机械工业出版社，2011.

[38] 周浩敏，王睿. 测试信号处理技术 [M]. 2 版. 北京：北京航空航天大学出版社，2009.

[39] 李友善. 自动控制原理 [M]. 3 版. 北京：国防工业出版社，2014.

[40] 胡寿松. 自动控制原理 [M]. 5 版. 北京：科学出版社，2007.

[41] 董景新，等. 控制工程基础 [M]. 3 版. 北京：清华大学出版社，2009.

[42] 胡光锐，徐昌庆，宫新保. 信号与系统习题精解与考研指导 [M]. 上海：上海交通大学出版社，2014.

[43] 吕玉琴，尹霄丽，张金玲，等. 信号与系统考研指导 [M]. 3 版. 北京：北京邮电大学出版社，2013.

[44] 金圣才. 信号与系统名校考研真题详解 [M]. 北京：中国水利水电出版社，2010.

[45] 张宝俊，李祯祥，沈庭芝. 信号与系统学习及解题指导 [M]. 北京：北京理工大学出版社，1997.

[46] 谢红梅，赵健. 数字信号处理常见题型解析及模拟题 [M]. 西安：西北工业大学出版社，2001.